高职高专规划教材

机械制造技术

（第二版）

主　编　王道宏

副主编　杨超珍　骆江锋

ZHEJIANG UNIVERSITY PRESS
浙江大学出版社

图书在版编目（CIP）数据

机械制造技术 / 王道宏主编. —杭州：浙江大学出版社，2004.7（2024.2 重印）
　　ISBN 978-7-308-03764-8

　　Ⅰ．机… Ⅱ．王… Ⅲ．机械制造工艺－高等学校－教材 Ⅳ．TH16

　　中国版本图书馆 CIP 数据核字（2007）第 008086 号

机械制造技术

王道宏　主编

责任编辑	王　波	
封面设计	刘依群	
出版发行	浙江大学出版社	
	（杭州市天目山路 148 号　邮政编码 310007）	
	（网址：http://www.zjupress.com）	
排　版	杭州好友排版工作室	
印　刷	广东虎彩云印刷有限公司绍兴分公司	
开　本	787mm×1092mm　1/16	
印　张	19.5	
字　数	427 千	
版印次	2011 年 2 月第 2 版　2024 年 2 月第 14 次印刷	
书　号	ISBN 978-7-308-03764-8	
定　价	49.00 元	

内容提要

本书涵盖了金属切削原理与刀具、金属切削机床、机械制造工艺、机床夹具设计等内容。注重联系生产实际,简化基本理论的叙述,加强应用性内容的介绍。弱化金属切削原理与刀具、金属切削机床部分,强化机械制造工艺、机床夹具设计部分。在夹具部分,加强了通用夹具的内容。着重从高职学生的具体特点及未来就业角度的方面去考虑,有很强的针对性和实践性,每章后附有思考题和练习题。

本书适用于高职高专院校的机械类和机电类各专业使用,也可供有关工程技术人员参考。

由于我们水平有限,编写时间紧迫,书中难免有不妥之处,敬请读者批评指正。

编者

2004 年 5 月

高职高专机电类规划教材

参编学校(排名不分先后)

浙江机电职业技术学院	杭州职业技术学院
宁波高等专科学院	宁波职业技术学院
嘉兴职业技术学院	金华职业技术学院
温州职业技术学院	浙江工贸职业技术学院
台州职业技术学院	浙江水利水电高等专科学院
浙江轻纺职业技术学院	浙江工业职业技术学院
丽水职业技术学院	湖州职业技术学院

前　　言

本书涵盖了金属切削原理与刀具、金属切削机床、机械制造工艺、机床夹具设计等内容。注重联系生产实际，简化基本理论的叙述，加强应用性内容的介绍。弱化金属切削原理与刀具、金属切削机床部分，强化机械制造工艺、机床夹具设计部分。在夹具部分，加强了通用夹具的内容。

具体来说，重点介绍了金属切削原理、金属切削加工（车削、铣削、钻削、磨削、齿形加工、精密与特种加工）、机械加工质量、机械加工工艺规程制订、机床夹具设计基础、装配工艺、先进制造技术等内容。着重从高职学生的具体特点及未来就业角度的方面去考虑，有很强的针对性和实践性，每章后附有思考题和练习题。

本书由嘉兴职业技术学院王道宏任主编，宁波高等专科学校杨超珍、宁波职业技术学院骆江锋任副主编。参加编写的有嘉兴职业技术学院王道宏（绪论、第3章），宁波高等专科学校杨超珍（第5章），宁波职业技术学院骆江锋（第2章、第6章），浙江工业职业技术学院孙英达（第4章），嘉兴职业技术学院白洪金（第1章），台州职业技术学院应一帜（第7章）。全书由浙江大学机能学院孙月明教授主审。

本书适用于高职高专院校的机械类和机电类各专业使用，也可供有关工程技术人员参考。

由于我们水平有限，编写时间紧迫，书中难免有不妥之处，敬请读者批评指正。

编者
2004 年 5 月

目　　录

绪　　论

一　制造与制造业

　　制造是人类手工或借助于工具，运用主观掌握的知识和技能，采用有效的方法，按所需目的将制造资源转化为可供人们使用或利用的工业品或生活消费品，并投放市场的全过程。

　　制造业是所有与制造有关的企业机构的总体。它涉及到国民经济的众多部门。制造业在创造价值、生产物质财富和新知识的同时还为国民经济各个部门和科学技术的进步与发展提供先进的手段和装备。

　　人类社会的三次技术革命都引起了制造业的巨大变革，促进了制造业的巨大发展。以蒸汽机的发明和广泛应用为标志的第一次技术革命，实现了从手工工具加工到机械化大生产的转变，促进了制造业的发展。以电力技术为主导的第二次技术革命，极大地推动了化工技术、钢铁技术、内燃机技术等相关技术的全面发展，使汽车、船舶、机车、石油等一系列相关制造业迅速兴起。以原子能、空间技术和电子计算机技术为主要标志的第三次技术革命，引起了传统制造业的自动化与大发展，产生了高新技术制造产业，如电子计算机、通信设备、生物医药等一大批新兴制造业。

二　机械制造业与机械制造技术

　　机械制造业为人类的生存、生产、生活提供各种设备，是国民经济中极其重要的基础产业。机械工业发展的规划和规模、向各部门提供的技术装备的品种、数量、质量、水平等方面是否适应需求，对整个国民经济的发展影响极大。没有机械制造业提供质量优良、技术先进的技术装备，其他如新材料技术、信息技术、生物工程技术等各项新技术的发展就会受到制约。强大的机械制造业是整个社会生产力蓬勃发展的基础。机械工业的技术水平和规模是衡量一个国家科技水平和经济实力的重要标志，反映了人民的生活质量及国防能力。

　　机械制造业历来是应用科学技术的主要领域，是应用最新科技推动社会、经济发展的主导产业。现代化的工业、农业、国防和科学技术，都以相应的机械装备为物质基础。

先进的技术装备集中了有关的先进科技成果。国民经济各部门的生产技术水平和经济效益,在很大程度上取决于机械工业所能提供装备的技术性能、质量和可靠性。

然而机械工业的发展和进步,在很大程度上又取决于机械制造技术的发展。1769年瓦特发明了蒸汽机,但当时加工技术十分落后,苦于加工不出高精度的汽缸而得不到推广应用。1775年,威尔逊成功地改造了一台汽缸镗床,解决了这一难题。就在第二年(1776年)蒸汽机便得到了实际应用,迎来了第一次产业革命。由此可见,机械制造技术的发展对人类科学技术的进步有何等重要的作用。在科学技术高度发展的今天,依然是如此。

三 机械制造业的发展现状

机械制造业的发展过程,是一个不断提高机械制造产品的加工精度和表面质量、不断提高和完善制造过程的自动化水平、不断降低制造成本的过程。人类文明的发展和制造业的进步密切相关。

机械制造业的发展,按其生产方式的变化,大致经历了劳动密集型生产方式、设备密集型生产方式、信息密集型生产方式、知识密集型生产方式和智能密集型生产方式这样几个阶段。

随着现代科学技术的发展,特别是微电子技术、计算机技术的飞速发展,机械制造工业已发生并继续发生着极为深刻和广泛的变化,机械制造工艺方法将进一步完善与开拓,机械制造与数学、物理、化学、电子技术、计算机技术、系统论、信息论、控制论等各门学科密切结合,逐步由一门技艺成长为一门工程科学。加工技术将不断向高精度、高度自动化发展,学科间的交叉、综合、渗透将进一步得到加强,机械制造业正向着自动化、柔性化、集成化、智能化和精密化的目标前进。

我国是世界文明古国,是世界上使用与发展机械最早的国家之一,在我国,机械制造具有悠久的历史,如在古代机械中,就比较早地发明并使用了齿轮。建国几十年来,我国的机械制造业也取得了很大的成就,建立起了初步完善的制造业体系,生产出了我国的第一辆汽车、第一艘轮船、第一台机车、第一架飞机、第一颗人造地球卫星等,为我国的国民经济建设和科技进步提供了有力的基础支持,为满足人民群众的物质生活需要作出了很大的贡献。改革开放以来,机械工业充分利用国内外的技术资源,有计划地进行企业的技术改造,依靠科技进步,已经取得了长足的发展,有不少产品成功地打入国际市场。在航天领域,成功地将神州五号载人飞船送入太空并顺利返回,实现了历史性的突破。

同时,我们也必须认识到,我国的制造技术与国际先进技术水平相比还有不小的差距。数控机床在我国机械制造领域的普及率仍不高,国产先进数控设备的市场占有率还较低,数控刀具、数控检测系统等数控机床的配套设备仍不能适应技术发展的需要。我国机械制造业的产品在功能、质量等各方面还有较大的差距,产品构成落后,有些产品质量不稳定,可靠性差,大部分高精度机床的性能不能满足要求,精度保持性差。总体来说,科研开发能力较薄弱,人员技术素质也还跟不上现代机械制造业飞速发展的需要。因此,我国机械制造工业面临着艰巨的任务,必须不断增强技术力量,培养高水平的人才和提高现有人员的素质,学习和引进国外先进科学技术,使我国的机械制造工业早日赶上世界先进水平。

四　先进制造技术及其发展

　　传统的机械制造过程是一个离散的生产过程,它是以制造技术为核心的一个狭义的制造过程。随着科学技术的发展,传统的机械制造技术与计算机技术、数控技术、微电子技术、传感技术等相互结合,形成了以系统性,设计与工艺一体化,精密加工技术,产品生命全过程制造和人、组织、技术三结合为特点的先进制造技术。其涉及的领域可概括为与新技术、新工艺、新材料和新设备有关的单项制造技术和与生产类型有关的综合自动化技术两方面。主要有以下特点:

　　(1) 集成化　先进制造技术生产的产品将是多种技术的集成,技术含量高,涉及的领域广,包含的功能多。

　　(2) 高效化　运行速度快,能耗低,效率高。

　　(3) 个性化　产品真正面向市场,根据市场的不同要求,敏捷地生产出个性化的产品,日益满足不同用户的要求。

　　(4) 自动化　不需要人们过多的参与,能自动地完成已拟定的任务。

　　(5) 柔性化　当外界条件变化时,其自身变换灵活,适应性很强,能满足不同要求。

　　(6) 智能化　具有一定的思维能力,自我分析、判断、学习,并能协调和处理发生的问题,对操作人员的要求较低。

　　(7) 网络化　能信息连网,资源共享,充分调动各自的积极因素,发挥群体作用。

　　(8) 小型化　在能实现同样功能条件下,小型化的产品具有重量轻,材料省,能耗低,节省资源,占有空间小,携带运输方便等优点。

　　(9) 人性化　技术和艺术高度完美统一,人机和谐,得心应手,满足人们日益增长的审美情趣。

　　(10) 绿色化　在产品的生产、使用阶段,以及寿命周期后的处理,都很安全、卫生、经济,具有较强的绿色环保意识,符合可持续发展的要求。

五　本课程的性质及主要内容

　　"机械制造技术"是为适应机电专业改革而重新构建的一门课程,是机电专业的一门主干课,它有机地将"金属切削原理与刀具"、"金属切削机床概论"、"机床夹具设计"、

"机械制造工艺学"等几门传统的专业课融合为一体,形成以培养机械制造技术应用能力为主线的新的课程体系。

通过本课程学习,要求学生掌握机械加工和机械制造工艺的基本原理和基础知识,熟悉各种加工方法和常用设备,初步具有分析、解决机械制造中质量问题的能力和设计工艺规程及专用刀、夹、量具的能力。

第1章　金属切削原理

金属切削过程是指在机床上利用刀具,通过刀具与工件之间的相对运动,从工件上切下多余的金属,从而形成切屑和已加工表面的过程。在这个工程中,会产生一系列现象,如切削变形、切削力、切削热与切削温度、刀具磨损等。本章主要研究这些现象的成因、作用和变化规律,并运用这些基本规律解决控制切削、改善切削加工性、合理选用切削液等方面的问题,从而达到保证加工质量、降低生产成本、提高生产率的目的,也为合理使用与设计刀具、夹具和机床,分析解决生产中的有关工艺技术问题打下必要的基础。

1.1　金属切削的基本定义

1.1.1　切削运动

任何机械零件都可以看成是由外圆、内孔、平面、成形面等基本表面组成的。而这些基本表面在切削加工时都是由刀具和工具之间的相对运动(即切削运动)组合来形成的。

现以外圆车削和平面刨削为例来分析工件与刀具间的切削运动(见图1-1)。切削运动按其所起的作用通常可以分为以下两种:

1. 主运动

使工件与刀具产生相对运动以进行切削的最基本的运动,称为主运动。这个运动的速度最高,消耗功率最大。如外圆车削时工件的回转运动和平面刨削时刀具的直线往复运动,都是主运动(如图1-1所示)。其他切削加工方法中的主运动也同样由工件或刀具来完成,可以是回转,也可以是直线运动。通常主运动只有一个。

2. 进给运动

连续不断地把切削层投入切削,以便切除工件上全部余量所需的运动,称为进给运动。如外圆车削时车刀的纵向连续直线运动(如图1-1(a)所示)和平面刨削时工件的间歇直线运动(如图1-1(b)所示)都是进给运动。其他切削加工方法中也是由刀具或工件来完成进给运动的。但进给运动可能不只一个,它的运动形式可以是直线运动、回转运动或两者的组合。

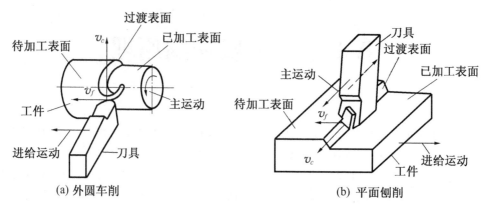

图 1-1 工件与刀具间的切削运动

1.1.2 工件上的加工表面

切削加工过程是一个动态的过程,在这一过程中,随着刀具与工件相对运动的进行,工件表层的被切削金属层被连续不断地切下来,变成切屑。同时,在工件上不断地产生新的表面。

在切削过程中,工件上有三个不断变化着的表面。以图 1-1 所示的外圆车削和平面刨削为例,它们是:

1. 待加工表面

它是工件上即将被切去的表面,随切削过程连续逐渐变小,直至全部切去。

2. 已加工表面

它是工件上已经切去了多余金属而形成的新表面,随切削继续而扩大。

3. 过渡表面

它是切削刃正在切削中的表面,并在切削过程中不断改变。它总是位于待加工表面和已加工表面之间。

上述定义也适用于其他切削加工。

1.1.3 切削用量

切削用量是切削速度、进给量和背吃刀量三者的总称。这三者通常还称为切削用量三要素。

1. 切削速度 v_c

切削速度 v_c 是刀具切削刃上选定点相对于工件的主运动瞬时线速度,单位是 m/s 或 m/min。

当主运动是回转运动时,切削速度由下式确定:

$$v_c = \frac{\pi \cdot d \cdot n}{1000} \quad (\text{m/min 或 m/s}) \qquad (1-1)$$

式中：d——完成主运动的刀具或工件上某一点的回转直径，mm；

　　　n——主运动的转速，r/min 或 r/s。

显然，当转速 n 一定时，选定点不同，切削速度也不相同。考虑到刀具的磨损和切削功率等因素，计算时取各点切削速度最大值。

2. 进给量 f

主运动的物体（如刀具或工件）每转或每行程中，进给运动的物体（如工件或刀具）沿进给运动方向上的位移量。亦称为每转或每行程进给量 f（mm/r 或 mm/st）。

进给运动的度量往往以进给速度 v_f 表示，其定义为切削刃上选定点相对于工件的进给运动的瞬时速度，单位为 mm/s 或 mm/min。

对于多齿刀具（如铣刀）常常还以每齿进给量 f_z（mm/z）表示。

它们之间的关系为

$$v_f = fn = f_z Zn \qquad (1-2)$$

式中：n——刀具转速，r/s 或 r/min；

　　　Z——刀具的齿数。

习惯上常把进给运动称为走刀运动，进给量称为走刀量。

3. 背吃刀量 a_p

通过切削刃基点并垂直于工作平面的方向上测量的吃刀量称为背吃刀量 a_p（以前称切削深度）。车外圆时，a_p 即为工件上待加工面和已加工面之间的垂直距离，单位是 mm，即在车削外圆时，有

$$a_p = \frac{d_w - d_m}{2} \qquad (1-3)$$

式中：d_w——工件待加工表面的直径，mm；

　　　d_m——工件已加工表面的直径，mm。

1.1.4　刀具的几何参数

切削刀具的种类繁多，但不论刀具的结构如何复杂，其都可以看成是以外圆车刀切削部分为基本形态演变而成的。因此，在确立刀具基本定义时，常以外圆车刀为基础。

1. 外圆车刀的组成

外圆车刀由夹持部分和切削部分组成，如图1-2所示。夹持部分用以将刀具夹固在刀架上；而切削部分则常用高速钢或硬质合金等刀具材料

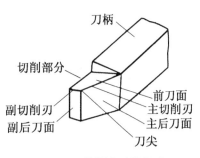

图 1-2　外圆车刀的组成

制成。广泛使用的车刀是在碳素结构钢的刀体上焊有硬质合金刀片。

外圆车刀的切削部分一般由"三面两刃一尖"组成。它们的名称及意义如下：

前刀面（A_γ）——刀具上切屑流过的表面。

主后刀面（A_a）——刀具上与前刀面相交形成主切削刃的面，亦即与工件过渡表面相对的面。

副后刀面（A_a'）——刀具上同前刀面相交形成副切削刃的面，亦即与工件已加工表面相对的面。

主切削刃（S）——起始于切削刃主偏角为零度的点，并至少有一段切削刃拟用来在工件上切出过渡表面的那个整段切削刃。

副切削刃（S'）——切削刃上除主切削刃以外的刃。其亦起始于主偏角为零的点，但它向背离主切削刃的方向延伸。

刀尖——主切削刃与副切削刃连接处的那部分切削刃。

2. 车刀切削部分的主要角度

（1）刀具的静止参考系

刀具要从工件上切除余量，就必须使它具有一定的几何角度。为了适应刀具在设计、制造、刃磨和测量方面的需要，选取刀具上的一组几何参数作为参考系，称为静止参考系。选择刀具的静止参考系有两点假设：

1）运动假设——假设刀具的进给运动速度为零。

2）安装假设——假设刀具在安装时刀尖与工件的轴线等高，刀杆与工件的轴线垂直。

刀具的静止参考系如图 1-3 所示。

刀具静止参考系的主要平面名称、定义、符号如表 1-1 所示。

表 1-1 刀具静止参考系的主要平面

名　　称	符　号	定　　　义
基　面	p_γ	过主切削刃选定点的平面，其方位垂直于假定的主运动平面
主切削平面	p_s	通过主切削刃选定点与主切削刃相切并垂直于基面的平面
正交平面	p_o	通过主切削刃选定点并同时垂直于基面和切削平面的面

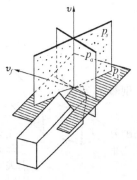

图 1-3 刀具静止参考系

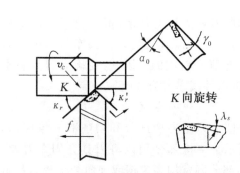

图 1-4 常用的刀具角度

(2) 刀具的角度

刀具的角度指刀具在静止参考系中的一套角度,常用的刀具角度如图1-4所示。常用的刀具角度的名称、符号和定义如表1-2所示。

表1-2 常用的刀具角度定义

角度名称		符号	定 义
在正交平面中测量的角度	前 角 后 角	γ_0 α_0	前面与基面间的夹角 后面与切削平面间的夹角
在基面中测量的角度	主偏角 副偏角	κ_r κ_r'	主切削平面与假定进给方向的夹角 副切削刃与假定进给方向反向的夹角
在主切削平面中测量的角度	刃倾角	λ_s	主切削刃与基面间的夹角,刀尖高于主切削刃时为正值,反之为负值

1.1.5 切削层参数

切削过程中,刀具的切削刃在一次进给中从工件待加工表面上切除的金属层,称为切削层。切削层参数是在与主运动方向相垂直的平面内度量的切削层截面尺寸。如图1-5所示,在外圆车削中,工件转一转,刀具沿进给方向移动距离 f,切削刃由位置Ⅱ移到位置Ⅰ,若副切削刃与进给运动方向平行,主切削刃与进给运动方向夹角为 κ_r,则在Ⅰ、Ⅱ两位置之间的这层截面为平行四边形的金属层就是切削层。切削层的截面形状和尺寸直接决定了切削负荷的大小。切削层的参数有以下几个:

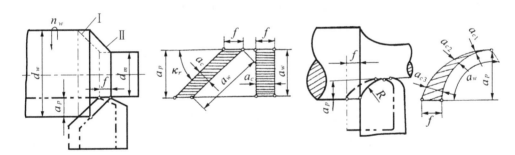

图1-5 切削层参数

1. 切削层公称厚度 h_D

它是过切削刃上选定点,在与该点主运动方向垂直的平面内,垂直于过渡表面度量的切削层尺寸(单位为 mm):

$$h_D = f\sin\kappa_r \qquad (1-4)$$

2. 切削层公称宽度 b_D

它是过切削刃上选定点,在与该点主运动方向垂直的平面内,平行于过渡表面度量

的切削层尺寸(单位为 mm):

$$b_D = a_p / \sin \kappa_r \qquad (1-5)$$

3. 切削层公称横截面积 A_D

它是过切削刃上选定点,在与该点主运动方向垂直的平面内度量的切削层横截面积(单位为 mm^2)。显然

$$A_D = a_c a_w = f a_p \qquad (1-6)$$

1.2 金属切削过程的物理现象

1.2.1 切削层的变形

1. 概述

切削变形是金属切削过程中产生的一种重要的物理现象。它直接影响着切削力、切削热、切削温度、刀具磨损与刀具耐用度的大小,因此,切削变形是研究金属切削过程基本规律的基础。

通过实验的方法可以观察到金属切削过程中切削层变形的情况,从而可绘制出如图 1-6(a)所示的金属切削过程滑移线和流线示意图。图中格子横线代表被加工金属内某一点在切削过程中的运动轨迹,即流线;虚线表示滑移线。所谓滑移线,指在塑性流动的平面内,把各点沿最大切应力方向顺次连接起来而得到的曲线,也就是等切应力曲线。

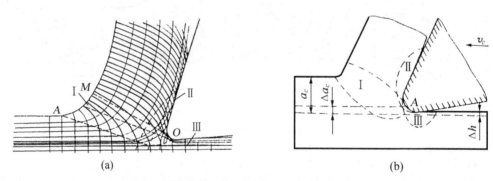

(a)   (b)

图 1-6 金属切削过程与三个变形区示意图

2. 切削变形区的划分

如图 1-6 所示,可将切削刃作用部位的金属层大致划分成三个变形区:

(1) 第一变形区 从 OA 线开始发生剪切滑移塑性变形,到 OM 线晶粒的剪切滑移基本完成,这一区域(Ⅰ)称为第一变形区。

（2）第二变形区　切屑沿前刀面排出时进一步受到前刀面的挤压和摩擦,使切屑底层靠近前刀面处的金属纤维化,其方向基本上和前刀面平行。这一区域（Ⅱ）称为第二变形区。

（3）第三变形区　已加工表面受到切削刃钝圆部分和后刀面的挤压、摩擦和回弹作用,造成纤维化与加工硬化,这一区域（Ⅲ）称为第三变形区。

三个变形区各具特点,又相互联系、相互影响。切削过程中产生的许多现象均与金属层变形有关。

1.2.2　切削力

1. 总切削力

刀具某个切削部分在切削工件时产生的全部切削力成为该部分的总切削力,而刀具上所有参与切削的各切削部分所产生的总切削力的合力成为刀具总切削力。

总切削力来源于三个方面:其一为克服切屑形成过程中工件材料对弹性变形的抗力;其二为克服切屑形成过程中工件材料对塑性变形的抗力;其三为克服切屑与前刀面的摩擦力 F_γ 和后刀面与已加工表面及过渡表面间的摩擦力 F_a。如图 1-7 所示,这三个方面的力分别作用于刀具的前面和后面上,它们的合力就构成了该切削部分的总切削力（如图 1-8 所示）。

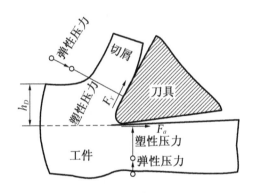

图 1-7　总切削力来源

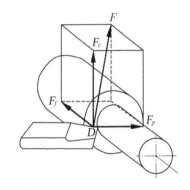

图 1-8　车削时总切削力的分解

2. 总切削力的分解

如图 1-8 所示,外圆车削时总切削力可以分解为:

（1）切削力 F_c　总切削力 F 在主运动方向上的正投影,亦称切向力。

（2）进给力 F_f　总切削力 F 在进给方向上的正投影,亦称进给抗力、走刀抗力或轴向力。

（3）背向力 F_p　总切削力 F 在垂直于工作平面上的分力,也称径向力或吃刀抗力。

这三个分力与总切力之间的关系为

$$F = \sqrt{F_c^2 + F_f^2 + F_p^2} \qquad (1-7)$$

F_c 是计算机床所需功率、强度和刚度的基本数据,一般地 F_c 的数值是三个分力中最大、功率消耗最多的。F_p 是设计和校验工艺系统刚度及精度所必需的数据。F_f 则是设计和校验机床走刀机构所必需的数据。

1.2.3 切削热与切削温度

切削热和由此产生的切削温度是切削过程中产生的又一重要的物理现象。它们直接影响着刀具的磨损和耐用度,并影响工件的加工精度和表面质量。

1. 切削热的产生

切削热是由切削功转变而来的。这里指的切削功,一是切削层发生的弹、塑性变形功;二是切屑与前刀面、工件与后刀面间消耗的摩擦功。切削功具体在三个变形区内产生,如图 1-9 所示,它包括:

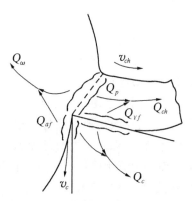

(1) 剪切区的变形功转变的热 Q_p;

(2) 切屑与前刀面的摩擦功转变的热 $Q_{\gamma f}$;

(3) 已加工表面与后刀面的摩擦功转变的热 Q_{af}。

产生的总热量 Q 为

$$Q = Q_p + Q_{\gamma f} + Q_{af} \qquad (1-8)$$

图 1-9 切削热的产生与传出

切削塑性金属时切削热主要由剪切区变形和前刀面摩擦形成;切削脆性金属时则后刀面摩擦热占的比重较大。

2. 切削热的传出

切削热由切屑、刀具、工件和周围介质传出,可分别用 Q_{ch},Q_c,Q_w,Q_f 表示。切削热产生与传出的关系为

$$Q = Q_p + Q_{\gamma f} + Q_{af} = Q_{ch} + Q_c + Q_w + Q_f \qquad (1-9)$$

切削热传出的大致比例为:

(1) 车削加工时,Q_{ch}(50%~86%),Q_c(40%~10%),Q_w(9%~3%),Q_f(1%)。

(2) 钻削加工时,Q_{ch}(28%),Q_c(14.5%),Q_w(52.5%),Q_f(5%)。

切削速度越高,切削厚度越大,则由切屑带走的热量越多。

影响切削热传出的主要因素是工件和刀具材料的热导率以及周围介质的状况。

3. 切削温度

切削热是通过切削温度对刀具产生作用的,切削温度一般是指切屑与前刀面接触区域的平均温度。

(1) 计算切削温度的实验公式

用实验方法求出的计算切削温度(单位为℃)的指数公式如下:

$$\theta = C_\theta v_c^{z_\theta} f^{y_\theta} a_p^{x_\theta} K_\theta \tag{1-10}$$

式中：x_θ，y_θ，z_θ——分别表示切削用量 a_p，f，v_c 对切削温度的影响程度的指数；

　　　　C_θ——与实验条件有关的影响系数；

　　　　K_θ——切削条件改变后的修正系数。

由实验可得，用高速钢和硬质合金刀具切削中碳钢时切削温度系数 C_θ 及指数 x_θ，y_θ，z_θ 见表 1-3。

表 1-3　切削温度的系数和指数

刀具材料	加工方法	C_θ	z_θ		y_θ	x_θ
高速钢	车　削	140～170	0.35～0.45		0.2～0.3	0.08～0.10
	铣　削	80				
	钻　削	150				
硬质合金	车　削	320	$f/(\mathrm{mm/r})$ 0.1 0.2 0.3	0.41 0.31 0.26	0.15	0.05

（2）前刀面接触区的温度分布

图 1-10 所示为用实验方法测得的前刀面（正交平面内）的切削温度分布。由图可见，前刀面上的最高温度不是在切削刃上，而是在距切削刃有一段距离（该实验为 0.50 mm）处。

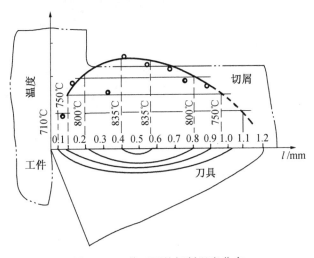

图 1-10　前刀面的切削温度分布

1.3 刀具磨损与刀具耐用度

刀具在切削过程中与切屑、工件之间产生剧烈的挤压、摩擦，从而产生磨损。刀具磨损后，会缩短刀具的使用时间，降低表面质量，增加刀具材料的损耗，因此，刀具磨损是影响生产效率、加工质量和成本的一个重要因素。

1.3.1 刀具磨损的形成

刀具磨损分为正常磨损和非正常磨损。

1. 正常磨损

正常磨损是指刀具在设计与使用合理、制造与刃磨质量符合要求的情况下，在切削过程中逐渐产生的磨损。它主要包括以下三种形式：

（1）前刀面磨损

在切削速度较高、切削厚度较大的情况下切削塑性材料，当刀具的耐热性和耐磨性稍有不足时，切屑在前刀面上经常会磨出一个月牙洼。月牙洼产生的地方是切削温度最高的地方。前刀面磨损量的大小，用月牙洼的宽度 KB 和深度 KT 表示（如图 $1-11(a)$ 所示）。

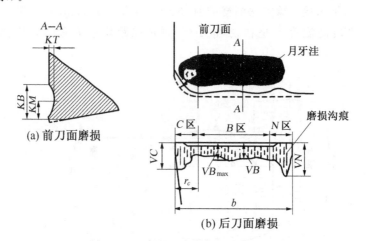

图 1-11　车刀正常磨损形式示意图

（2）后刀面磨损

由于过渡表面和刀具后刀面间存在着强烈的挤压和摩擦，在后刀面上毗邻切削刃的地方很快被磨出后角为零的小棱面，这就是后刀面磨损。在切削速度较低、切削厚度较小的情况下切削塑性金属以及加工脆性金属时，主要会发生这种磨损。后刀面磨损带往往不均匀（如图 $1-11(b)$ 所示）。刀尖部分（C 区）强度较低，散热条件又差，磨损比较严重，其最大值为 VC。主切削刃在靠近外皮处的后刀面（N 区）上，磨成较严重的深沟,以 VN 表示。在后刀面磨损带中间部位(B 区)上,磨损比较均匀,平均磨损带宽度以 VB 表示,而最大磨损宽度以 VB_{max} 表示。

（3）前、后刀面同时磨损

这种磨损形式是指切削之后在刀具上同时出现前刀面磨损和后刀面磨损。在切削塑性金属、采用大于中等切削速度和中等进给量时,常出现这种磨损形式。

2. 非正常磨损（破损）

非正常磨损是指刀具在切削过程中突然或过早产生的损坏现象,又称破损。主要有：

（1）脆性破损

脆性破损是指在切削刃或刀面上产生裂纹、崩刃、碎裂或剥落现象。硬质合金和陶瓷刀具易产生这种破损。

（2）塑性破损

切削时,由于高温和高压的作用,有时在切削刃或刀面上产生塌陷或隆起的塑性变形现象,称为塑性破损,如卷刃等。高速钢刀具易产生这种破损。

1.3.2 刀具正常磨损原因

切削时刀具的磨损是在高温高压条件下产生的,因此,形成刀具磨损的原因就非常复杂,它涉及到机械、物理、化学和金相等的作用。现将其中主要的原因简述如下：

1. 磨粒磨损

切削过程中,切屑底层、工件加工表面上的一些硬度极高的微小硬质点,可在刀具的表面上刻出沟痕。这些硬质点对刀具的作用相当于砂轮中的磨粒的作用,所以称其为磨粒磨损。硬质点有碳化物（如 Fe_3C，TiC，VC 等）、氮化物（如 TiN，Si_3N_4 等）、氧化物（如 SiO_2，Al_2O_3 等）和金属间化合物等。

磨粒磨损在各种切削速度下都存在,但对低速切削的刀具（如拉刀、板牙等）磨粒磨损是刀具磨损的主要原因。高速钢刀具的硬度和耐磨性低于硬质合金、陶瓷等,故其磨粒磨损所占的比重较大。

2. 粘结磨损

切屑与刀具前刀面、工件加工表面与刀具后刀面之间在高温高压作用下接触,接触面间吸附膜被挤破,形成了新鲜表面接触,当接触面间隙达到原子间距离时就产生粘结。粘结磨损就是由于接触面滑动时在粘结处产生剪切破坏造成的。通常剪切破坏在强度较低的切屑一方,但刀面在摩擦、压力和温度连续作用下强度降低,也会破坏。此外,当前刀面上粘结的积屑瘤脱落后,会带走刀具材料,从而形成粘结磨损。

粘结磨损的程度与压力、温度和材料间亲合程度有关。如在低速切削时,由于切削温度低,故粘结是在正压力作用下由接触点处产生的塑性变形所造成,亦称为冷焊。在中速切削时,由于切削温度较高,促使材料软化和分子间的热运动,更易造成粘结。用

YT 类硬质合金加工钛合金或含钛不锈钢时,在高温作用下钛元素之间会产生亲合作用,从而也会产生粘结磨损。所以,低、中速切削时,粘结磨损是硬质合金刀具的主要磨损原因。

3. 扩散磨损

扩散磨损是在高温下产生的。在切削金属时,切屑、工件与刀具接触,双方的化学元素在固态下相互扩散,改变了原材料的成分与性能,使刀具材料变脆,从而加剧了刀具的磨损。

例如,用硬质合金切削钢材时,从 800℃ 左右开始,硬质合金中的 W,Co 和 C 原子向钢中扩散,同时钢中的 Fe 原子向刀具中扩散,使刀具表面形成新的低硬度、高脆性的复合碳化物,且由于 Co 含量的降低,刀具材料的粘结强度降低,从而降低了刀具表面的强度和硬度,加剧了刀具磨损。

4. 相变磨损

当刀具上最高温度超过材料相变温度时,刀具表面金相组织会发生变化,如马氏体会转变为奥氏体,使硬度下降,磨损加剧。工具钢刀具在高温时易产生相变磨损。它们的相变温度是:合金工具钢为 300～350℃,高速钢为 550～600℃。相变磨损严重时会造成刀面的塌陷和切削刃卷曲。

5. 氧化磨损

当切削温度达到 700～800℃ 时,空气中的氧便与硬质合金中的 Co 及 WC,TiC 等发生氧化作用,产生较软的氧化物(如 Co_3O_4,CoO,WO_3,TiO_2 等),并被切屑或工件擦掉而形成磨损,称为氧化磨损。空气一般不易进入刀屑接触区,氧化磨损易在主、副切削刃的工作边界处形成,也就是形成边界磨损。

综上所述,刀具磨损是由机械摩擦和热效应两方面的作用造成的。在不同的条件下,刀具磨损的原因也就不同。如图 1-12 所示,在低、中速范围内磨粒磨损和粘结磨损是刀具磨损的主要原因。如拉削、铰孔、攻螺纹等加工时刀具磨损主要属于这类磨损。在中等以上切削速度加工时,热效应使高速钢刀具产生相变磨损,使硬质合金刀具产生粘结、扩散和氧化磨损。

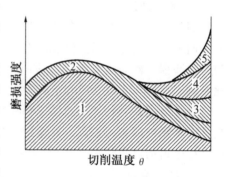

1—粘结磨损　2—磨粒磨损
3—扩散磨损　4—相变磨损　5—氧化磨损
图 1-12　温度对磨损的影响

6. 刀具非正常磨损原因

非正常磨损主要是由于机械冲击力或热效应作用造成的。此外,积屑瘤脱落时引起大面积剥落,刀具材料硬度低、韧性差,刀具几何参数和切削用量选择不合理导致切削力过大、切削温度过高,在焊接或刃磨时因骤冷骤热而产生内应力或裂纹,操作、保管不当等都会造成刀具的非正常磨损。

非正常磨损使刀具耐用度大大降低,甚至报废。因此,应及时找出原因,并采取措施加以解决。

1.3.3　刀具磨损过程及磨钝标准

1．刀具磨损过程

后刀面磨损量 VB 随切削时间 t 的增大而增大。图 1-13 为典型磨损曲线,其磨损过程分为三个阶段:

(1)初期磨损阶段(Ⅰ段)　在开始切削的短时间内,磨损较快。这是由于刀具表面粗糙不平或表面组织不耐磨所引起的。

(2)正常磨损阶段(Ⅱ段)　经初期磨损,后刀面上被磨出一条狭窄的棱面,压强减小,故磨损量的增加也缓慢下来,并且比较稳定。这一阶段也是刀具工作的有效阶段。在这一阶段中,磨损曲线基本

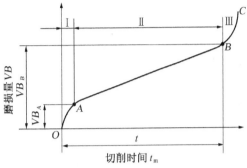

图 1-13　刀具磨损过程曲线

上是一条上行的斜线,其斜率代表刀具正常工作时的磨损强度,它是比较刀具切削性能的重要指标之一。

(3)急剧磨损阶段(Ⅲ段)　当磨损量达到一定值后,切削刃变钝,切削力增大,切削温度升高,刀具强度、硬度降低,磨损急剧加速。此时刀具如果继续工作,则不但不能保证加工质量,而且刀具材料消耗多,成本会增加,故应当使刀具避免发生急剧磨损。

2．刀具磨钝标准

在使用刀具时,应该注意,在刀具产生急剧磨损前必须重磨或更换新切削刃。这时刀具的磨损量称为磨钝标准或磨损限度。由于后刀面磨损最常见,且易于控制和测量。因此,规定将后刀面上均匀磨损区平均磨损量允许达到的最大值 VB 作为刀具的磨钝标准。

加工条件不同,磨钝标准 VB 值也不同。表 1-4 为车刀的磨钝标准,供使用时参考。

表 1-4　磨钝标准 VB 值(mm)

加工方式 ＼ 加工条件	刚 性 差	钢 件	铸 铁 件	钢、铸铁大件
精　　车	0.1~0.3			
粗　　车	0.4~0.5	0.6~0.8	0.8~1.2	1.0~1.5

1.3.4　刀具耐用度

1．刀具耐用度概念

刃磨后的刀具从开始切削直到磨损量达到磨钝标准为止的总的切削时间称为刀具

耐用度,用 T 表示。也可用达到磨钝标准前的切削路程 l_M 或加工出的零件数 N 来表示刀具的耐用度。

刀具耐用度是确定换刀时间的重要依据,也是衡量工件材料切削加工性和刀具切削性能优劣以及刀具几何参数和切削用量选择是否合理的重要指标。

刀具耐用度与刀具寿命的概念不同。所谓刀具寿命,是指一把新刀从投入使用到报废为止总的切削时间,它等于刀具耐用度乘以刃磨次数(包括新刀开刃)。

2. 刀具耐用度方程

通过单因素刀具磨损实验,即固定其他条件,分别改变 v_c, f 及 a_p 做刀具磨损实验,可得出磨损曲线。根据已确定的磨钝标准,可从磨损曲线上求出对应的 T 值,再在双对数坐标中分别画出 v_c-T, f-T, a_p-T 曲线,经数据处理后可得到下列刀具耐用度实验公式:

$$v_c = \frac{A}{T^m} \tag{1-11}$$

$$f = \frac{B}{T^n} \tag{1-12}$$

$$a_p = \frac{C}{T^p} \tag{1-13}$$

将上面三式综合整理得

$$T = \frac{C_T}{c_c^{\frac{1}{m}} f^{\frac{1}{n}} a_p^{\frac{1}{p}}} \tag{1-14}$$

式中: A, B, C——常数;

C_T——与工件材料、刀具材料和其他切削条件有关的常数。

当用硬质合金车刀切削 $\sigma_b = 0.736\,\text{GPa}$ 的碳素钢时,实验公式为

$$T = \frac{C_T}{v_c^5 f^{2.25} a_p^{0.75}} \tag{1-15}$$

3. 影响刀具耐用度的因素

各因素变化对刀具耐用度的影响,主要是通过它们对切削温度的影响而起作用的。凡是影响切削温度的因素都是影响刀具耐用度的因素。

(1) 切削用量

从式(1-15)中可以看出: a_p, f, v_c 增大,刀具耐用度 T 减小,且 v_c 影响最大,f 次之,a_p 最小。所以在优选切削用量以提高生产率时,选择先后顺序为:首先选择一个尽量大的 a_p,其次根据加工条件和要求选取允许的最大的进给量 f,最后在刀具耐用度和机床功率允许的情况下选取最大的切削速度 v_c。

(2) 刀具几何参数

1) 前角 前角增大,切削温度降低,刀具耐用度增高;但前角太大,切削刃强度低、

散热差,且易于破损,刀具耐用度 T 反而下降了。

2) 主、副偏角,刀尖圆弧半径　主偏角减小,刀具强度增加,散热条件得到改善,故刀具耐用度增高。

适当减小副偏角和增大刀尖圆弧半径都能提高刀具强度,改善散热条件,使刀具耐用度增高。

(3) 工件材料　工件材料的强度、硬度越高,产生的切削温度越高,故刀具耐用度越低。此外,工件材料的伸长率越大或热导率越小,切削温度越高,刀具耐用度越低。

(4) 刀具材料　刀具材料的高温硬度越高,耐磨性越好,刀具耐用度也越高。但在有冲击切削、重型切削和难加工材料切削时,影响刀具耐用度的主要因素是冲击韧度和抗弯强度。韧性越好,抗弯强度越高,刀具耐用度越高,越不易产生破损。

1.4　工件材料的切削加工性

材料的切削加工性是指材料被切削加工的难易程度。难切削的材料,加工性差。研究材料加工性的目的,是为了寻找改善材料切削加工性的途径。

1.4.1　评定材料切削加工性的主要指标

1. 刀具耐用度或一定耐用度下允许的切削速度指标

在相同切削条件下加工不同材料时,一定切削速度下刀具耐用度 T 较长或一定耐用度下切削速度 v_{cT} 较大的材料,其加工性较好;反之,T 较短或 v_{cT} 较小的材料,其加工性较差。

在切削普通金属材料时,用刀具耐用度达到 60 min 时所允许的切削速度 v_{c60} 的高低来评定材料加工性的好坏。难加工材料用 v_{c20} 来评定。

此外,经常使用相对加工性指标,即以正火状态 45 钢的 v_{c60} 为基准,记作 $(v_{c60})_j$,其他材料的 v_{c60} 与 $(v_{c60})_j$ 之比 K_r 称为相对加工性,即

$$K_r = \frac{v_{c60}}{(v_{c60})_j} \tag{1-16}$$

常用材料的相对加工性 K_r 分为八级,见表 1-5。凡 K_r 大于 1 的材料,其加工性比 45 钢好;K_r 小于 1 者,加工性比 45 钢差。

表 1-5　材料相对加工性等级

加工性等级	名称及种类		相对加工性 K_r	代表性材料
1	很容易切削材料	一般有色金属	>3.0	5-5-5 铜铅合金,9-4 铝铜合金,铝镁合金
2	容易切削材料	易切削钢	2.5~3.0	退火 15Cr σ_b=0.373 GPa~0.441 GPa 自运机钢 σ_b=0.393 GPa~0.491 GPa
3		较易切削钢	1.6~2.5	正火 30 钢 σ_b=0.441 GPa~0.549 GPa
4	普通材料	一般钢及铸铁	1.0~1.6	45 钢,灰铸铁
5		稍难切削材料	0.65~1.0	2Cr13 调质 σ_b=0.834 GPa T8 钢 σ_b=0.883 GPa
6	难切削材料	较难切削材料	0.5~0.65	45Cr 调质 σ_b=1.03 GPa 65Mn 调质 σ_b=0.932 GPa~0.981 GPa
7		难切削材料	0.15~0.5	50CrV 调质,1Cr18Ni9Ti,某些钛合金
8		很难切削材料	<0.15	某些钛合金,铸造镍基高温合金

v_{cT} 和 K_r 是最常用的加工性指标,在不同的加工条件下都适用。

2. 加工表面质量指标

在相同的加工条件下,通过加工后的表面质量的好坏(常用表面粗糙度,或用加工硬化和残余应力等来衡量)来比较材料的切削加工性。加工后表面质量好的材料,是加工性好;反之,加工性差。精加工时,常以此作为切削加工性指标。

3. 切削力、切削温度和切削功率指标

在相同切削条件下,切削力大,切削温度高,消耗功率多,则加工性差;反之,加工性好。在粗加工或机床的刚性和动力不足时,可用切削力或切削功率作为加工性指标。

4. 切屑控制难易程度指标

凡切屑容易控制或易断屑的材料,其加工性好;反之,加工性差。在自动机床或自动线上,常以此为切削加工性指标。

此外,还有用切削路程的长短、金属切除量或金属切除率的大小等作为指标来衡量材料的切削加工性的。

1.4.2　常用材料的切削加工性及其改善措施

1. 普通金属材料

(1) 硬度低、韧性好的材料

例如低碳钢、铝合金等材料,其硬度低、韧性好,切削时断屑困难,易产生积屑瘤,影响加工表面质量。所以加工这类材料时常采用大前角、高速切削或大前角、低速、加切削液切削。可在刀具上磨出断屑槽并提高切削刃和刀面的刃磨质量。此外,对低碳钢,进行正火处理以细化晶粒;对铝合金,用冷变形方法来提高材料的硬度,改善这类材料的切削加工性。

(2) 硬度高、韧性差的材料

例如高碳钢、碳素工具钢及铸铁等材料,其硬度高、韧性差,切削时产生的切削力大,消耗功率多,刀具易磨损。所以加工这类材料时常采用耐磨性高的 YG,YT 和 YW 类硬质合金刀片,小的前角和主偏角,低的切削速度切削。此外,对于有"白口"的灰铸铁可进行高温退火处理;对硬的可锻铸铁、高碳钢及碳素工具钢采用退火处理,降低硬度,改善切削加工性。

2. 难加工金属材料

难加工的金属材料有高强度钢、超高强度钢、高锰钢、冷硬铸铁、纯金属、不锈钢、高温合金和钛合金等。

(1) 高强度、超高强度钢

高强度、超高强度钢的半精加工、精加工和部分粗加工常在调质状态下进行。与加工正火 45 钢相比,其切削力约提高 $20\% \sim 30\%$,切削温度也相应提高,故刀具磨损快,耐用度低。

根据以上特点,必须选用耐磨性强的刀具材料。在粗加工、半精加工和精加工时,应分别采用不同牌号的 YT 类硬质合金,刀具前角应较小。例如加工 38CrNi3MoVA 时,取 $\gamma_0 = 4° \sim 6°$,加工 35CrMnSiA 时,取 $\gamma_0 = 0° \sim -4°$。在工艺系统刚性允许的情况下,应采用较小的主偏角和较大的刀尖圆弧半径,以提高刀具的强度。切削用量应比加工中碳正火钢时适当降低。

(2) 高锰钢

常用的高锰钢有水韧处理的高锰钢 Mn13,无磁高锰钢 40Mn18Cr3,50Mn18Cr4WN 等。它们的硬度、强度虽不高,但其塑性特别高,加工硬化特别严重。加工硬化后,硬度可达到 HBS500,切削时表面易形成高硬度氧化膜。其热导率小,切削温度高又不易散热。

加工高锰钢时,应选用硬度高、有一定韧性、热导率较大、高温性能好的刀具材料。粗加工时,可采用退火处理 YG 类或 YW 类硬质合金;精加工时,可采用 YT14,YG6X 等硬质合金,用复合氧化铝陶瓷刀具切削效果更好。适当增大刀具前角,使切削力小、切削温度低。减小主偏角、用负刃倾角改善散热条件。磨出断屑槽,确保断屑。切削速度应较低,一般为 $v_c = 20 \sim 40$ m/min。用复合氧化铝陶瓷刀具时,切削速度可达 100 m/min 以上。加大切削深度和进给量以防止在硬化层内切削。此外,在切削前,也可对高锰钢进行高温回火处理来改善其切削加工性。

(3) 不锈钢

不锈钢有铬不锈钢,例如 1Cr13,2Cr13,3Cr13;镍不锈钢常用的牌号是 1Cr18Ni9Ti。不锈钢的硬度、强度低,但伸长率大,冲击韧度高,是 45 钢的 3 倍,热导率小,只为 45 钢的 1/3,高温硬化严重。因此,加工时切削温度高,刀具易磨损,粘屑严重,断屑困难,不易得到小的表面粗糙度值,刀具耐用度低。

加工不锈钢通常用韧性高的 YG8,YG8N 刀片,用 YW 类刀片能提高刀具耐用度,也可采用高性能高速钢。选用较大前角($15°\sim20°$)、较大后角($10°$)可减小切削变形和摩擦,选用较大的主偏角和负刃倾角,使切削力减小,刀头强度增大。磨断屑槽,使断屑可靠。宜选用中等以上切削速度 $v_c=40\sim120$ m/min,切削深度和进给量均宜适当加大,避免切削刃和刀尖划过硬化层。

(4) 高温合金

高温合金主要分为铁基合金、镍基合金、铁镍基合金和钴基合金。

高温合金在常温时力学性能并不高,但由于组织中含有许多高熔点合金元素,如铁、钛、铬、镍、钒、钨、钼等,它们与其他合金元素及非金属元素结合形成高硬度的化合物,所以高温硬度大、强度高。切削高温合金变形阻力大,切削力大,加工硬化严重。热导率小,切削温度可达 1000℃,所以高温合金的切削加工性较差。

加工高温合金时可采用韧性好、导热性好的 YG,YW 类硬质合金刀具加工,也可采用高性能高速钢刀具加工。宜采用偏小的前角($\gamma_0=0°\sim10°$)以提高切削刃的强度,选用偏低的切削速度($v_c=30\sim50$ m/min),以降低切削温度。此外,应加大切削深度和进给量,避免在硬化层内切削。

(5) 钛合金

常用的钛合金有 α 钛合金(TA)和 $\alpha+\beta$ 钛合金(TC)。

钛合金的伸长率、冲击韧度均很小,所以在切削时,塑性变形小,变形系数很小,切屑流出时与前刀面接触面积小,仅为 45 钢的 $1/2\sim1/3$。其热导率小,只为 45 钢的 $1/5\sim1/7$。切削热集中在切削刃附近,切削温度很高。加工表面经常出现硬而脆的外皮,给以后工序带来困难。

通常选用 YG8,YG6X 硬质合金刀具切削钛合金,用 YG6A 切削效果更好。为提高切削刃强度和散热条件,应采用较小的前角($\gamma_0=5°\sim10°$)及磨负倒棱,磨出刀尖圆弧半径,扩大刀尖处散热面积。切削速度不宜过高,一般为 $v_c=40\sim50$ m/min。切削深度和进给量宜适当加大。

(6) 冷硬铸铁

冷硬铸铁的表面硬度很高,可达 HRC60。此外,镍铬冷硬铸铁的高温强度高,热导率小,塑性很低,刀屑接触长度很小,切削力和切削热都集中在切削刃附近,且不易传散,因而切削时很容易崩刃,刀具易磨损,耐用度低,所以,冷硬铸铁的切削加工性差。

可选用 YG6,YG6X,YH3 切削冷硬铸铁。用氧化铝陶瓷或氮化硅陶瓷刀具加工,可提高刀具耐用度。为了提高切削刃和刀尖强度,一般选用较小的前角($\gamma_0=0°\sim-4°$),小主偏角($\kappa_r=15°\sim30°$),负刃倾角($\lambda_s\leqslant0°\sim-5°$),较大刀尖圆弧半径。用普通硬质合金刀具切削冷硬铸铁的速度较低($v_c<20$ m/min),用氧化铝陶瓷刀具可达 60 m/min。

（7）纯金属

常用的纯金属如紫铜、纯铝、纯铁等，其硬度、强度都较低，热导率大，对切削加工有利；但其塑性很高，切屑变形大，刀屑接触长度大，并容易发生冷焊，生成积屑瘤，因此切削力较大，不易获得好的加工表面质量，断屑困难。此外，它们的线膨胀系数较大，精加工时不易控制工件的加工精度。

加工纯金属，可以用高速钢刀具，也可以用硬质合金刀具。YG 或 YW 类硬质合金可用于加工紫铜、纯铝，YT 或 YW 类硬质合金可用于加工纯铁，应采用大前角（$\gamma_0 = 25° \sim 35°$，$\alpha_0 = 10° \sim 12°$），磨出锋利的切削刃，以减小切屑变形。应尽量采用较高的切削速度和较大的切削深度、进给量，以提高生产率。

1.5　金属切削条件的合理选择

1.5.1　刀具材料的选择

在切削过程中，刀具的切削性能取决于刀具的几何形状和刀具切削部分材料的性能。切削技术发展的基础是刀具材料的发展。早期使用的碳素工具钢，切削速度只有 10 m/min 左右；20 世纪初出现高速钢刀具，切削速度提高到每分钟几十米；20 世纪 30 年代出现了硬质合金刀具，切削速度提高到每分钟一百到几百米；陶瓷刀具和超硬材料刀具的出现，使切削速度提高到 1000 m/min 以上。新刀具材料的出现，推动了整个切削加工技术和机床设备的发展。

1. 刀具材料应具备的性能

刀具材料必须具备以下几方面较好的性能：

（1）硬度　刀具切削部分的硬度，必须高于工件材料的硬度才能切下切屑。一般其常温硬度要求在 HRC60 以上。

（2）强度和韧性　在切削力作用下工作的刀具，必须具有足够的抗弯强度。刀具在切削时会承受较大的冲击载荷和振动，因此必须具备足够的韧性。

（3）耐磨性　为保持刀刃的锋利，刀具材料应具有较好的耐磨性。一般来说，材料的硬度愈高，耐磨性则愈好。

（4）红硬性　由于切削区的温度较高，因此刀具材料要有在高温下仍能保持高硬度的性能，这种性能称为红硬性或热硬性。

（5）工艺性　为了便于刀具的制造和刃磨，刀具材料应具有良好的切削加工性和可磨削性，对于工具钢还要求热处理性能好。

2. 常用刀具材料的选择

表 1-6 为常用刀具材料的种类、性能和用途。

表 1-6　常用刀具材料的种类、性能和用途

种　类	常用牌号	硬度 HRC（HRA）	抗弯强度 σ_{bb}（GPa）	红硬性 ℃	工艺性能	用　途
优质碳素工具钢	T8A～T10A T12A，T13A	60～65（81～84）	2.16	200	可冷热加工成形，刃磨性能好	手动工具，如锉刀、锯条等
合　金工具钢	9SiCr，CrWMn	60～65（81～84）	2.35	250～300	可冷热加工成形，刃磨性能好，热处理变形小	用于低速成形刀具，如丝锥、板牙、铰刀
高速钢	W18Cr4V，W6Mo5Cr4V2	63～70（83～86）	1.96～4.41	550～600	可冷热加工成形，刃磨性能好，热处理变形小	中速及形状复杂的刀具，如钻头、铣刀等
硬质合金	YG8，YG6，YT15，YT30	（89～93）	1.08～2.16	800～1000	粉末冶金成形，多镶片使用，性较脆	用于高速切削刀具，如车刀、刨刀、铣刀
涂层刀具	TiC，TiN，TiN - TiC	3200 HV	1.08～2.16	1100	在硬质合金基体上涂覆一层5～12 μm 厚的 TiC，TiN 材料	同上，但切削速度可提高30%左右。同等速度下寿命提高2～5 倍多
陶　瓷	SG4，AT6	（93～94）	0.4～0.785	1200	硬度高于硬质合金，脆性略大于硬质合金	精加工优于硬质合金，可加工淬火钢等
立方氮化硼（CBN）	FD，LBN - Y	7300～9000 HV		1300～1500	硬质高于陶瓷,性脆	切削加工优于陶瓷，可加工淬火钢等
人　造金刚石		10000 HV左右		600	硬度高于CBN,性脆	用于非铁金属精密加工,不宜切削铁类金属

1.5.2　刀具的几何参数的选择

刀具几何参数的合理选择是指在保证加工质量和经济耐用度的前提下,能达到提高生产效率或降低生产成本的要求。表 1-7 是刀具主要几何参数的选择。

表 1 - 7　刀具主要几何参数的选择

角度名称	作　用	选择时应考虑的因素
前角 γ_0	增大前角刃口锋利,减小切削层塑性变形和摩擦阻力,降低切削分力和切削热以及功率消耗。 前角过大将导致切削刃和刀头强度降低,减少散热体积,使刀具寿命降低,甚至造成崩刃	① 工件材料的强度、硬度较低,塑性好时,应取较大前角;加工硬脆材料时应取较小前角,甚至取负值 ② 刀具材料抗弯强度和冲击韧性较高时,可取较大前角 ③ 粗加工、断续切削或有硬皮的铸锻件粗切时,应取较小前角 ④ 工艺系统刚度差或机床功率不足时应取较大前角
后角 α_0	后角的主要作用是减小刀具后面与工件过渡表面之间的接触摩擦。后角过大会降低刀楔的强度,并使散热条件变坏,从而降低刀具寿命或造成崩刃	① 工件材料强度、硬度较高时,为保证刀楔强度,应取较小的后角。对软韧的工件材料,后刀面摩擦严重,应取较大后角。加工脆性材料时,切削力集中在刃口处,并提高刀楔强度,宜取较小的后角 ② 粗加工、强力切削、承受冲击载荷刀具,要求刀楔强固,应取较小后角。精加工及切削层公称厚度较小的刀具,应取较大后角 ③ 工艺系统刚度较差时宜适当减小后角,以增大后面与工件的接触面积,减小振动
主偏角 κ_r	主偏角增大时进给力 F_f 增加,背向力 F_p 减小,可降低工艺系统的变形和振动。减小主偏角,刀尖处强度增大,且作用切削刃长度增加(进给量 f 和背吃刀量 a_p 不变时),有利于散热和减轻单位刀刃上的负荷,提高刀具的寿命。主偏角减小也会使表面粗糙度减小	① 加工很硬的材料时,为加强刀尖强度,应取较小的主偏角 ② 在工艺系统刚度允许时,应尽可能取小的主偏角,以提高刀具寿命 ③ 粗加工和半精加工时,硬质合金车刀应取较大的主偏角,以减小振动 ④ 应考虑工件的形状和具体加工条件。如加工细长轴及需要中间切入工件或阶梯轴时,都要取大的主偏角
副偏角 κ_r'	较小的副偏角可减小工件表面粗糙度、提高刀尖强度、增加散热体积。但过小的副偏角会增加背向力 F_p,在工艺系统刚度不足时会引起振动,恶化与已加工表面的摩擦	① 加工高强度和高硬度材料或断续切削时,应取小的副偏角,以提高刀尖强度 ② 精加工时副偏角应取更小值,必要时可磨出一段 $\kappa_r'=0$ 的修光刃 ③ 在不引起振动的情况下,可选较小的副偏角
刃倾角 λ_s	① 影响切屑流出方向,$-\lambda_s$ 角使切屑流向已加工表面,$+\lambda_s$ 角使切屑流向待加工表面 ② 影响切削分力的大小,当 λ_s 绝对值增大时,背向力 F_p 显著增大	① 当加工材料硬度大或有大的冲击载荷以及强力切削时,应取负的较大的 λ_s,以保护刀尖 ② 精加工时 λ_s 取正值,使切屑流向待加工表面、切削刃锋利,因而已加工表面质量好 ③ 在工艺系统刚度不足时,应尽量不用负刃倾角

1.5.3 刀具耐用度的选择

刀具磨损达到磨钝标准后即需重磨或更换切削刃。尤其在自动线、多刀切削及大批量生产中，一般都要求定时换刀。刀具耐用度的选择一般有两种方法：

1. 最高生产率耐用度

根据单件工序工时最短的原则选择的刀具耐用度，称为最高生产率耐用度，用 T_p 表示。

完成一道工序所需的工时 t_w 为

$$t_w = t_m + t_l + t_c \frac{t_m}{T} \tag{1-17}$$

式中：t_m——工序的切削时间（机动时间）；

$\quad t_c$——一次换刀所需的时间；

$\quad t_l$——辅助时间，包括装工件、刀具、空行程时间等；

$\quad t_m/T$——换刀次数。

以纵车外圆为例，若工件长度为 l，直径为 d，切削速度为 v_c，进给量为 f，切削深度为 a_p，加工余量为 Z，则工序切削时间为

$$t_m = \frac{\pi dlZ}{1000a_p f v_c} \tag{1-18}$$

将式(1-11)代入式(1-18)得

$$t_m = \frac{\pi dlZ}{1000a_p fA} T^m \tag{1-19}$$

令

$$K = \frac{\pi dlZ}{1000a_p fA}$$

则有

$$t_m = KT^m \tag{1-20}$$

将式(1-20)代入式(1-17)，得

$$t_w = KT^m + t_c KT^{m-1} + t_l \tag{1-21}$$

对上式微分，并令

$$\frac{\mathrm{d}t_w}{\mathrm{d}T} = 0$$

即可得最大生产率耐用度 T_p（单位为 min）为

$$T_p = \left(\frac{1-m}{m}\right) t_c \tag{1-22}$$

与 T_p 相对应的最大生产率的切削速度 v_{cp} 可由下式求得

$$v_{cp} = \frac{A}{T_p^m} \tag{1-23}$$

2. 最低生产成本耐用度

根据单件工序成本最低的原则选择的刀具耐用度,称为最低生产成本耐用度,又称为经济耐用度,用 T_c 表示。

每个工件的工序成本 C 为

$$C = \left(t_m + t_l + t_c \frac{t_m}{T}\right)M + C_t \frac{t_m}{T} \tag{1-24}$$

式中：M——该工序单位时间内所分担的全厂开支;

　　　C_t——换刀一次所需的费用,包括刀具、砂轮消耗和工人工资等。

上式改写为

$$C = KMT^m + KMt_c T^{m-1} + KC_t T^{m-1} + Mt_l \tag{1-25}$$

对上式微分,并令

$$\frac{\mathrm{d}C}{\mathrm{d}T} = 0$$

求出最低成本耐用度 T_c(单位为 min)为

$$T_c = \frac{1-m}{m}\left(t_c + \frac{C_t}{M}\right) \tag{1-26}$$

与 T_c 相对应的经济切削速度 v_{cc} 可由下式求得

$$v_{cc} = \frac{A}{T_c^m} \tag{1-27}$$

对比式(1-22)和式(1-26)可知：$T_c > T_p$,则 $v_{cc} < v_{cp}$。一般情况下应采用最低成本耐用度 T_c。当完成紧急任务或生产中出现不平衡环节时,则采用最高生产率耐用度。从式(1-26)可知,复杂刀具的成本 C_t 较简单刀具为高,故前者的耐用度应高于后者。对于装刀、调刀较为复杂的多刀机床、组合机床等,刀具耐用度应定得更高些。

刀具耐用度数值一般根据工厂具体生产条件来制订,较难确定统一的标准。表1-8中推荐的某些工厂采用的刀具耐用度值,可供选用时参考。也可参考有关手册资料查出。

表 1-8　刀具耐用度数值(min)

刀　具　类　型	耐用度 T	刀　具　类　型	耐用度 T
高速钢车刀、刨刀、镗刀	30～60	硬质合金面铣刀	90～180
硬质合金焊接车刀	15～60	齿轮刀具	200～300
硬质合金可转位车刀	15～45	自动机、组合机床、自动线刀具	240～480
钻　　头	80～120		

随着刀具的革新和生产技术的发展,例如机夹可转位刀具的推广应用,使换刀时间与刀具成本大大降低,因而 T_c 接近 T_p,刀具耐用度的数值亦趋于降低,切削速度大大提高。对于装刀、调刀比较复杂的机床可采用机外对刀的方法缩短换刀时间,以提高生产率。

1.5.4 切削用量的选择

切削用量的选择,对于加工质量、生产率和刀具的使用寿命(耐用度)有着重要的影响。合理地组合切削用量对提高产品的技术经济效益有着重要的影响。

1. 切削用量对于加工质量的影响

在切削用量中,a_p 和 f 的增大,都会使切削力增大,工件变形增大,并有可能引起振动,从而降低加工精度和增大表面粗糙度。f 增大还会使残留面积的高度显著增大,表面更加粗糙。

2. 切削用量对基本工艺时间的影响

以车外圆为例,加工工件的基本工艺时间可用公式(1-18)表示。

由公式(1-18)可知,切削用量 v_c,f,a_p 对基本工艺时间 t_m 的影响是相同的。

3. 切削用量对刀具寿命(耐用度)和辅助时间的影响

在实际生产中,规定刀具从开始切削到磨损量达到磨钝标准为止的切削总时间称为刀具的耐用度。当用硬质合金车刀车削 $\sigma_b = 735$ MPa 的碳钢时,刀具的耐用度 T 与切削用量由公式(1-15)表示。

由公式(1-15)可知,在切削用量中,切削速度对刀具耐用度的影响最大,进给量的影响次之,背吃刀量的影响最小。因此,在粗加工时,从提高生产率的角度出发,一般选取较大的背吃刀量和进给量,选取较小的切削速度。精加工时,常采用较小的背吃刀量和进给量、较高的切削速度。只有在受刀具等工艺条件限制不宜采用高速切削时,才采用较低的切削速度。

1.5.5 切削液的选择

切削液主要用来减少切削过程中的摩擦和降低切削温度。合理使用切削液,对提高刀具耐用度和加工表面质量、加工精度起重要的作用。

切削加工中最常用的切削液有水溶性和非水溶性两大类。

1. 水溶性切削液

水溶性切削液主要有水溶液、乳化液、化学合成液及离子型切削液等。

(1)水溶液 在水中加入防腐剂、清洗剂,有时加入油性添加剂(聚乙二醇、油酸)以增加润滑性。这类切削液有良好的冷却性能,清洗作用也很好。它们被广泛用于普通磨削和粗加工中。

(2)乳化液 乳化液是由矿物油、乳化剂及其他添加剂配制的乳化油加水稀释而成的乳白色切削液。

按乳化油的不同含量可配制成不同浓度的乳化液。低浓度乳化液主要起冷却作用,适用于磨削和粗加工,高浓度乳化液主要起润滑作用,适用于精加工和复杂工序加工。加工普通碳钢时,可根据加工要求参考表1-9选配乳化液的浓度。

表1-9　乳化液的选用

加工要求	粗　车	切　断	粗　铣	铰　孔	拉　削	齿轮加工
浓度(%)	3～5	10～20	5	10～15	10～20	15～20

(3) 化学合成液　化学合成液是一种高性能切削液。它是由50%的水和乳化液、油酸钠、三乙醇胺以及亚硝酸钠组成的,具有良好的冷却、润滑、清洗和防腐性能。用它在高速磨削($v_c = 80\ \text{m/s}$)中,对提高生产效率、砂轮耐用度和磨削表面质量有显著的效果。

(4) 离子型切削液　离子型切削液是由阴离子型、非离子型表面活性剂和无机盐配制而成的母液加水稀释而成。母液在水溶液中能离解成各种强度的离子。切削时,由于强烈摩擦所产生的静电荷可由于与这些离子发生反应而迅速消除,从而可降低切削温度,提高刀具耐用度。这种切削液可用于普通磨削及粗加工。

低速加工一般钢件或精加工铜及其合金、铝及其合金或铸铁时,可选用离子型切削液或10%～12%的乳化液。

高速切削刀具切削时宜选用离子型切削液和乳化液。

2. 非水溶液性切削液

非水溶液切削液主要有切削油、极压切削油及固体润滑剂等。

(1) 切削油　主要有矿物油(全损耗系统用油、轻柴油、煤油)、动植物油(豆油、菜油、蓖麻油、棉子油、猪油、鲸油)、动植物混合油。但由于动植物油一般可食用,且易变质,故较少使用。

普通车削、攻螺纹可选用机油。在精加工有色金属和铸铁时,为了保证加工表面质量,常选用黏度小、浸润性好的煤油或煤油与矿物油的混合油。在加工普通孔或深孔精加工时可使用煤油或煤油与机油的混合油。在螺纹加工时,为了减少刀具磨损,也有采用润滑性良好的蓖麻油或豆油等。轻柴油具有冷却和润滑作用,其黏度小,流动性好,在自动机上兼作自身润滑油和切削液用。

(2) 极压切削油　极压切削油是在切削油中加入硫、氯和磷极压添加剂而组成的,具有较好的润滑和冷却效果,特别是在精加工、关键工序和难加工材料切削时效果更为显著。

由于硫化油在高温时可形成牢固的吸附膜,润滑和冷却非常好,因此在生产中被广泛地选用。硫化油是在矿物油中加入动植物油和硫化鲸油或硫化棉子油配制而成的,其含硫量为10%～15%,常用于拉孔、齿轮加工。此外,对不锈钢的车、铣、钻和螺纹加工,选用硫化油也能提高刀具耐用度和减小表面粗糙度值。

在生产中使用的高速攻螺纹油是具有良好润滑、冷却、防锈作用的高性能极压切削油。它能减小摩擦系数,降低切削力和切削温度,减少粘结,因此在较高速度($v_c = $ 30 m/min)攻螺纹时,丝锥耐用度平均提高 4 倍,表面粗糙度值达到 R_a 2.5 μm。

(3)固体润滑剂 用二硫化钼、硬脂酸和石蜡做成蜡棒,涂在刀具表面,切削时可减小摩擦,起润滑作用,可用于攻螺纹等加工。

此外,有一种新型的切削液,它是由沥青 26%~32%、硫 10%~14%、脲醛 6%~8%、硬脂酸 26%~32%和矿物油组成。在磨削加工中,它能使磨具的耐用度提高 50%,磨削时所需功率降低 30%,使切削区温度降低 60~200℃,并能减小表面粗糙度值。

还有一种新型的切削液,它是由沥青 40%~55%、正磷酸 6%~8%、尿素 17%~21%其余为矿物油所组成的。这种切削液主要用于对砂轮易发生反应的难加工材料,如不锈钢的磨削加工。它能使砂轮径向磨损降低 66.7%~83.3%,提高生产率 2~5 倍。

习　题

1. 试画出外圆车刀切削部分的示意图,并标明各部分的名称。

2. 简述金属切削过程的物理现象。

3. 简述刀具磨损的主要形式,并说明刀具磨损过程曲线对实际工作的指导意义。

4. 什么是刀具耐用度? 刀具耐用度如何选用?

5. 在一般情况下,YG 类硬质合金刀具适于加工铸铁件,YT 类硬质合金刀具适于加工钢件。但在粗加工铸钢毛坯时,却要选用 YG6 类硬质合金,为什么?

6. 在切削加工中,如何合理选择切削用量?

第 2 章　金属切削加工

切削加工是指用切削刀具从坯料或工件上切除多余材料,以获得所要求的几何形状、尺寸精度和表面质量的零件的加工方法。在现代机器制造中,尺寸公差和表面粗糙度数值要求较小的机械零件,一般都要经过切削加工而得到。在机器制造厂里,切削加工在生产过程中所占用的劳动量较大,是机械制造业中使用最广的加工方法。

切削加工分为钳工和机械加工两部分。机械加工主要方式包括车削、铣削、刨削、拉削、磨削、钻削、镗削和齿轮加工等。

2.1　金属切削机床的基本知识

金属切削机床是机械制造的主要加工设备,它是用切削的方法将金属毛坯加工成所要求的机器零件的机器,所以金属切削机床是制造机器的机器,习惯上称为机床。机床在一般机械制造厂中约占机器设备总数的 $50\%\sim70\%$,而所担负的加工工作量约占机器总制造工作量的 $40\%\sim60\%$。机床的技术性能直接影响着机械制造业的产品质量和劳动生产率。因此,机床在国民经济现代化发展中起着重大的作用。

2.1.1　金属切削机床的分类

金属切削机床的品种和规格繁多,为了便于区别、使用和管理,须对机床加以分类。

机床主要是按加工性质和所使用的刀具进行分类。目前我国将机床分为 12 大类:车床、钻床、镗床、磨床、齿轮加工机床、螺纹加工机床、铣床、刨插床、拉床、超声波及电加工机床、切断机床及其他机床。

除了上述基本分类法外,还有其他分类方法。

按照通用性程度,机床又可分为:

(1) 通用机床

这类机床可以加工多种零件的不同工序,加工范围较广。例如卧式车床、卧式铣镗床、万能升降台铣床等,都属于通用机床。通用机床由于通用性较好,结构往往比较复杂。通用机床主要适用于单件、小批生产。

(2) 专门化机床

这类机床专门用于加工不同尺寸的一类或几类零件的某一种(或几种)特定工序。

例如精密丝杠车床、凸轮轴车床、曲轴连杆颈车床等都属于专门化机床。

（3）专用机床

这类机床用于加工某一种（或几种）零件的特定工序。例如制造机床主轴箱的专用镗床、制造车床床身导轨的专用龙门磨床等等，都是专用机床。专用机床是根据特定的工艺要求专门设计、制造的。它的生产率比较高，自动化程度往往也比较高。组合机床实质上也是专用机床。

按照加工精度不同，同一类机床又可分为普通精度、精密精度和高精度三种精度等级。

此外，机床还可按照自动化程度的不同，分为手动、机动、半自动和自动机床；按照机床质量不同，分为仪表机床、中型机床（一般机床）、大型机床和重型机床；按照机床主要部件的数目，分为单轴、多轴、单刀和多刀机床等。

上述几种分类方法，是由于分类的目的和依据不同而提出来的。通常，机床是按照加工方式（如车、钻、刨、铣、磨等）及某些辅助特征来进行分类的。例如，多轴自动车床就是以车床为基本类型，再加上"多轴"、"自动"等辅助特征，以区别于其他种类车床。

2.1.2　金属切削机床型号的编制方法

每种机床的型号必须能反映出机床的种类、主要参数、使用及结构特性。我国的机床型号是按 1994 年颁布的标准 GB/T15375—1994《金属切削机床型号编制方法》编制而成的。

GB/T15375—1994 规定，采用汉语拼音字母和阿拉伯数字相结合的方式来表示机床型号。通用机床，专用机床、组合机床及其自动线的型号表示方法如下。

1. 通用机床型号

通用机床型号编制方法的要点为：

（1）机床的类别代号

它用汉语拼音字母（大写）表示。如"车床"的汉语拼音是"Chechuang"所以用"C"表示。机床的类别代号如表 2－1 所示。

表 2－1　机床的类别代号

类　别	车　床	钻　床	镗　床	磨　床			齿轮加工机床	螺纹加工机床
代　号	C	Z	T	M	2M	3M	Y	S
类　别	铣　床	刨插床	拉　床	电加工机床			切断机床	其他机床
代　号	X	B	L	D			G	Q

（2）机床的特性代号

它也用汉语拼音字母表示。

1）通用特性代号　当某类型机床除有普通形式外还具有如表 2-2 中所列的各种通用特性时,则在类别代号之后加上相应的特性代号,如 CM6132 型精密卧式车床型号中的"M"表示"精密"。

表 2-2　机床通用特性代号

通 用 特 性	代 号	通 用 特 性	代 号
高　精　度	G	自动换刀	H
精　　　密	M	仿　形	F
自　　　动	Z	万　能	W
半　自　动	B	轻　型	Q
数字程序控制	K	简　式	J

2）结构特性代号　为了区别主参数相同而结构不同的机床,在型号中用汉语拼音字母区分。例如,CA6140 型卧式车床型号中的"A",可理解为:CA6140 型卧式车床在结构上区别于 C6140 型及 CY6140 型卧式车床。结构特性的代号字母是各生产厂家自己确定的,在不同型号中的意义可以不一样。当机床有通用特性代号时,结构特性代号应排在通用特性代号之后。

（3）机床的组别和型别代号

它用两位数字表示。每类机床按用途、性能、结构相近或有派生关系分为 10 组(即从 0~9 组);每组中又分为 10 型(即从 0~9 型)。金属切削机床的类、组、型的划分及其代号可参阅有关资料。

（4）主要参数的代号

主参数是代表机床规格大小的一种参数,它在机床型号中是用阿拉伯数字表示的。通常用主参数的折算值(1/10 或 1/100)来表示。在型号中第三位及第四位数字都表示主参数。机床主参数及表示方法可参阅有关资料。

（5）机床重大改进序号

当机床的性能和结构有重大改进时,按其设计改进的次序分别用汉语拼音字母"A,B,C,…"表示,附在机床型号的末尾,以示区别。

通用机床的型号可如下表示:

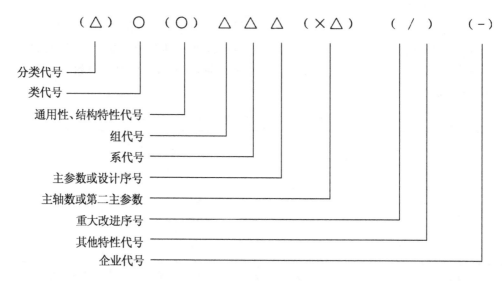

其中△表示数字,○表示大写汉语拼音字母,( )表示可选项,(△)表示大写汉语拼音字母或阿拉伯数字。

例如,中捷友谊厂出的钻床摇臂钻床,型号中字母及数字的含义如下:

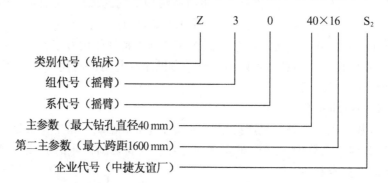

2.1.3 金属切削机床的运动

在切削加工中,为了得到具有一定几何形状、一定精度和表面质量的工件,就要使刀具和工件按一定的规律完成一系列运动,这些运动按其功用可分为表面成形运动和辅助运动两大类。

1. 工件表面的形成

机器零件上的各种表面都可看成是母线相对于另一曲线运动的结果。零件的形状虽然各式各样,但都是由几种典型的表面所组成的,归纳起来主要有如下几种表面:

(1)圆柱面

它包括外圆柱面和内圆柱面,是以一直线为母线,绕与之平行的轴线作旋转运动所形成的表面。

（2）圆锥面

它包括外圆锥面和内圆锥面，也是以一直线为母线，绕与之不平行但延长相交的直线为轴，作旋转运动所形成的表面。

（3）平面

它是以一直线为母线，相对另一直线作平移运动所形成的表面。

（4）成形面

它是以曲线为母线，相对于圆或其他曲线作旋转运动所形成的表面。

2. 表面成形运动

从几何的角度来分析，为保证得到工件表面的形状所需的运动，称为成形运动。根据工件表面形状和成形方法的不同，成形运动有以下类型：

（1）简单成形运动

它是独立的成形运动，也就是最基本的成形运动。如车外圆时，由工件的回转运动和刀具的直线运动两个独立的运动形成圆柱面（如图 2-1(a)所示）。

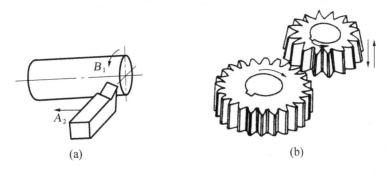

图 2-1　形成发生线的方法

（2）复合成形运动

它是由两个或两个以上简单运动按照一定的运动关系合成的成形运动。图 2-1(b)所示，展成法加工齿轮时，刀具的旋转和被加工齿轮的旋转必须保持严格的相对运动关系，才能形成所需的渐开线齿面，因而这是一个复合成形运动。同理，车螺纹时，螺纹表面的导线（螺旋线）必须由工件的回转运动和刀架直线运动保持确定的相对运动关系才能形成，这也是一个复合成形运动。

从保证金属切削过程的实现和连续进行的角度看，成形运动可分为主运动和进给运动两种：

（1）主运动

主运动是进行切削的最基本、最主要的运动，也称为切削运动。通常它的速度最高，消耗机床动力最多。一般机床的主运动只有一个。如车削、镗削加工时工件的回转运动，铣削和钻削时刀具的回转运动，刨削时刨刀的直线运动等都是主运动。

（2）进给运动

进给运动与主运动配合，使切削工作能够连续地进行。通常它消耗动力较少，可由一个或多个运动组成。进给运动可以是连续的（车削），也可以是周期间断的（刨削）。如多次进给车外圆时，纵向进给运动是连续的，横向进给运动是间断的。

机床上除了上述成形运动外，一般还有下列运动：

（1）分度运动

分度运动是当加工若干个完全相同的均匀分布表面时，使表面成形运动得以周期地连续进行的运动。如在卧式铣床上用成形铣刀加工齿轮，当铣削完一个齿槽后，工件相对刀具转动一个齿的角度，这个转动就是分度运动。

（2）切入运动

切入运动是保证被加工表面获得所需尺寸的运动。

（3）辅助运动

辅助运动是为切削加工创造条件的运动，如进刀、退刀、回程和转位等。

（4）操纵及控制运动

操纵及控制运动用以操纵机床，使它得到所需的运动和运动参数，如操纵离合器、接通传动链、改变速度和进给量等所进行的运动。

2.1.4 金属切削机床的技术性能

机床的技术性能是根据使用要求提出和设计的。了解机床技术性能对于选用机床及安排零件的加工是很重要的。一般机床的技术性能包括下列内容：

1. 机床的工艺范围

机床的工艺范围是指在机床上加工的零件类型和尺寸，能够完成何种工序，使用什么刀具等。通用机床有较宽的工艺范围，专用机床的工艺范围就很窄。

2. 机床的技术参数

机床的技术参数主要包括尺寸参数、运动参数和动力参数。

（1）尺寸参数

尺寸参数是具体反映机床的加工范围和工作能力的参数。它包括主参数、第二主参数和与加工零件有关的其他尺寸参数。

（2）运动参数

运动参数指机床执行件的运动速度、变速级数等。如机床主轴的最高转速、最低转速及变速级数等。

（3）动力参数

动力参数通常指机床电动机的功率，有些机床还给出主轴允许承受的最大扭矩和工作台允许的最大拉力等。

机床使用说明书中都给出了该机床的主要技术参数（也称技术规格），据此可进行合理的选用。

3．加工质量

加工质量主要指加工精度和表面粗糙度。它们由机床、刀具、夹具、切削条件和操作者技能等因素决定。机床的加工质量是指在正常工艺条件下所能达到的经济精度，主要由机床本身的精度保证。机床本身的精度包括几何精度、传动精度和动态精度等。

（1）几何精度

几何精度指机床在低速空载时各部件间的相互位置精度和主要零件的形状精度，如机床主轴的径向跳动和端面跳动、工作台面的平面度导轨的平直度等。

（2）传动精度

传动精度指机床传动链各末端执行件之间运动的协调性和均匀性，如在车床上车螺纹时，要求传动链两端保持严格的传动比，传动链的传动误差将影响到螺纹的加工精度。

（3）动态精度

动态精度指机床加工时，在切削力、夹紧力、振动和温升的作用下各部件间的相互位置精度和主要零件的形状精度。机床的动态精度主要受机床刚度、抗振性和热变形等因素的影响。

4．生产率和自动化程度

机床的生产率是指机床在单位时间内所加工的工件数量。机床的自动化程度影响着生产率的高低，选择机床时必须注意这一点。

5．人机关系

人机关系主要指机床应操作方便、省力、安全可靠，使劳动者有良好的工作条件，易于维护和修理等。

6．成本

选用机床时应根据加工零件的类型、形状、尺寸、技术要求和生产批量等，选择技术性能与零件加工要求相适应的机床，以充分发挥机床的性能，取得较好的经济效果。

2.2　车　削　加　工

2.2.1　车削加工概述

在一般机器制造厂中，车床约占金属切削机床总台数的 $20\% \sim 35\%$。它主要用于加工内外圆柱面、圆锥面、端面、成形回转表面以及内外螺纹面等。

车床类机床的运动特征是：主运动为主轴作回转运动，进给运动通常由刀具来完成。

车床加工所使用的刀具主要是车刀,还可用钻头、扩孔钻、铰刀等孔加工刀具。

车床的种类很多,按用途和结构的不同有卧式车床、立式车床、转塔车床、自动和半自动车床以及各种专门化车床等。其中卧式车床是应用最广泛的一种。卧式车床的经济加工精度一般可达 IT8 左右,精车的表面粗糙度可达 $R_a 1.25 \sim 2.5\ \mu m$。图 2-2 是车削加工的主要工艺类型。

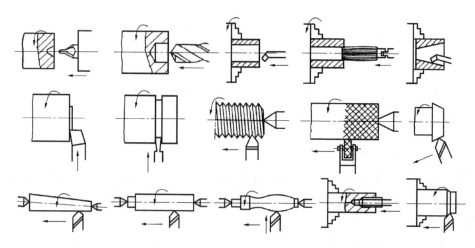

图 2-2 车削加工的主要工艺类型

2.2.2 CA6140 型卧式车床

CA6140 型卧式车床的结构具有典型的卧式车床布局。它的通用程度较高,加工范围较广,适合于中、小型的各种轴类和盘套类零件的加工。它能车削内外圆柱面、圆锥面、各种环槽、成形面及端面,能车削常用的米制、英制、模数制及径节制四种标准螺纹,也可以车削加大螺距螺纹、非标准螺距及较精密的螺纹,还可以进行钻孔、扩孔、铰孔、滚花和压光等。

1. 机床的传动链

图 2-3 是 CA6140 卧式车床的传动系统图。它主要包括主运动传动链、进给运动传动链和螺纹车削传动链。

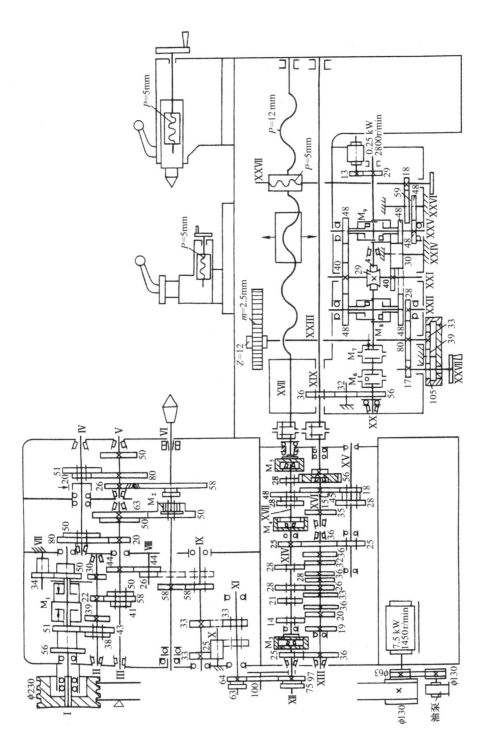

图 2-3　CA6140 臥式车床的传动系统图

（1）主运动传动链

运动由电动机（7.5 kW，1450 r/min）经 V 带轮传动副 $\dfrac{\phi130}{\phi230}$ 传至主轴箱中的轴 I，轴 I 上装有双向多片摩擦离合器 M_1，其作用是使主轴正转、反转或停止。主运动传动链的传动路线表达式为

$$\begin{array}{l}
\text{电动机}\\
n=1\,450\ \text{r/min}\\
7.5\ \text{kW}
\end{array} - \dfrac{\phi130}{\phi230} - \text{I} - \left\{\begin{array}{l} M_1\ \text{左} - \left\{\begin{array}{l}\dfrac{56}{38}\\[2mm]\dfrac{51}{43}\end{array}\right\} - \\[6mm] M_1\ \text{右} - \dfrac{50}{34} - \dfrac{34}{30} \end{array}\right\} - \text{II} - \left\{\begin{array}{l}\dfrac{39}{41}\\[2mm]\dfrac{22}{58}\\[2mm]\dfrac{30}{50}\end{array}\right\}$$

$$\text{III} - \left\{\begin{array}{c}\left\{\begin{array}{l}\dfrac{20}{80}\\[2mm]\dfrac{50}{50}\end{array}\right\} - \text{IV} - \left\{\begin{array}{l}\dfrac{20}{80}\\[2mm]\dfrac{51}{50}\end{array}\right\} - \text{V} - \dfrac{26}{58} - M_2 \\[10mm] \overline{\qquad\qquad\qquad \dfrac{63}{50} \qquad\qquad\qquad}\end{array}\right\} - \text{主轴}$$

由传动路线表达式可知，主轴正转转速级数为 $n = 2×3×(1+2×2) = 30$。但在 IV 轴、V 轴之间的 4 种传动比分别为 $u_1 = 1/16$，$u_2 ≈ 1/4$，$u_3 ≈ 1/4$，$u_4 ≈ 1$，因而，实际上只有 3 种不同的传动比。故主轴的实际转速级数是 $n = 2×3×(1+2×2-1) = 24$。同理，反转时主轴的转速级数为 12 级。

主轴的转速可按下列运动平衡式计算：

$$n_{主} = 1450 × \frac{130}{230} × u_{\text{I-II}}\, u_{\text{II-III}}\, u_{\text{III-VI}}$$

式中：$n_{主}$——主轴转速，r/min；

$u_{\text{I-II}}$，$u_{\text{II-III}}$，$u_{\text{III-VI}}$——分别为 I—II 轴、II—III 轴、III—IV 轴之间的变速传动比。

主轴反转通常不是用于切削，而是为了在车螺纹时退刀。这样，就可以在不断开主轴和刀架间传动链的情况下退刀，以免下一次进给时发生"乱扣"现象。为了节省退刀时间，通常主轴反转比正转的转速高。

（2）螺纹车削传动链

螺纹车削时，必须保证主轴每转一转，刀具准确地移动被加工螺纹一个导程距离。即

$$\text{主轴转 1 转} —— \text{刀架移动}\ p_刀$$

上述关系称为螺纹进给传动链的计算位移，其运动平衡式为

$$1_{主轴} × u_X p_{丝杠} = p_{螺纹}$$

式中：u_X——机床主轴至丝杠之间的总传动比；

$p_{丝杠}$，$p_{螺纹}$——分别为车床丝杠和被加工螺纹的导程，在 CA6140 中，$p_{丝杠} = 12$ mm。

CA6140 所能加工的 4 种螺纹的螺距、导程换算关系如表 2-3 所示。表中 k 为螺纹头数。

表 2-3 螺距、导程换算关系

螺纹种类	螺距参数	螺距/mm	导程/mm
米 制	螺距 T/mm	T	$p = kT$
模数制	模数 m/mm	$T_m = \pi m$	$p_m = kT_m = k\pi m$
英 制	每英寸牙数 a/(牙/in)	$T_a = 25.4/a$	$P_a = kT_a = 25.4k/a$
径节制	径节 DP/(牙/in)	$T_{DP} = 25.4\pi/DP$	$P_{DP} = kT_{DP} = 25.4k\pi/DP$

在车削螺纹时,根据螺纹的标准和导程,通过调整传动链来实现加工要求。

1) 车削公制螺纹

车削公制螺纹的传动路线表达式如下:

$$
\text{主轴} - \begin{cases} (\text{正常螺距}) & -\dfrac{58}{58}- \\ (\text{扩大螺距}) \dfrac{58}{26}-V-\dfrac{80}{20}-IV-\begin{cases}\dfrac{80}{20}\\[4pt]\dfrac{50}{50}\end{cases}-III-\dfrac{44}{44}-VII-\dfrac{26}{58}- \end{cases}IX
$$

$$
-\begin{cases}(\text{右螺纹}) & -\dfrac{33}{33}- \\ (\text{左螺纹})-\dfrac{33}{25}-X-\dfrac{25}{33}-\end{cases}XI-\begin{cases}(\text{米制螺纹})\dfrac{63}{100}-\dfrac{100}{75}- \\ (\text{模数制螺纹})\dfrac{64}{100}-\dfrac{100}{97}-\end{cases}
$$

$$
XII-\dfrac{25}{36}-XIII-u_{\text{基}}-XIV-\dfrac{25}{36}-\dfrac{36}{25}-u_{\text{倍}}-XVII-M_5-\text{丝杠}
$$

其中,$u_{\text{基}}$ 为 XIII-XIV 轴之间的变速传动传动比,由此可以得到基本的螺纹导程,$u_{\text{基}}$ 称为基本变速组,共有 8 种传动比,分别为

$$
u_1 = \frac{26}{28} = \frac{6.5}{7}, \quad u_2 = \frac{28}{28} = \frac{7}{7}, \quad u_3 = \frac{32}{28} = \frac{8}{7}, \quad u_4 = \frac{36}{28} = \frac{9}{7}
$$

$$
u_5 = \frac{19}{14} = \frac{9.5}{7}, \quad u_6 = \frac{20}{14} = \frac{10}{7}, \quad u_7 = \frac{33}{14} = \frac{11}{7}, \quad u_8 = \frac{36}{14} = \frac{12}{7}
$$

$u_{\text{倍}}$ 为 XV-XVII 轴之间的变速传动传动比,称为增倍变速组,共有 4 种传动比,分别为

$$
u_{\text{倍}1} = \frac{18}{45} \times \frac{15}{48} = \frac{1}{8}, \quad u_{\text{倍}2} = \frac{28}{35} \times \frac{15}{48} = \frac{1}{4}
$$

$$
u_{\text{倍}3} = \frac{18}{45} \times \frac{35}{28} = \frac{1}{2}, \quad u_{\text{倍}4} = \frac{28}{35} \times \frac{35}{28} = 1
$$

上述 4 种传动比成倍数关系排列,通过改变 $u_{\text{倍}}$ 可以使被加工螺纹的导程成倍数变化,扩大了车床能加工的螺纹导程数量。

在传动路线中,通过改变挂轮就可以实现公制螺纹与模数制螺纹的加工转换。由传动路线可得加工公制螺纹的运动平衡式,化简后为

$$1_{主轴} \times 7 \times u_X u_倍 = p_{螺纹}$$

加工模数制螺纹的运动平衡式为

$$p_m = k\pi m = 1 \times \frac{58}{58} \times \frac{33}{33} \times \frac{64}{100} \times \frac{100}{97} \times \frac{25}{26} \times u_基 \times \frac{25}{36} \times \frac{36}{25} \times u_倍 \times 12$$

其中,$\frac{64}{100} \times \frac{100}{97} \times \frac{25}{36} \approx \frac{7\pi}{48}$。化简后为

$$1_{主轴} \times \frac{7 \times u_基 \, u_倍}{4k} = m$$

式中：m——模数制螺纹的模数;

　　　k——模数制螺纹的头数。

2) 车削英制螺纹

为了实现英制螺纹的特殊因子和以每英寸长度上的螺纹牙数表示螺距的要求,把公制螺纹加工的传动路线进行调整。首先,改变 XIII、XIV 轴的主从动关系,从而使基本组的传动比变为原来的倒数;其次,在传动链中改变部分传动副的传动比,使之包含特殊因子 25.4。其传动路线表达式如下:

$$主轴 - \begin{cases} (正常螺距) & -\dfrac{58}{58}- \\ (扩大螺距)\dfrac{58}{26}-V-\dfrac{80}{20}-IV-\begin{cases}\dfrac{80}{20}\\[4pt]\dfrac{50}{50}\end{cases}-III-\dfrac{44}{44}-VII-\dfrac{26}{58} \end{cases} -IX$$

$$-\begin{cases}(右螺纹) & -\dfrac{33}{33}- \\ (左螺纹)\dfrac{33}{25}-X-\dfrac{25}{33} \end{cases}-XI-\begin{cases}(英制螺纹)\dfrac{63}{100}-\dfrac{100}{75}- \\ (径节制螺纹)\dfrac{64}{100}-\dfrac{100}{97} \end{cases}-XII-M_3-$$

$$XIV-\frac{1}{u_基}-XIII-\frac{36}{25}-XV-u_倍-XVII-M_5-丝杠$$

同理,通过改变挂轮可以实现英制螺纹与径节制螺纹的转换。

加工英制螺纹时,其运动平衡式为

$$p_m = \frac{25.4k}{a} = 1 \times \frac{58}{58} \times \frac{33}{33} \times \frac{63}{100} \times \frac{100}{75} \times \frac{1}{u_基} \times \frac{36}{25} \times u_倍 \times 12$$

式中,$\frac{63}{100} \times \frac{100}{75} \times \frac{36}{25} \approx \frac{25.4}{21}$。上式可简化为

$$1_{主轴} \times \frac{7k u_基}{4 u_倍} = a$$

式中：a——螺纹每英寸长度上的牙数。

加工径节制螺纹时，同理可得运动平衡式为

$$1_{主轴} \times \frac{7ku_{基}}{u_{倍}} = DP$$

式中：DP——径节制螺纹的导程主参数（径节数）。

在加工非标准螺纹和精密螺纹时，可将 M_3，M_4，M_s 全部啮合，主轴的运动经过挂轮后，由 XII 轴、XIV 轴、XVII 轴直接传给丝杠。被加工螺纹的导程通过调整挂轮的传动比来实现。这时，传动路线缩短，传动误差减小，螺纹精度可以得到较大的提高。其运动平衡式为

$$1_{主轴} \times u_{挂} \times 12 = P$$

在普通车削进给时，刀具的进给运动通过光杠传动。其传动路线表达式如下：

$$主轴 - \begin{Bmatrix} (米制螺纹路线) \\ (英制螺纹路线) \end{Bmatrix} - XVII - \frac{28}{56} - 光杠 - \frac{36}{32} - \frac{32}{56} - M_6 - M_7 - XX - \frac{4}{29} -$$

$$XXI - \begin{cases} \begin{Bmatrix} \frac{40}{48} - M_9 \uparrow - \\ \frac{40}{30} \times \frac{30}{48} - M_9 \downarrow \end{Bmatrix} - XXV - \frac{48}{48} \times \frac{59}{18} - 刀架（横向进给） \\ \begin{Bmatrix} \frac{40}{48} - M_8 \uparrow - \\ \frac{40}{30} \times \frac{30}{48} - M_8 \downarrow \end{Bmatrix} - XXII - \frac{28}{80} - XXIII - 齿条（z_{12}） - 刀架（纵向进给） \end{cases}$$

2.2.3　车刀

1. 车刀的种类和用途

车刀有许多种类，按用途可分为外圆车刀、端面车刀、切断刀、螺纹车刀等，如图2-4所示。车刀按刀具材料分为高速钢车刀、硬质合金车刀、陶瓷车刀、金刚石车刀等。按结构可分为整体式、焊接式、机夹式和可转位式等。

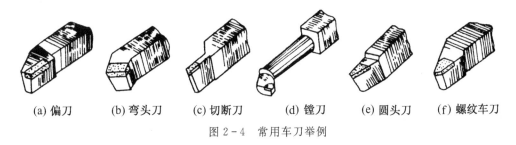

(a) 偏刀　　(b) 弯头刀　　(c) 切断刀　　(d) 镗刀　　(e) 圆头刀　　(f) 螺纹车刀

图 2-4　常用车刀举例

（1）按用途分

偏刀——用来车削外圆、台阶、端面。

弯头刀——用来车削外圆、端面、倒角。

切断刀(切槽刀)——用来切断工件或在工件上加工沟槽。

镗刀——用来加工内孔。

圆头刀——用来车削工件台阶处的圆角和圆弧槽。

螺纹车刀——用来车削螺纹。

(2) 按刀具材料分

1) 整体式高速钢车刀

这种车刀刃磨方便,刀具磨损后可以多次重磨。但刀杆也为高速钢材料,造成刀具材料的浪费。刀杆强度低,当切削力较大时,会造成破坏。一般用于较复杂成形表面的低速精车。

2) 硬质合金焊接式车刀

这种车刀是将一定形状的硬质合金刀片钎焊在刀杆的刀槽内制成的。其结构简单,制造刃磨方便,刀具材料利用充分,在一般的中小批量生产和修配生产中应用较多。但其切削性能受工人的刃磨技术水平影响和焊接质量的影响,不适应现代制造技术发展的要求,且刀杆不能重复使用,材料浪费。

3) 可转位式车刀

它包括刀杆、刀片、刀垫和夹固元件等部分,如图 2-5 所示。这种车刀用钝后,只需将刀片转过一个位置,即可使新的刀刃投入切削。当几个刀刃都用钝后,更换新的刀片。

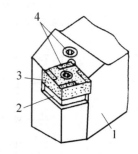

1—刀杆 2—刀垫
3—刀片 4—夹固元件

图 2-5 可转位车刀的构成

可转位车刀的刀具几何参数由刀片和刀片槽保证,不受工人技术水平的影响,切削性能稳定,适于大批量生产和数控车床使用。由于节省了刀具的刃磨、装卸和调整时间,辅助时间减少。同时避免了由于刀片的焊接、重磨造成的缺陷。这种刀具的刀片由专业化厂家生产,刀片性能稳定,刀具几何参数可以得到优化,并有利于新型刀具材料的推广应用,是金属切削刀具发展的方向。

此外,还有成形车刀。它是将车刀制成与工件特形面相应的形状后对工件进行加工。

2.3 铣 削 加 工

2.3.1 铣削加工概述

1. 铣削加工的应用和特点

用多刃回转刀具在铣床上对平面、台阶面、沟槽、成形表面、型腔表面、螺旋表面进行切削加工的过程称为铣削加工。它是切削加工的常用方法之一,图 2-6 为铣削加工的应用。

一般情况下,铣削时铣刀作旋转的主运动,工件作直线或曲线的进给运动。铣削加工可以对工件进行粗加工和半精加工,其加工精度可达 IT7~IT9,精铣表面粗糙度 R_a 值可达 3.2~1.6 μm。

铣削的工艺特点:

(1) 生产率较高

铣刀是典型的多刃刀具,铣削时有几个刀刃同时参加工作,总的切削宽度较大。铣削的主运动是铣刀的旋转,有利于采用高速铣削,所以铣削的生产率一般比刨削高。

(2) 容易产生振动

铣刀的刀刃切入和切出时会产生冲击,并引起同时工作刀刃数的变化;每个刀刃的切削厚度是变化的,这将使切削力发生变化。因此,铣削过程不平稳,易产生振动。限制了铣削加工质量与生产率的进一步提高。

(3) 散热条件较好

铣刀刀刃间歇切削,可以得到一定的冷却,因而散热条件较好。但是,切入和切出时热的变化、力的冲击,将加速刀具的磨损,甚至可能引起硬质合金刀片的碎裂。

(4) 加工成本较高

因为铣床结构比较复杂,故铣刀的制造和刃磨较困难。

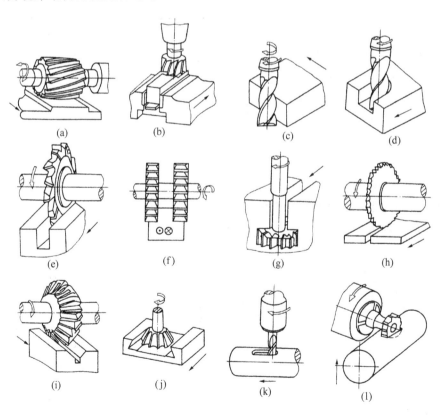

(a)　　　　(b)　　　　(c)　　　　(d)

(e)　　　　(f)　　　　(g)　　　　(h)

(i)　　　　(j)　　　　(k)　　　　(l)

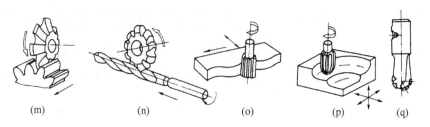

（a），（b），（c）铣平面　（d），（e）铣沟槽　（f）铣台阶　（g）铣 T 形槽　（h）切断　（i），（j）铣角度槽
（k），（l）铣键槽　（m）铣齿形　（n）铣螺旋槽　（o）铣曲面　（p）铣立体曲面　（q）球头铣刀

图 2-6　铣刀与铣削加工

2．铣削时的切削用量（参见图 2-7）

（1）铣削速度 v_c

铣削速度为铣刀主运动的线速度，单位为 m/min。其值可用下式计算：

$$v_c = \pi dn/1000$$

式中：d——铣刀直径，mm；

　　　　n——铣刀的转速，r/min。

（2）进给量 f

铣削中的进给量有三种表示方法：

1）每齿进给量 a_f　铣刀每转过一个刀齿时，工件沿进给方向移动的距离，单位为 mm/Z（Z 为铣刀齿数）。a_f 是选择进给量的依据。

2）每转进给量 f　铣刀每转一转时，工件沿进给方向所移动的距离，单位为 mm/r。

3）进给速度 v_f　铣刀每旋转 1 分钟，工件沿进给方向所移动的距离，单位为 mm/min。在实际工作中，一般按 n 来调整机床进给量的大小。

三者之间有如下关系：

$$v_f = fn = a_f Zn$$

（3）背吃刀量 a_p

铣削中的背吃刀量为待加工表面与已加工表面间的垂直距离（mm），亦即铣刀切入工件被切削层的深度。

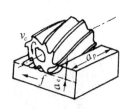
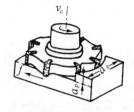

（a）用圆柱铣刀铣削　　　　　（b）用端铣刀铣削　　　　　（c）用立铣刀铣削

图 2-7　铣削时的运动与铣削用量

2.3.2　铣床

铣床是用铣刀进行铣削加工的机床。铣床的主要类型有升降台式铣床、床身式铣床、龙门铣床、工具铣床、仿形铣床以及近年发展起来的数控铣床等。卧式铣床又可分为万能升降台铣床和卧式升降台铣床。

1. X6132 型万能升降台铣床的组成

图 2-8 所示为 X6132 型万能升降台铣床的外形图。其主要组成部分如下：

（1）床身

床身用来固定和支承其他部件。其顶面有水平导轨供横梁移动；前壁有垂直导轨供升降台升降；内部装有主轴、变速机构、润滑油泵、电气设备；后部装有电动机。

（2）横梁

横梁用于安装吊架，以便支承刀杆外伸端。

（3）主轴

主轴用于安装刀杆并带动铣刀旋转。

（4）纵向工作台

纵向工作台用于安装夹具和工件，并带动它们作纵向进给。侧面有挡块，可使纵向工作台实现自动停止进给；下面的回转台可使纵向工作台在水平面内偏转±45°角。

（5）横向工作台

横向工作台用于带动纵向工作台一起作横向进给。

（6）升降台

升降台用于带动纵、横向工作台上

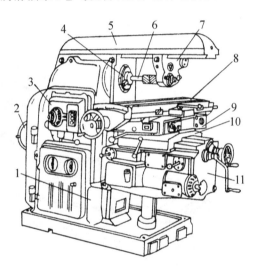

1—床身　2—电动机　3—主轴变速机构　4—主轴
5—横梁　6—刀杆　7—吊架　8—纵向工作台
9—转台　10—横向工作台　11—升降台
图 2-8　X6132 型万能升降台铣床

下移动，以调整纵向工作台面与铣刀的距离和实现垂直进给。其内部装有机动进给变速机构和进给电动机。

万能升降台铣床与卧式升降台铣床的区别在于它在工作台与床鞍之间增装了一层转盘。转盘相对于床鞍可在水平面内转动一定的角度（±45°范围），以便加工螺旋槽等表面。

2. 立式升降台铣床

立式升降台铣床又称立铣，是一种主轴为垂直布置的升降台铣床。其主轴可安装立铣刀、端铣刀等刀具。铣刀旋转为主运动。铣头可绕水平轴线扳转一个角度。工作台结构与卧式铣床相同。

3. 龙门铣床

龙门铣床是一种大型高效通用机床,如图2-9所示。它在结构上呈框架式结构布局,具有较高的刚度及抗振性。在横梁及立柱上均安装有铣削头,每个铣削头都是一个独立的主运动部件,其中包括单独的驱动电机、变速机构、传动机构、操纵机构及主轴等部分。加工时,工作台带动工件作纵向进给运动,其余运动由铣削头实现。

龙门铣床主要用于大中型工件的平面、沟槽加工,可以对工件进行粗铣、半精铣,也可以进行精铣加工。由于龙门铣床上可以用多把铣刀同时加工几个表面,所以它的生产效率很高,在成批和大量生产中得到广泛的应用。

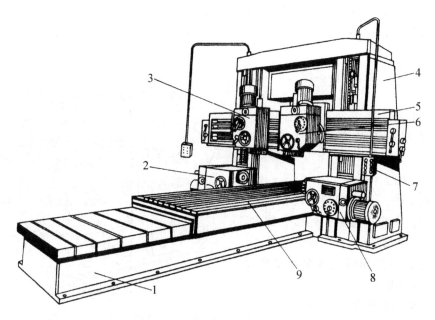

1—床身 2,8—侧铣头 3,6—立铣头 4—立柱 5—横梁 7—操纵箱 9—工作台

图2-9 龙门铣床结构图

2.3.3 铣刀

铣刀是多刃刀具,其刀刃分布在铣刀外圆表面或端面上。铣刀的每一个刀齿都相当于一把车刀。

1. 铣刀的种类及用途

铣刀的种类繁多,分类方法也很多,如可按材料、结构形式、形状、用途、安装方法分类等。

当按安装方法分类时,铣刀可分为带柄铣刀和带孔铣刀两大类。前者多用于立铣,后者多用于卧铣。

对常用的铣刀及其应用介绍如下：

(1) 圆柱铣刀(见图 2-6(a))

圆柱铣刀用于在卧式铣床上加工面积不太大的平面，一般用高速钢制造。切削刃分布在圆周上，无副切削刃，加工效率不太高。

(2) 面铣刀(见图 2-6(b))

面铣刀用于在立式铣床上加工平面，尤其适合加工大面积平面。主切削刃分布在圆柱或圆锥面上。刀齿由硬质合金刀片制成，其在刀体上的夹固，目前一般均采用可转位形式。

(3) 槽铣刀(见图 2-6(e)，(f))

槽铣刀主要用于加工直槽(如图 2-6(e)所示)，也可加工台阶面(如图 2-6(f)所示)。前者在圆周和两端面上均有切削刃，而且圆周上的刀齿呈左右旋交错分布，既具有刀齿逐渐切入工件、切削较为平稳的优点，而且又可以使来自左右方向的两个轴向力获得平衡。这种三面刃错齿槽铣刀和如图 2-6(f)所示的直齿槽铣刀相比，在同样的切削条件下，有较高的效率。

图 2-6(h)所示为锯片铣刀切断。这种铣刀形状和结构与直齿槽铣刀相同。主要用于铣窄槽($B \leqslant 6$ mm)和切断。

(4) 立铣刀(见图 2-6(c)，(d))

立铣刀主要用于在立式铣床上铣沟槽(如图 2-6(d)所示)，也可用于加工平面(如图 2-6(c)所示)、台阶面和二维曲面(例如平面凸轮的轮廓)。主切削刃分布在圆柱面上；副切削刃分布在端面上。

(5) 键槽铣刀(见图 2-6(k))

键槽铣刀只有两个刃瓣，兼有钻头和立铣刀的功能。铣削时先沿铣刀轴线对工件钻孔，然后沿工件轴线铣出键槽的全长。

(6) T 形槽铣刀(见图 2-6(g))

如果不考虑柄部和尺寸的大小，T 形槽铣刀类似于三面刃槽铣刀。其主切削刃分布在圆周上，副切削刃分布在两端面上。它主要用于加工 T 形槽。

(7) 角度铣刀(见图 2-6(i)，(j))

角度铣刀用于铣削角度槽和斜面。

(8) 盘形齿轮铣刀(见图 2-6(m))

盘形齿轮铣刀用于铣削直齿和斜齿圆柱齿轮的齿廓面。

(9) 成型铣刀(见图 2-6(n))

成型铣刀为用于加工外成形表面的专用铣刀。

(10) 鼓形铣刀(见图 2-6(p))

鼓形铣刀用于在数控铣床和加工中心上加工立体曲面。

(11) 球头铣刀(见图 2-6(q))

球头铣刀主要用于三维模具型腔的加工。

2. 铣削方式

（1）顺铣和逆铣

圆周铣削有顺铣和逆铣两种方式。图 2-10（a）所示为逆铣。铣削时，在铣刀与工件接触点处，铣刀速度有与进给速度方向相反的分量。图 2-10（b）所示为顺铣。铣削时，在铣刀与工件的接触点处，铣刀速度有与进给速度方向相同的分量。

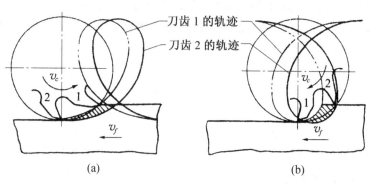

图 2-10　逆铣和顺铣

由于铣刀刀齿切入工件时的切削厚度不同，刀齿与工件的接触长度不同，所以顺铣和逆铣给铣刀造成的磨损程度也不同。实践表明，顺铣时，铣刀使用寿命可比逆铣提高 2～3 倍。表面粗糙度亦可减小。但顺铣不宜用于加工带硬皮的工件。再者，对于进给丝杠和螺母有间隙的铣床，不能采用顺铣方法，否则会造成工作台窜动。

（2）对称铣削与不对称铣削

1）对称铣削

图 2-11（a）所示为端铣的一种方式。它切入、切出时，切削厚度相同，有较大的平均切削厚度。铣淬硬钢时应采用这种方式。

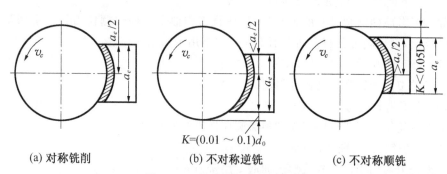

(a) 对称铣削　　(b) 不对称逆铣　　(c) 不对称顺铣

图 2-11　端铣的三种铣削方式

2）不对称逆铣

图 2-11（b）所示为端铣的另一种方式。切入时厚度最小，切出时厚度最大。铣削碳钢和合金钢时，可减小切入冲击，提高使用寿命。

3) 不对称顺铣

图 2－11(c)所示即为不对称顺铣方式。切入时厚度较大,切出时厚度较小。实践证明,不对称顺铣用于加工不锈钢和耐热合金时。可使切削速度提高 40％～60％,并可减少硬质合金的热裂磨损。

2.3.4　万能分度头

万能分度头的构造如图 2－12 所示。其主轴可随同回转体在垂直平面内转动－6°～90°,而且能固定在所需位置上。主轴前端锥孔用于装顶尖,外部有定位锥体可装三爪自定心卡盘。回转体侧面有分度盘,分度盘的两面都有许多圈数目不同的等分小孔(即孔圈数)。松开蜗轮脱落手柄,可直接扳动主轴。

常用的 FW250 型分度头备有两块分度盘,其孔圈数可根据需要选用(见表 2－4)。

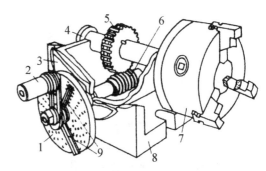

1—分度盘　2—手柄　3—回转体　4—分度头主轴　5—蜗轮
6—单头蜗杆　7—三爪自定心卡盘　8—基座　9—扇股

图 2－12　万能分度头的构造

表 2－4　FW250 型分度头分度盘孔圈数

分度盘块数	正 反 面	分度盘的孔圈数					
第一块	正　面	24	25	28	30	34	37
	反　面	38	39	41	42	43	
第二块	正　面	46	47	49	51	53	54
	反　面	57	58	59	62	66	

分度头传动系统如图 2－13(a)所示。当拔出定位销转动手柄时,通过 1：1 齿轮副和 1：40 蜗杆副使主轴旋转。手柄转 1 圈,蜗轮转 $\frac{1}{40}$ 圈,也就是主轴转 $\frac{1}{40}$ 圈。若工件要分成 z 等分,则每分一等分时主轴应转 $\frac{1}{z}$ 转。当分度手柄转数为 n 圈时,有如下关系:

$$1：40 = \frac{1}{z}：n$$

式中:n——分度手柄转数;

　　　z——工件分度数。

当 n 不是整转数时,可从分度盘中选取合适孔圈,根据孔圈数同时扩大或缩小某一倍数。例如,要将工件作 32 等分,则应转过的圈数为

$$n = \frac{40}{z} = \frac{40}{32} = 1\frac{1}{4} = 1\frac{6}{24}$$

即每次分度应在 24 孔的分度盘孔圈内摇过 1 圈加 6 个孔距。实际操作时,常应用扇股进行。调整扇股(又称分度叉,见图 2-12)的夹角,使其在 24 孔圈上夹(6+1)个孔,其中 1 个孔是作为起始点供分度定位销定位用的。

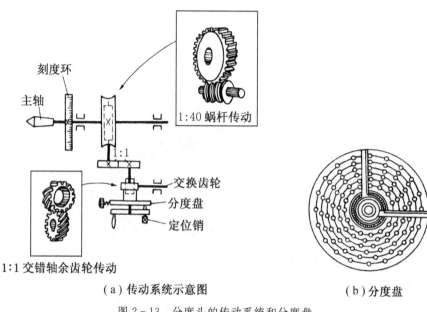

（a）传动系统示意图 　　　　　　　　　　（b）分度盘

图 2-13　分度头的传动系统和分度盘

2.4　磨 削 加 工

　　磨削加工是一种多刀多刃的高速切削方法,用于零件精加工和超精加工。它除了适用于普通材料的精加工外,尤其适用于一般刀具难以切削的高硬度材料的加工,如加工淬硬钢、硬质合金和各种宝石等。磨削加工精度可达 IT6～IT4,表面粗糙度 R_a 值可达成 1.25～0.02 μm。

2.4.1　磨具的特性和选用

　　凡在加工中起磨削、研磨、抛光作用的工具,统称磨具。磨具一般分为六大类,即砂轮、油石、磨头、砂带、研磨膏。根据所用的磨料不同,磨具又可分为普通磨具和超硬磨具两大类,其中超硬磨具是指用金刚石、立方氮化硼等以显著高硬为特征的磨料制成的磨具,用来加工难磨的金属材料。

1. 砂轮

砂轮是磨削加工中很重要的工具,也是磨具中最主要的一大类。砂轮是在磨料中加入结合剂后,经压坯、干燥和焙烧而制成的疏松体。磨料、结合剂与气孔三者构成了砂轮三要素。可以用不同的配方和不同的投料密度来控制砂轮的硬度和组织。

砂轮特性由下列五个因素来决定:磨料、粒度、结合剂、硬度和组织。

(1) 磨料

普通砂轮所用的磨料主要有刚玉类和碳化硅类。按照其纯度和添加的元素不同,每一类又可分为不同的品种。表 2-5 列出了常用磨料的名称、代号、主要性能和用途。

表 2-5　常用磨料的性能及适用范围

磨料名称		代号	主要成分	颜 色	力学性能	反应性	热 稳 定 性	适用磨削范围
刚玉类	棕刚玉	A	Al_2O_3　95% TiO_2　2%~3%	褐色	韧性大硬度大	稳定	2100℃熔融	碳钢、合金钢、铸铁
	白刚玉	WA	Al_2O_3　>99%	白色				淬火钢、高速钢
碳化硅类	黑碳化硅	C	SiC　>95%	黑色		与铁有反应	>1500℃氧化	铸铁、黄铜、非金属材料
	绿碳化硅	GC	SiC　>99%	绿色				硬质合金等
高硬磨料类	氮化硼	CBN	立方氮化硼	黑色	高硬度高强度	高温时与水碱有反应	<1300℃稳定	硬质合金、高速钢
	人造金刚石	D	碳结晶体	乳白色			>700℃石墨化	硬质合金、宝石

(2) 粒度

粒度指磨料颗粒的大小。以磨粒刚能通过的那一号筛网的网号来表示磨粒的粒度。例如,60 粒度是指磨粒大小为刚可通过每英寸长度上有 60 个孔眼的筛网。一般粗加工要求磨粒尺寸大,而精加工要求磨粒尺寸小。因此将磨粒做成不同大小的颗粒,以适应不同的加工需要。

根据粒度大小,磨料可分为磨粒及微粉两类。磨料颗粒尺寸大于 40 μm 时,称为磨粒;磨料尺寸小于 40 μm 时,称为微粉。粒度号愈大表示磨粒的颗粒愈小。微粉以 W 表示,如某微粉的实际尺寸为 8 μm 时,其粒度号标为 W8,故微粉号愈小,微粉就愈细。表 2-6 表示磨粒粒度及其应用范围。

表 2-6 常用结合剂的性能及适用范围

类　别	粒度	颗粒尺寸（μm）	应用范围	类　别	粒　度	颗粒尺寸（μm）	应用范围
磨粒	12#～36#	2000～1600 500—400	荒　磨 打毛刺	微粉	W40～W28	40～28 28～20	珩　磨 研　磨
	46#～80#	400～315 200～160	粗　磨 半精磨 精　磨		W20～W14	20～14 14～10	研磨、超级加工、超精磨削
	100#～280#	160～125 50～40	精　磨 珩　磨		W10～W5	10～7 5～3.5	研磨、超级加工、镜面磨削

磨粒粒度对磨削生产率和加工表面粗糙度有很大的影响。一般来说，粗磨用粗粒度，精磨用细粒度。当工件材料软、塑性大和磨削面积大时，为避免堵塞砂轮，宜采用粗粒度。

（3）结合剂

结合剂的作用是将磨料粘合成具有一定强度和各种形状及尺寸的砂轮。砂轮的强度、耐热性和耐用度等重要指标，在很大程度上取决于结合剂的特性。结合剂对磨削温度和磨削表面质量有很大影响。

常用结合剂的名称、代号、性能和适用范围见表 2-7。

表 2-7 常用结合剂的名称、代号、性能和适用范围

结合剂	代号	性　能	适　用　范　围
陶　瓷	V	耐热，耐蚀，气孔率大，易保持廓形，弹性差	最常用，适用于各类磨削加工
树　脂	B	强度较 V 高，弹性好，耐热性差	适用于高速磨削、切断、开槽等
橡　胶	R	强度较 B 高，更富有弹性，气孔率小，耐热性差	适用于切断、开槽，及作无心磨的导轮
青　铜	J	强度最高，导电性好，磨耗少，自锐性差	适用于金刚石砂轮

（4）硬度

砂轮的硬度是反映磨粒在磨削力作用下，从砂轮表面上脱落的难易程度。砂轮硬，即表示磨粒难以脱落；砂轮软，表示磨粒容易脱落。砂轮的硬度等级见表 2-8。

表 2-8 砂轮的硬度等级及代号

大级名称	超软	软			中　软		中		中　硬			硬		超硬
小级名称	超软	软1	软2	软3	中软1	中软2	中1	中2	中硬1	中硬2	中硬3	硬1	硬2	超硬
代号	D E F	G	H	J	K	L	M	N	P	Q	R	S	T	Y

砂轮的软硬与磨粒本身的硬度无关，砂轮的软硬与磨粒的硬度是两个不同的概念。同一种磨料可以制成不同硬度的砂轮。

砂轮硬度选择的原则，主要是根据加工工件材料的性质和具体的磨削条件。

1) 工件材料硬,砂轮硬度应选得软一些,以便砂轮磨钝磨粒及时脱落,即要使砂轮及时自砺,避免磨削温度过高而烧伤工件。加工软材料时,因易于磨削,磨粒不易磨钝,砂轮应选硬一些。但对于像有色金属这种特别软而韧的材料,由于切屑容易堵塞砂轮,砂轮的硬度可选得较软一些。

2) 砂轮与工件接触面积较大时,砂轮硬度应选软一些,以便磨钝砂粒及时脱落,以免磨屑堵塞砂轮表面引起表面烧伤。内圆磨削和端面平磨时,砂轮硬度应比外圆磨削的砂轮硬度低。磨削薄壁零件及导热性差的工件时,砂轮硬度应选得低些。

3) 精磨和成型磨削时,应选用硬一些的砂轮,以保持砂轮必要的形状精度。

4) 砂轮的粒度越大时,为避免砂轮堵塞,应选用硬度低一些的砂轮。

5) 磨有色金属、橡胶、树脂等软材料应选用较软的砂轮,以免砂轮堵塞。

（5）组织

砂轮的组织系指磨粒、结合剂和气孔三者体积的比例关系,用来表示结构紧密或疏松的程度。砂轮的组织用组织号的大小表示。把磨粒在磨具中占有的体积百分数称为组织号。砂轮的组织号及使用范围见表 2-9。

表 2-9　砂轮的组织号

组织号	0	1	2	3	4	5	6	7	8	9	10	11	12	13	14
磨粒率/(%)	62	60	58	56	54	52	50	48	46	44	42	40	38	36	34
疏密程度	紧　密				中　等				疏　松					大 气 孔	
适用范围	重负荷、成形、精密磨削,加工脆硬材料				外圆、内圆、无心磨及工具磨,淬硬工件及刀具刃磨等				粗磨及磨削韧性大、硬度低的工件,适合磨削薄壁、细长的工件,或砂轮与工件接触面大以及平面磨削等					有色金属及塑料橡胶等非金属以及热敏合金	

2. 砂轮的形状、尺寸与标志

为了适应不同表面形状和尺寸的工件加工,砂轮有许多形状和尺寸。常用砂轮的形状、代号及用途见表 2-10。

表 2-10　常用砂轮的形状、代号及用途

砂轮名称	代　号	断 面 形 状	主 要 用 途
平形砂轮	1		外圆磨、内圆磨、平面磨、无心磨、工具磨
薄片砂轮	41		切断及切槽

砂轮名称	代　号	断面形状	主　要　用　途
筒形砂轮	2		端磨平面
碗形砂轮	11		刃磨刀具、磨导轨
碟形一号砂轮	12a		磨铣刀、铰刀、拉刀、磨齿轮
双斜边砂轮	4		磨齿轮及螺纹
杯　形	6		磨平面、内圆、刃磨刀具

砂轮的特性、尺寸用代号标注在砂轮的端面。如下所示：

1	300×400×127	WA	80	K	V	30
↓	↓	↓	↓	↓	↓	↓
平形砂轮	外径×厚度×孔径	白刚玉	粒度号	砂轮硬度（中软）	陶瓷结合剂	允许的磨削速度(m/s)

2.4.2　磨削加工类型与机床的磨削运动

1. 磨削加工类型

根据工件被加工表面的形状和砂轮与工件之间的相对运动,磨削分为外圆磨削、内圆磨削、平面磨削和无心磨削等几种主要加工类型。此外,还有对凸轮、螺纹、齿轮等零件进行磨削加工的专用磨床。

（1）外圆磨削

外圆磨削是用砂轮外圆周面来磨削工件的外回转表面的磨削方法。如图 2-14 所示,它不仅能加工圆柱面,还能加工圆锥面、端面、球面和特殊形状的外表面等。

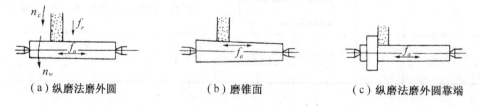

（a）纵磨法磨外圆　　　　　（b）磨锥面　　　　　（c）纵磨法磨外圆靠端

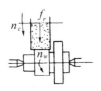

（d）横磨法磨外圆

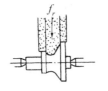

（e）横磨法磨成形面

（f）磨锥面

（g）斜向横磨磨成形面

图 2-14　外圆磨削加工类型面

在磨削中,砂轮的高速旋转运动为主运动 n_c,磨削速度是指砂轮外圆的线速度 v_c,单位为 m/s。

进给运动有工件的圆周进给运动 n_w,轴向进给运动 f_a 和砂轮相对工件的径向进给运动 f_r。工件的圆周进给速度是指工件外圆的线速度 v_w,单位为 m/s。

外圆磨削按不同进给方向分为纵磨法和横磨法两种形式。

1）纵磨法

磨削外圆时,砂轮的高速旋转为主运动。工件作圆周进给运动,同时随工作台沿工件轴向作纵向进给运动。采用纵磨法每次的横向进给量少,磨削力小,散热条件好,并且能以光磨的次数来提高工件的磨削精度和表面质量,因而加工质量高,是目前生产中使用最广泛的一种磨削方法。

2）横磨法

采用这种磨削形式,在磨削外圆时,砂轮宽度比工件的磨削宽度大,工件不需作纵向进给运动,砂轮以缓慢的速度连续或断续地沿工件径向作横向进给运动,直至磨到工件尺寸要求为止。横磨法因砂轮宽度大,一次行程就可完成磨削加工过程,所以加工效率高,同时它也适用于成型磨削。然而,在磨削过程中砂轮与工件接触面积大,磨削力大,而且磨削热集中,磨削温度高,这势必影响工件的表面质量,必须给予充分的切削液来降低磨削温度。

（2）内圆磨削

普通内圆磨削方法如图 2-15 所示,砂轮高速旋转作主运动 n_c,工件旋转作圆周进给运动 n_w,同时砂轮或工件沿其轴线往复作纵向进给运动 f_a,工件沿其径向作横向进给运动 f_r。

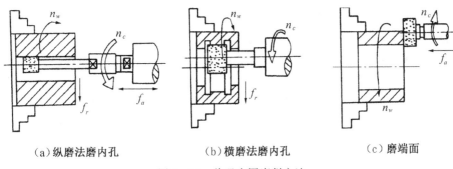

（a）纵磨法磨内孔　　　　　（b）横磨法磨内孔　　　　　（c）磨端面

图 2-15　普通内圆磨削方法

与外圆磨削相比,内圆磨削所用的砂轮和砂轮轴的直径都比较小。为了获得所要求的砂轮线速度,就必须提高砂轮主轴的转速,故容易发生振动,影响工件的表面质量。此外,由于内圆磨削时砂轮与工件的接触面积大,发热量集中,冷却条件差以及工件热变形大,特别是砂轮主轴刚性差,易弯曲变形,所以内圆磨削不如外圆磨削的加工精度高。常采用减少横向进给量、增加光磨次数等措施来提高内孔的加工质量。

（3）平面磨削

平面磨削可分为卧轴和立轴端磨两种方法。

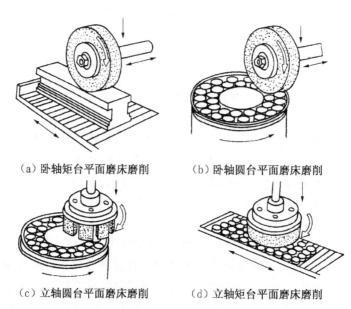

（a）卧轴矩台平面磨床磨削   （b）卧轴圆台平面磨床磨削

（c）立轴圆台平面磨床磨削   （d）立轴矩台平面磨床磨削

图 2-16　平面磨削方式

1）周磨

周磨是用砂轮的圆周面磨削平面,如图 2-16(a)所示。周磨平面时,砂轮与工件的接触面积很小,排屑和冷却条件均较好,所以工件不易产生热变形。而且,因砂轮圆周表面的磨粒磨损均匀,故加工质量较高,适用于精磨。

2）端磨

端磨是用砂轮的端面磨削工件平面,如图 2-16(b)所示。端磨平面时,砂轮与工件接触面积大,冷却液不易注入磨削区内,所以工件热变形大。而且,因砂轮端面各点的圆周速度不同,端面磨损不均匀,所以加工精度较低。但其磨削效率高,适用于粗磨。

（4）在无心磨床上磨削外圆表面

无心外圆磨床是一种特殊的外圆磨床。在无心外圆磨床上磨削工件外圆时,工件不用顶尖来定心和支承,而是直接将工件放在砂轮和导轮之间,由托板支承,工件被磨削的外圆面作定位面,如图 2-17(a)所示。

1）工作原理

从图 2-17(a),可以看出,砂轮和导轮的旋转方向相同,但由于磨削砂轮的圆周速度很大(约为导轮的 $70\sim80$ 倍),通过切向磨削力带动工件旋转,但导轮(它是用摩擦系数较大的树脂或橡胶作结合剂制成的刚玉砂轮)则依靠摩擦力限制工件旋转(制动),使工件的圆周线速度基本上等于导轮的线速度,从而在磨削轮和工件间形成很大的速度差,产生磨削作用。改变导轮的转速,便可调节工件的圆周进给速度。

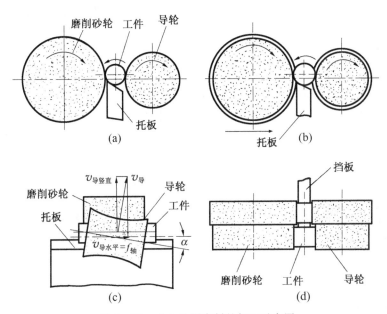

图 2 - 17　无心外圆磨削的加工示意图

　　无心磨削时,工件的中心必须高于磨削轮和导轮的中心连线,这样便能使工件与磨削砂轮和导轮间的接触点不对称,于是工件上某些凸起的表面(即棱圆部分)在多次转动中逐渐磨圆。

　　2) 磨削方式

　　无心外圆磨床有贯穿磨削法(纵磨法)和切入磨削法(横磨法)两种磨削方式。

　　贯穿磨削时,将工件从机床前面放到托扳上,推入磨削区。由于导轮在垂直平面内倾斜 α 角($\alpha=1°\sim6°$),导轮与工件接触处的线速度 $v_导$ 可分解成水平和垂直两个方向的分速度 $v_{导水平}$ 和 $v_{导垂直}$ (图 2 - 17(b)),$v_{导垂直}$ 控制工件的圆周进给运动;$v_{导水平}$ 使工件作纵向进给。所以工件进入磨削区后,便既作旋转运动,又作轴向移动,穿过磨削区,从机床另一端出去就磨削完毕。这种磨削方法适用于不带台阶的圆柱形工件。

　　切入磨削时,先将工件放在托板与导轮之间,然后由工件(连同导轮)或磨削砂轮横向切入进给,来磨削工件表面。这时导轮的中心线仅倾斜微小的角度(约 30′),以便对工件产生一微小的轴向推力,使它靠住挡块(图 2 - 17(c)),得到可靠的轴向定位。切入磨削法适用于磨削有阶梯或成型回转表面的工件,但磨削表面长度不能大于磨削砂轮宽度。

　　3) 特点与应用

　　在无心外圆磨床上磨削外圆表面时,工件不需要钻中心孔,且装夹工件省时省力,可连续磨削,所以生产率较高。由于有导轮和托板沿全长支承工件,因而刚度差的工件也可用较大的切削用量进行磨削。

由于工件定位基准是被磨削的外圆表面,而不是中心孔,所以就消除了工件中心孔误差、外圆磨床工作台运动方向与前后顶尖连线的不平行以及顶尖的径向圆跳动等项误差的影响。但是,它也不能改善工件在无心磨前外圆与内孔的同心度误差。

2.4.3 磨削加工特点

磨削加工本质上属切削加工,砂轮可看作很多刀齿的铣刀,磨削就是利用这些刀齿进行超高速铣削,但是与通常的切削加工相比磨削加工又有以下显著的特点:

1. 切削刃(磨粒)不规则

切削刃的形状和分布均处于不规则的随机状态,其形状、大小各异。

2. 磨削的切削过程复杂

由于磨粒的形状与分布很不规则,因此在磨削过程中各个磨粒的切削厚度各不相同。可以这样认为:磨削过程就是利用分布在砂轮表面上的磨粒,在高速旋转条件下,对工件表面进行切削(一些比较突出和比较锋利切入工件较深、切削厚度较大的磨粒)、刻划(突出高度较小和比较钝的磨粒,切削厚度很小)及抛光(更钝更低的磨粒,不能切入工件)的综合作用。

3. 磨削速度高、切削厚度小

(1) 磨削时砂轮的圆周速度可达 $35\sim50$ m/s,约为车削和铣削速度的 10 倍以上,又由于磨粒通常为负前角,又不能保证有足够的后角,因而磨削时磨粒对工件表面产生严重的挤压变形,使磨削区产生大量的磨削热,再加上砂轮本身的导热性差,热量传不出去,所以磨削区形成瞬时高温,一般可达 $800\sim1000\,^\circ\!\mathrm{C}$。

(2) 磨削时每个磨粒的切削厚度可能小到数微米,因而可以得到较高的加工精度(1T5~IT6)和较小的加工表面粗糙度值($R_a0.8\sim0.2\ \mu\mathrm{m}$)。

(3) 磨削时由于切削区温度很高,所以,要使用大量的切削液,以有效降低切削温度。切削液还能冲走砂轮表面的切屑,防止堵塞砂轮。此外,切削液还有一定的润滑作用,可以降低砂轮与工件表面的摩擦生热。磨削钢件时,常用的切削液是苏打水或乳化液;磨削铝件时,一般用煤油作切削液,但应加少量防锈剂。

4. 可以加工高硬度材料

磨削可以加工一些高硬度的材料,如淬火钢、高强度合金、陶瓷材料等,这些材料用一般的金属切削刀具是很难加工甚至是无法加工的。

5. 砂轮的自锐性

砂轮的自锐性使得磨粒总能以锐利的"刀刃"对工件连续进行切削,这是一般刀具所不具备的特点。所以,能磨削高硬度工件,即使在工件和磨粒硬度十分接近时也能进行磨削(如碳化硅砂轮磨硬质合金、陶瓷等)。

6. 径向切削力 F_P 大

磨削时由于磨粒大多以负前角进行切削,故径向磨削力较大,一般 $F_P = (2 \sim 3)F_c$ (切向磨削力)。工件材料的塑性越小,F_P/F_c 越大,这是磨削力的特点。

由于磨削时径向力 F_P 大,将会引起工件、夹具及机床产生弹性变形。这一方面会影响工件的加工精度(出现形状误差,如腰鼓形等),另一方面会造成实际磨削深度与名义磨削深度之间的差别。随着走刀次数增加,工艺系统弹性变形达到一定程度,此时磨削深度将基本等于名义磨削深度,故在最后几次光磨中,可以减少磨削深度,直至火花消失为止。

2.4.4 磨床

磨床是用磨料磨具(如砂轮、砂带、油石、研磨料)为工具进行切削加工的机床。它是由于精加工和硬表面加工的需要而发展起来的。

为了适应磨削各种加工表面、工件形状及生产批量的要求,磨床的种类很多,其中的主要类型有:

(1) 外圆磨床,包括普通外圆磨床、万能外圆磨床、无心外圆磨床等。

(2) 内圆磨床,包括内圆磨床、无心内圆磨床、行星式内圆磨床等。

(3) 平面磨床,包括卧轴矩台平面磨床、立轴矩台平面磨床、卧轴圆台平面磨床、立轴圆台平面磨床等。

(4) 工具磨床,包括工具曲线磨床、钻头沟背磨床等。

(5) 刀具刃磨磨床,包括万能工具磨床、拉刀刃磨磨床、滚刀刃磨磨床等。

(6) 各种专门化磨床,指专门用于磨削某一类零件的磨床,如曲轴磨床。

(7) 研磨机。

(8) 其他磨床,有珩磨机、抛光机、超精加工机床、砂轮机等。

1. M1432A 型万能外圆磨床

(1) 机床布局

图 2-18 为 M1432A 型万能外圆磨床的外形图。它由下列主要部件组成:

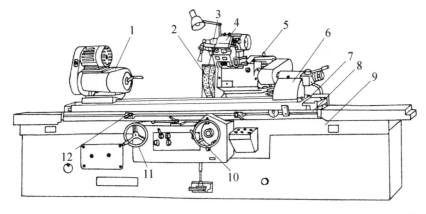

1—头架　2—砂轮　3—内圆磨头　4—磨架　5—砂轮架　6—尾座　7—上工作台　8—下工作台
9—床身　10—横向进给手轮　11—纵向进给手轮　12—换向挡块
图 2-18　M1432A 万能外圆磨床

1）床身　床身用于支承和连接各部件。其上部装有工作台和砂轮架,内部装有液压传动系统。床身上的纵向导轨供工作台移动用,横向导轨供砂轮架移动用。

2）工作台　工作台由液压驱动,沿床身的纵向导轨作直线往复运动,使工件实现纵向进给。在工作台前侧面的 T 形槽内,装有两个换向挡块,用以控制工作台自动换向;工作台也可手动。工作台分上下两层,上层可在水平面内偏转一个较小的角度(±80°),以便磨削圆锥面。

3）头架　头架上有主轴,主轴端部可以安装顶尖、拨盘或卡盘,以便装夹工件。主轴由单独的电动机通过带传动变速机构带动,使工件可获得不同的转动速度。头架可在水平面内偏转一定的角度。

4）砂轮架　砂轮架用来安装砂轮,并由单独的电动机,通过带传动带动砂轮高速旋转。砂轮架可在床身后部的导轨上作横向移动。移动方式有自动间歇进给、手动进给、快速趋近工件和退出。砂轮架可绕垂直轴旋转某一角度。

5）内圆磨头　内圆磨头是磨削内圆表面用的,在它的主轴上可装上内圆磨削砂轮,由另一个电动机带动。内圆磨头绕支架旋转,使用时翻下,不用时翻向砂轮架上方。

6）尾座　尾座的套筒内有顶尖,用来支承工件的另一端。

（2）机床的运动与传动

图 2-19 所示是机床几种典型的加工方法。其中图 2-19(a),(d)与(b)是采用纵磨法磨削外圆柱面和内、外圆锥面。这时机床需要有三个表面成形运动:砂轮的旋转运动 n_0、工件纵向进给运动 f_a 以及工件的圆周进给运动 n_w。图 2-19(c)是采用切入

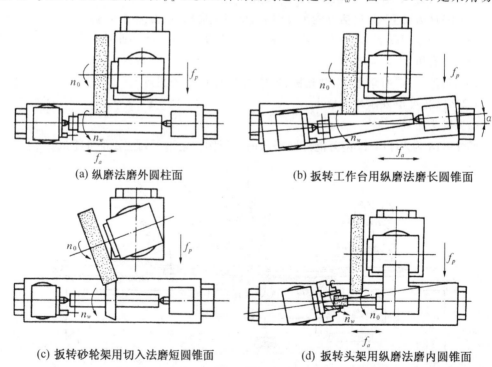

(a) 纵磨法磨外圆柱面　　　　　　　(b) 扳转工作台用纵磨法磨长圆锥面

(c) 扳转砂轮架用切入法磨短圆锥面　　(d) 扳转头架用纵磨法磨内圆锥面

图 2-19　万能外圆磨床加工示意图

法磨削短圆锥面,这时只有砂轮的旋转运动和工件的圆周进给运动。此外,机床还有两个辅助运动:砂轮横向快速进退和尾座套筒缩回,以便装卸工件。

2.4.5　先进磨削技术简介

近几十年来,随着机械产品的精度、可靠性和寿命的要求不断提高,高硬度、高强度、高耐磨性、高功能性的新型材料的应用增多,给磨削加工带来了许多新问题。当前,磨削加工技术正朝着使用超硬磨料磨具,开发精密及超精密磨削、高速及高效磨削工艺,以及研制高精度、高刚度、高稳定性、高自动化磨床的方向发展。本节着重介绍精密、超精密磨削及高效磨削。

1. 精密及超精密磨削

精密加工是指加工精度为 $1\sim0.1\ \mu m$、表面粗糙度为 $R_a0.1\sim0.025\ \mu m$ 的加工技术;超精密加工是指加工精度高于 $0.1\ \mu m$,表面粗糙度 R_a 小于 $0.025\ \mu m$ 的加工技术,因此,超精密加工又称之为亚微米级加工。目前超精密加工已进入纳米级精度阶段,出现了纳米加工及其相应的技术。镜面磨削则是指表面粗糙度为 $R_a0.1\ \mu m$,表面光泽如镜的磨削方法。

精密磨削主要是靠对砂轮的精细修整,使磨粒具有微刃性和等高性,这些等高的微刃能切除极薄的金属,在被加工表面留下大量的极细微的磨削痕迹,加上磨削过程中微刃的滑挤、摩擦、抛光作用,使工件得到很高的加工精度。

超精密磨削则是采用人造金刚石、立方氮化硼等超硬磨料对工件进行磨削加工。这时磨粒去除的金属比精密磨削时还要薄,有可能是在晶粒内进行切削,因此,磨粒将承受很高的压力。超精密磨削与普通磨削最大的区别是径向进给量极小,是超微量切除,此磨削方法目前还处于探索过程中。

镜面磨削是利用砂轮上大量的等高微刃同时参加磨削,形成光滑表面,然后利用磨钝的微刃对工件表面进行摩擦、挤压和抛光,从而形成镜面,最后是进行反复多次的无火花磨削除去加工表面上的切削残余留量。

精密及超精密磨削主要用于对钢铁等黑色金属材料的精密与超精密加工。如果采用金刚石砂轮和立方氮化硼砂轮,还可对各种高硬度、高脆性材料(如硬质合金、陶瓷、玻璃等)和高温合金材料进行精密及超精加工。因此,精密及超精密磨削加工的应用范围十分广泛。

2. 高效磨削

(1) 高速磨削

高速磨削是指砂轮线速度高于 $45\ m/s$ 的磨削加工。过去由于受砂轮回转破裂速度的限制,以及磨削温度高和工件表面烧伤的制约,高速磨削的线速度长期停滞在 $80\ m/s$ 左右。随着 CBN 磨料的广泛应用和高速磨削机理研究的深入,现在工业上实用的磨削速度已可达到 $150\sim200\ m/s$,实验室中甚至可达到 $400\ m/s$。高速磨削技术是加工技术的最新发展方向之一。

高速磨削有如下优点：

1) 生产率高(一般可提高 30%～300%)。砂轮速度提高后，单位时间进入磨削区的磨粒数成比例地增加，如果保持每颗磨粒切去切屑厚度与普通磨削相同，则进给量可以成比例加大，磨削时间相应缩短。

2) 可提高砂轮耐用度和使用寿命(一般可提高 75%～150%)。砂轮速度提高后，若进给量仍与普通磨削相同，则每颗磨粒切去的切屑厚度减小，每颗磨粒承受的切削负荷下降，磨粒切削能力相对提高，每次修整后砂轮可以磨去更多的金属。

3) 能减少工件表面粗糙度值，提高加工精度。因为每颗磨粒切削厚度变小，表面切痕深度浅，表面粗糙度值小，另外作用在工件上的法向磨削力也相应减小，所以又可提高加工精度。

(2) 缓进给大切深磨削

缓进给大切深磨削又称强力磨削、蠕动磨削。它是通过增大径向进给量、降低进给速度，形成砂轮与工件有较大的接触面积和很高的速比，达到较高的金属切除率和加工精度以及较小的表面粗糙度值。缓进给磨削主要应用于平面磨削。它与普通磨削的主要区别在于：径向进给量很大(＝1～30 mm/str)，工件的进给速度极低(10～300 mm/min)。

缓进给磨削适宜加工韧性材料(如镍基合金)和淬硬材料，加工各种型面及沟槽(例如汽轮机、航空发动机的高温叶片榫槽、滚动轴承沟槽、麻花钻沟槽等零件)。目前国外还出现了一种称为 HEDG(High Efficiency Deep Grinding)的超高速深磨技术。它在磨削工艺参数上集超高速(达 150～250 m/s)、大切深(0.1～30 mm)、快进给(0.5～10 m/min)于一体，采用立方氮化硼砂轮和计算机数控，其工效已大大高于普通的车削或铣削。

3. 砂带磨削

用高速运动的砂带作为磨削工具，磨削各种表面的方法称为砂带磨削。砂带磨削的优点是：

(1) 弹性磨削　无论采用何种方式的砂带磨削都属于弹性磨削，有良好的跑合与抛光作用，不易使零件表面产生"变形"和烧伤等现象，能获得较低的表面粗糙度值(R_a0.2～0.04 μm)。

(2) 冷态切削　采用砂轮磨削，产生热量的 90% 都被工件和切削液吸收了。采用高速砂带磨削，炽热的切屑以高的速度飞离，产生的热量大部分随切屑跑掉了，磨过的表面仍然较冷，且磨粒容屑空间大，散热条件好。

(3) 切速稳定　接触轮(压轮)长时间运转磨损极小，所以砂带在整个有用寿命中，可以长期以恒定速度进行切削。

(4) 效率高　由于砂带构造上的特点，即磨粒均匀、切削刃锋利、等高性好，有效切削面积大，切削时几乎每颗磨粒均参加切削活动，所以金属切除率高，效率比一般磨削高 4～16 倍。现在砂带磨削还可进行 0.5～5 mm 的重负荷磨削。

(5) 适应性强　可以磨削圆柱面、圆锥面、长管及线材的外圆，可以对直径大于 25 mm 的一般内孔和深孔进行磨削，还可磨削各种平面、曲面、特殊型面、部分齿轮表面和螺杆等。砂带磨削适用于各种耐热钢、淬火钢、不锈钢及有色金属,还可加工橡胶、尼龙、陶瓷、大理石、宝石、玻璃等非金属材料。

必须注意,高效磨削对机床、磨具和冷却润滑液等均有相应的特殊要求,不是普通磨床任意改装一下就可进行的。

2.5　齿　轮　加　工

齿轮是机械传动中的重要零件,它具有传动比准确、传动力大、效率高、结构紧凑、可靠性好等优点,应用极为广泛。随着科学技术的发展,对齿轮的传动精度和圆周速度等方面的要求越来越高,因此,齿轮加工在机械制造业中占有重要的地位。

2.5.1　齿轮的加工方法

目前,齿轮加工的主要方法有无屑加工和切削加工两大类。无屑加工包括热轧、冷轧、压铸、注塑、粉末冶金等方法。无屑加工具有生产率高、材料消耗小和成本低等优点,但由于受材料塑性等因素的影响,加工精度还不够高。因而精度较高的齿轮主要还是通过切削和磨削加工来获得。按加工原理分齿面切削又可分为成形法和展成法两大类。

（1）成型法

成型法是利用与被加工齿轮的齿槽形状一致的刀具,在齿坯上加工出齿面的方法。成型铣削一般在普通铣床上进行。如图 2-20 所示。铣削时工件安装在分度头上,铣刀旋转对工件进行切削加工,工作台作直线进给运动,加工完一个齿槽,分度头将工件转过一个齿,再加工另一个齿槽,依次加工出所有齿槽。当加工模数大于 8 mm 的齿轮时,可采用指状铣刀进行加工。铣削斜齿圆柱齿

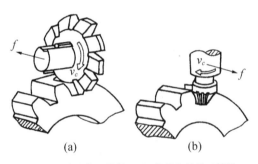

(a) 盘形齿轮铣刀铣削　(b) 指状齿轮铣刀铣削

图 2-20　直齿圆柱齿轮的成形铣削

轮必须在万能铣床上进行。铣削时工作台偏转一个角度,使其等于齿轮的螺旋角 β,工件在随工作台进给的同时,由分度头带动作附加旋转以形成螺旋齿槽。

常用的成型法齿轮加工刀具有盘形齿轮铣刀和指状铣刀,后者适于加工大模数($m=8\sim40$ mm)的直齿、斜齿齿轮,特别是人字齿轮。采用成型法加工齿轮时,齿轮的齿廓形状精度由齿轮铣刀刀刃的形状来保证。标准的渐开线齿轮的齿廓形状是由该齿轮的模数和齿数决定的。要加工出准确的齿形,对同一模数的每一种齿数都要使用一把不同的刀具,这显然是难以实施的。在实际生产中是将同一模数的齿轮铣刀按其所加工的齿数通常分为 8 组(精确的是 15 组),每一组内不同齿数的齿轮都用同一把铣刀

加工,分组见表 2-11。

表 2-11　盘形齿轮铣刀刀号

刀　　号	1	2	3	4	5	6	7	8
加工齿数范围	12～13	14～16	17～20	21～25	26～34	35～54	55～134	135 以上

　　例如,被加工的齿轮模数是 3,齿数是 28,则应选用 $m=3$ 的系列中的 5 号铣刀。

　　标准齿轮铣刀的模数、压力角和加工的齿数范围都标记在铣刀的端面上。由于每种编号的刀齿形状均按加工齿数范围中最小齿数设计,因此,加工该范围内的其他齿数的齿轮时,就会产生一定的齿廓误差。盘状齿轮铣刀适用于加工 $m \leqslant 8$ mm 的齿轮。

　　当所加工的斜齿圆柱齿轮精度要求不高时,可以借用加工直齿圆柱齿轮的铣刀。但此时铣刀的号数不应根据斜齿圆柱齿轮的实际齿数选择,而应按照法向截面内的当量齿数(假想齿数)$Z_当$ 来选择。

　　斜齿圆柱齿轮的当量齿数 $Z_当$ 可按下式求出

$$Z_当 = \frac{Z}{\cos^3 \beta}$$

式中:β ——斜齿圆柱齿轮的螺旋角。

　　(2) 展成法

　　切齿时刀具与工件模拟一对齿轮(或齿轮与齿条)作啮合运动(展成运动),在运动过程中,刀具齿形的运动轨迹逐步包络出工件的齿形(图 2-21(b))。展成法加工时能连续分度,具有较高的加工精度和生产率,是目前齿轮加工的主要方法,滚齿、插齿、剃齿、磨齿等都属于展成法加工。

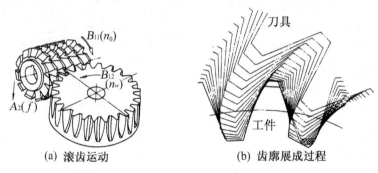

(a) 滚齿运动　　　　　　(b) 齿廓展成过程

图 2-21　滚齿运动

2.5.2　齿轮加工机床

　　齿轮加工机床的种类繁多,分类的方法也很多,一般按所能加工齿轮的类型进行分类。通常分为圆柱齿轮加工机床和圆锥齿轮加工机床。

圆柱齿轮加工机床主要有滚齿机、插齿机等,锥齿轮加工机床主要有直齿锥齿轮刨齿机、铣齿机、拉齿机和加工弧齿锥齿轮的铣齿机等。

用于精加工齿轮齿面的机床有研齿机、剃齿机、磨齿机等。

1. 滚齿机

(1) 滚齿原理

滚齿加工是按展成法加工齿轮的一种方法。滚刀在滚齿机上滚切齿轮的过程与一对螺旋齿轮的啮合过程相似。滚刀相当于一个单齿(或双齿)大螺旋角齿轮,只是齿轮齿面上开有容屑槽和切削刃。当它与齿坯作强迫啮合运动时,即切去齿坯上的多余材料,齿坯上将留下滚刀切削刃的包络面,形成一个新的齿轮。图 2-21(b)所示为滚齿的包络过程。

(2) 滚齿机运动分析

1) 加工直齿圆柱齿轮时滚齿机的运动分析

用滚刀加工直齿圆柱齿轮必须具备以下两个运动:形成渐开线齿廓的展成运动和形成齿面线(导线)的运动。图 2-22 所示是滚切直齿圆柱齿轮的传动原理图。

① 展成运动　渐开线齿廓是由展成法形成的,由滚刀的旋转运动 B_{11} 和工件旋转运动 B_{12} 组成复合运动。因此,联系滚刀主轴和工作台的传动链(刀具—4—5—u_x—6—7—工作台)

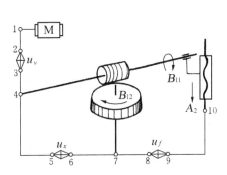

图 2-22　滚切直齿圆柱齿轮的传动原理图

为展成运动传动链,由它保证工件和刀具之间严格的运动关系。其中置换机构 u_x 用来适应工件齿数和滚刀线数的变化。这是一条内联系传动链,不仅要求传动比准确,而且要求滚刀和工件两者旋转方向必须符合一对交错轴螺旋齿轮啮合时的相对运动方向。当滚刀旋转方向一定时,工件的旋转方向由滚刀的螺旋方向确定。

② 主运动　因为每一个表面成形运动都必须有一个外联系传动链与动力源相联系,在图 2-22 中,展成运动的外联系传动链为:电动机—1—2—u_v—3—4—滚刀。这条传动链产生切削运动。其传动链中的换置机构 u_v 用于调整渐开线齿廓的成形速度,应当根据工艺条件确定滚刀转速来调整其传动比。

③ 垂直进给运动　滚刀的垂直进给运动是由滚刀刀架沿立柱导轨移动而实现的。为了使刀架得到该运动,用垂直进给传动链"7—8—u_f—9—10"将工作台和刀架联系起来。传动链中的置换机构 u_f 用于调整垂直进给量的大小和进给方向。由于刀架的垂直进给运动是简单运动,所以,这条传动链是外联系传动链。通常以工作台(工件)每转1 转刀架的位移量来表示垂直进给量的大小。

2) 加工斜齿圆柱齿轮时滚齿机的运动分析

与直齿圆柱齿轮一样,滚切斜齿圆柱齿轮同样需要两个成形运动,即形成渐开线齿廓的运动和齿面线的运动。但是,斜齿圆柱齿轮的齿面线是一条螺旋线,它是采用展成法实现的。当滚刀沿工件轴线移动时，要求工件在展成运动 B_{12} 的基础上再产生一个附加转动，以形成螺旋齿面线轨迹，这一点与在车床上加工螺纹时刀架与工件之间的相对运动关系相类似。图 2-23 是滚切斜齿圆柱齿轮的传动的原理图，其中展成运动传动链、垂直进给运动传动链、主运动传动链与直齿圆柱齿轮的情形相同，只是在刀架与工件之间增加了一条附加运动传动链：

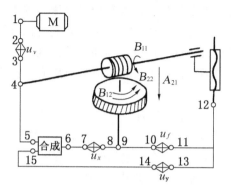

图 2-23 滚切斜齿圆柱齿轮的传动的原理图

刀架（滚刀移动 A_{21}）—12—13—u_y—14—15—合成—6—7—u_x—8—9—工作台（工件附加转动 B_{22}），以保证形成螺旋齿面线。其中置换机构 u_y 用于适应工件螺旋线导程 L 和螺旋方向的变化。如果 B_{12} 和 B_{22} 同向，计算时附加运动取 $+1$ 转，反之，则取 -1 转。由于在滚切斜齿圆柱齿轮时，工件与滚刀齿廓的展成运动 B_{12} 是由展成运动传动链传至工件，而工件与滚刀刀架的螺旋轨迹运动是由附加运动传动链传给工件的，为了使这两个运动同时传到工件上又不发生干涉，需要在传动系统中配置运动合成机构将两个运动合成之后，再传给工件。所以，工件的旋转运动是由齿廓展成运动 B_{12} 和螺旋轨迹运动的附加运动 B_{22} 合成的。

（3）滚刀的安装

滚齿时，为了切出准确的齿形，应当使滚刀的螺旋方向与被加工齿轮的齿形线方向一致，这一点无论对直齿圆柱齿轮或斜齿圆柱齿轮而言，都是一样的。为此，需将滚刀轴线与被切齿轮端面安装成一定的角度，称作滚刀的安装角 δ。当加工直齿圆柱齿轮时，滚刀安装角 δ 等于滚刀的螺旋升角 γ。图 2-24(a)和(b)分别表示用右旋和左旋滚刀加工直齿圆柱齿轮时滚刀的安装角及滚刀刀架的扳转方向。图中虚线表示滚刀与齿坯接触一侧的滚刀螺旋线方向。在加工斜齿圆柱齿轮时，滚刀的安装角不仅与滚刀螺旋线方向及螺旋升角 γ 有关，而且还与被加工齿轮的螺旋方向及螺旋角 β 有关。当滚刀与被加工齿轮的螺旋方向相同时，滚刀的安装角 $\delta=\beta-\gamma$；当滚刀与被切齿轮的螺旋方向相反时，则 $\delta=\beta+\gamma$。图 2-25(a)表示用右旋滚刀加工右旋斜齿轮；图 2-25(b)则表示用右旋滚刀加工左旋斜齿轮。

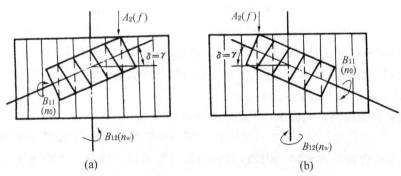

图 2-24 滚切直齿圆柱齿轮时滚刀的安装角

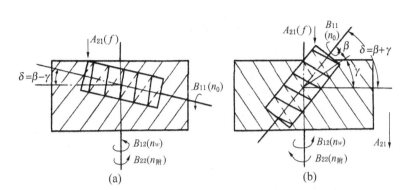

图 2 - 25　滚切斜齿圆柱齿轮时滚刀的安装角

（4）Y3150E 型滚齿机

Y3150E 型滚齿机是一种中型通用滚齿机，主要用于加工直齿和斜齿圆柱齿轮，也可以采用径向切入加工蜗轮。可加工工件最大直径为 500 m，最大模数 8 mm。图 2 - 26 为该机床外形。立柱 2 固定在床身 1 上，刀架溜板 3 可沿立柱导轨上下移动，刀架体 5 安装在刀架溜板 3 上，可绕自己的水平轴线转位。滚刀安装在刀杆 4 上，作旋转运动。工件安装在工作台 9 的心轴 7 上，随同工作台一起转动。后立柱 8 和工作台 9 一起装在床鞍 10 上，可沿机床水平导轨移动，用于调整径向位置或作径向进给运动。

滚齿机的主要运动由主运动传动链、展成运动传动链、垂直进给运动传动链、附加运动传动链组成。此外，还有空行程传动链，用于快速调整机床的部件。图 2 - 27 是 Y3150E 型滚齿机的传动系统图。下面具体分析滚切直齿时各运动链的调整计算。

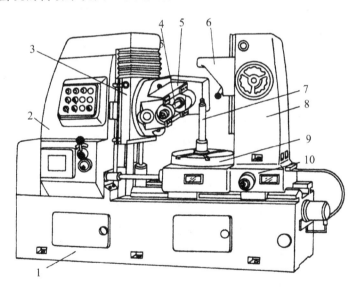

1—床身　2—立柱　3—刀架溜板　4—刀杆　5—刀架体　6—支架
7—心轴　8—后立柱　9—工作台　10—床鞍
图 2 - 26　Y3150E 型滚齿机

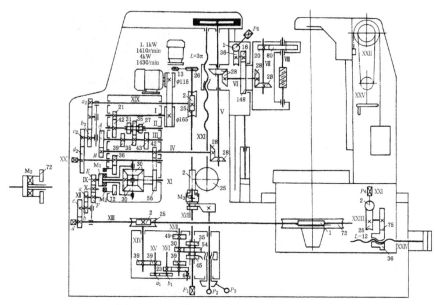

图 2-27 Y3150E 型滚齿机的传动系统图

1）主运动传动链

主运动传动链的两端件是：电动机——滚刀主轴Ⅷ。传动路线表达式为

$$
\begin{array}{l}
\text{电动机} \\
\left(\begin{array}{l} n = 1430\ \text{r/min} \\ P = 4\ \text{kW} \end{array}\right)
\end{array}
- \frac{\phi115}{\phi165} - \text{I} - \frac{21}{42} - \text{II} -
\left[\begin{array}{c} \dfrac{31}{39} \\ \dfrac{35}{35} \\ \dfrac{27}{43} \end{array}\right]
- \text{III} - \frac{A}{B} - \text{IV} - \frac{28}{28} - \text{V}
$$

$$
- \frac{28}{28} - \text{VI} - \frac{28}{28} - \text{VII} - \frac{20}{80} - \text{滚刀主轴}
$$

其运动平衡式为：

$$
1430 \times \frac{115}{165} \times \frac{21}{42} \times u_{\text{II-III}} \times \frac{A}{B} \times \frac{28}{28} \times \frac{28}{28} \times \frac{28}{28} \times \frac{20}{80} = n_{\text{刀}}
$$

由上式可得换置公式：

$$
u_V = u_{\text{II-III}} \frac{A}{B} = \frac{n_{\text{刀}}}{124.583}
$$

式中：$u_{\text{II-III}}$——轴Ⅱ-Ⅲ之间的可变传动比；

$\dfrac{A}{B}$——主运动变速挂轮齿数比，共三种，分别为 22/44,33/33,44/22。

滚刀的转速确定后，就可算出 u_V 的数值，并由此决定变速箱中滑移齿轮的啮合位置和挂轮的齿数。

2）展成运动传动链

展成运动传动链的两端件是：滚刀主轴（滚刀转动）——工作台（工件转动）。计算

位移是：滚刀主轴转 1 转时，工件转数。其传动路线表达式为

$$\text{滚刀主轴} - \frac{80}{20} - \text{Ⅶ} - \frac{28}{28} - \text{Ⅵ} - \frac{28}{28} - \text{Ⅴ} - \frac{28}{28} - \text{Ⅳ} - \frac{42}{56} -$$

$$\text{Ⅺ} - \genfrac{}{}{0pt}{}{合成}{机构} - \text{Ⅸ} - \frac{E}{F} - \text{Ⅻ} - \frac{a}{b} \times \frac{c}{d} - \text{ⅩⅢ} - \frac{1}{72} - \text{工作台}$$

式中 $\frac{E}{F} \times \frac{a}{b} \times \frac{c}{d}$ 为展成运动的换置机构 u_X。

滚切直齿圆柱齿轮时合成机构用离合器 M_1，故 $u_{合成} = 1$。由上式可得展成运动传动链的换置公式为

$$u_x = \frac{E}{F} \times \frac{a}{b} \times \frac{c}{d} = 24k / Z_工$$

上式中的挂轮 $\frac{E}{F}$ 用于工件齿数 $Z_工$ 在较大范围内变化时对 24 的数值起调节作用，使其数值适当，以便于选取挂轮。k 为滚刀头数。根据 $Z_工 / k$ 值，$\frac{E}{F}$ 可以有如下三种选择：

$$5 \leqslant Z_工 / k \leqslant 20 \text{ 时，取 } E = 48, F = 24;$$

$$21 \leqslant Z_工 / k \leqslant 142 \text{ 时，取 } E = 36, F = 36;$$

$$143 \leqslant Z_工 / k \text{ 时，取 } E = 24, F = 48。$$

3）垂直进给运动传动链

垂直进给运动传动链的两端件是：工作台（工件转动）——刀架。计算位移是：工作台转 1 转时刀架垂直进给 f(mm)。其传动路线表达式为

$$\text{工作台} - \frac{72}{1} - \text{ⅩⅢ} - \frac{2}{25} - \text{ⅩⅣ} - \left[\genfrac{}{}{0pt}{}{\frac{39}{39} - \text{Ⅹ} - \text{Ⅴ} -}{换向} \right] - \frac{a_1}{b_1} -$$

$$\text{ⅩⅥ} - \frac{23}{69} - \text{ⅩⅦ} - \left[\begin{matrix} \frac{39}{45} \\ \frac{30}{54} \\ \frac{49}{35} \end{matrix} \right] - \text{ⅩⅧ} - M_3 - \frac{2}{25} - \text{丝杠}(p = 3\pi)$$

上式中，a_1/b_1 和轴 ⅩⅦ-ⅩⅧ 之间的三联滑移齿轮是垂直进给运动的换置机构 u_f。由上式可得出换置公式为

$$u_f = \left(\frac{a_1}{b_1} \right) \times u_{ⅩⅦ-ⅩⅧ} = \frac{f}{0.4608\pi}$$

式中：f——轴向进给量，mm/r；

a_1/b_1——轴向进给挂轮；

$u_{ⅩⅦ-ⅩⅧ}$——进给箱轴 ⅩⅦ-ⅩⅧ 之间的可变传动比。

2. 其他齿轮加工机床

（1）插齿机

插齿机主要用于加工内外啮合的圆柱齿轮、扇形齿轮、齿条等,尤其适于加工内齿轮和多联齿轮,这是其他机床无法加工的。但插齿机不能加工蜗轮。

插齿也是按展成原理加工齿轮的一种方法。插齿机加工齿轮的过程,相当于一对圆柱齿轮的啮合过程。齿坯是一个齿轮,插齿刀是带有切削刃的另一齿轮,它的模数、压力角应与被切齿轮相同。

图 2-28 表示了插齿原理及插齿时所需的成形运动。其中插齿所需的展成运动分解为插齿刀的旋转 B_{11} 和齿坯的旋转 B_{12},从而生成渐开线齿廓。插齿刀的上下往复运动 A_2 是切削运动中的主运动。当需要插制斜齿轮时,插齿刀主轴将在一个专用螺旋导轨上运动,这样,在上下往复运动时,由于导轨的作用,插齿刀便能产生一个附加转动。

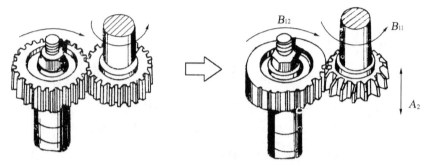

图 2-28 插齿原理及加工时所需的运动

(2) 剃齿机

剃齿常用于未淬火圆柱齿轮的精加工(6 级精度以上)。它的生产效率很高,是软齿面精加工最常见的加工方法之一。

剃齿是由剃齿刀带动工件自由转动并模拟一对螺旋齿轮作双面无侧隙啮合的过程。剃齿刀与工件的轴线交错成一定角度。剃齿刀可视为一个高精度的斜齿轮,并在齿面上沿渐开线齿向上开了很多槽形成切削刃,如图 2-29(a)所示。

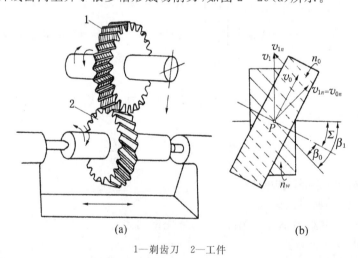

(a)   (b)

1—剃齿刀 2—工件

图 2-29 剃齿刀及剃齿工作原理

图 2-29(b)所示为一把左旋剃齿刀和右旋被剃齿轮相啮合。在啮合点 P 处刀具和工件的线速度分别为 v_0 和 v_1。它们可以分解为齿面的法向分量 v_{0n}，v_{1n} 及切向分量 v_{0t}，v_{1t}。由于啮合点处的法向分量必须相等,即

$$v_{0n} = v_0 \cos\beta_0 = v_{1n} = v_1 \cos\beta_1$$

则

$$v_1 = v_0 \frac{\cos\beta_0}{\cos\beta_1}$$

而剃齿刀相对于被剃齿轮齿面的滑移速度 v_p 为二者切向速度之差。

$$v_p = v_{1t} - v_{0t} = v_1 \sin\beta_1 - v_0 \sin\beta_0 = v_0 \frac{\sin\Sigma}{\cos\beta_1}$$

式中：Σ——剃齿刀与被剃齿轮的轴交角。

$$\Sigma = \beta_1 \pm \beta_0$$

式中：β_1 和 β_0 分别为被剃齿轮和剃齿刀的螺旋角。当二者螺旋方向相同时,上式取"＋"号,异向时取"－"号。

剃直齿圆柱齿轮时,$\beta_1=0$,$\Sigma=\beta_0$,所以

$$v_p = v_0 \sin\beta_0$$

剃齿加工效率高,成本要比磨齿低。剃齿对齿轮的切向误差的修正能力差,因此,在工序安排上应采用滚齿作为剃齿的前道工序。剃齿对齿轮的齿形误差和基节误差有较强的修正能力,因而有利于提高齿轮的齿形精度。

（3）磨齿机

磨齿多用于淬硬齿轮的齿面精加工。有的磨齿机可直接用来在齿坯上磨制小模数齿轮。磨齿能消除淬火后的变形,加工精度较高。磨齿后齿轮精度最低为 6 级,有的磨齿机可磨出 3、4 级齿轮。

磨齿机有两大类,即用成型法磨齿和用展成法磨齿两类。成型法磨齿机应用较少,多数磨齿机为展成法。

展成法磨齿机有连续磨齿和分度磨齿两大类,如图 2-30 所示。

(a) 连续磨齿　　　　　(b) 分度磨齿

图 2-30　展成法磨齿机的工作原理

2.5.3 齿轮加工刀具

按齿形的形成原理,齿轮刀具可分为两类:成型法齿轮刀具和展成法齿轮刀具。本节主要讨论展成法齿轮刀具。

1. 滚刀

由滚切原理可知,滚刀是一个开出容屑槽和切削刃的单头(或多头)螺旋齿轮,也即蜗杆。通常把滚刀切削刃所在的蜗杆叫基本蜗杆,如图 2-31 所示。根据螺旋齿轮的啮合性质,此蜗杆的法向模数和压力角应分别等于被切齿轮的模数和压力角,其端面齿形都应是渐开线。

从理论上讲,只有以渐开线蜗杆为基本蜗杆的滚刀,造形误差才是零。但由于渐开线蜗杆轴截面和法截面都是曲线,制造较为困难,故生产中采用阿基米德蜗杆代替渐开线蜗杆。这样,虽然会产生一定的造形误差,但制造比较容易。

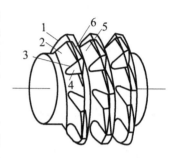

1—蜗杆表面　2—侧刃后刀面
3—侧刃　4—滚刀前刀面
5—齿顶刃　6—顶刃后刀面
图 2-31　齿轮滚刀基本蜗杆

图 2-31 所示是齿轮滚刀和基本蜗杆的关系。滚刀有容屑槽和后角,但它的切削刃必须保证在基本蜗杆齿面上,这就确定了滚刀的基本结构。齿轮滚刀一般分为:

(1) 整体齿轮滚刀

图 2-32 是整体齿轮滚刀结构示意图。滚刀的容屑槽形成了前刀面。经铲磨形成后刀面和后角。目前,生产中使用的滚刀多为零前角。

齿轮滚刀的顶刃和侧刃均经铲磨以得到后角。顶刃和侧刃应有相同的铲磨量,以保证滚刀刃磨后齿形基本不变。滚刀的顶刃后角一般取 $10°\sim12°$,这时侧刃后角大约为 $3°$。为便于铲磨砂轮的退刀,滚刀齿背应为双重铲齿。

一般的齿轮滚刀都做成带内孔的套装结构。内孔直径应做得足够大,以保证刀杆有足够的刚度。滚刀两端的轴肩,是经过磨制的,和内孔同心。滚刀装在机床的刀杆上后,用它来测径向跳动。

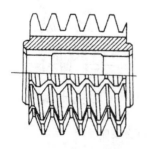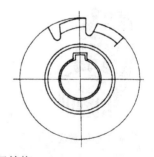

图 2-32　整体滚刀结构

齿轮滚刀大多为单头,这样螺旋升角较小,加工齿轮时精度较高。粗加工用滚刀,有时做成双头,以提高生产率。

(2) 镶齿齿轮滚刀

当齿轮滚刀模数较大时,一般做成镶齿结构。这样既可节约高速钢,又能使高速钢刀片容易锻造,得到较细的金相组织。有时中等模数滚刀也采用镶齿结构。

(3) 硬质合金滚刀

滚刀是断续切削的,刀齿需承受较大的冲击,所以采用硬质合金比较困难。目前生产中使用的滚刀主要是由高速钢制造的,但经过多年的研究和开发,硬质合金滚刀已在一些加工中得到应用。

2. 插齿刀

插齿刀分为标准直齿插齿刀和斜齿插齿刀两种。

标准直齿插齿刀有三种形式,其结构如图 2-33 所示。

(1) 盘形插齿刀(图 2-33(a)),主要用于加工外啮合齿轮和大直径内啮合齿轮。

(2) 碗形插齿刀(图 2-33(b)),主要用于加工多联齿轮和某些内齿轮。

(3) 锥柄直齿插齿刀(图 2-33(c)),主要用于加工内齿轮。

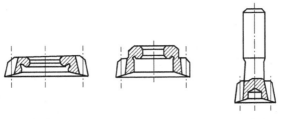

(a) 盘形插齿刀　　　(b) 碗形插齿刀　　(c) 锥柄直齿插齿刀

图 2-33　插齿刀类型和结构

插齿刀的精度等级有 AA 级、A 级和 B 级三种。在合适的工艺条件下,AA 级用于加工 6 级齿轮,A 级用于加工 7 级齿轮,B 级用于加工 8 级齿轮。

插齿刀一般用高速钢制造,为整体结构;大直径插齿刀也有做成镶齿结构的。

2.6　其他切削加工方法简介

2.6.1　钻床、钻头及钻削加工

1. 钻削概述

在钻床上用钻头对工件进行切削加工的过程称为钻削加工。它所用的设备主要是钻床,所用的刀具是麻花钻、扩孔钻、铰刀等。

在钻床上进行钻削加工时,刀具除做旋转的主运动外,还沿自身的轴线作直线的进给运动,而工件是固定不动的,如图 2-34 所示。

钻削时的切削用量如下:

(1)切削速度 v_c

钻孔时的切削速度是指钻头切削刃外缘处的线速度。其值按下式计算:

$$v_c = \pi dn/1000 (\text{m/min})$$

式中:d——钻头直径,mm;

   n——钻头的转速,r/min。

(2)进给量 f

钻孔时的进给量是当钻头转一圈时它沿自身轴线方向移动的距离(单位是 mm/r)。因为钻头有两条切削刃,所以每条切削刃的进给量 $f_z = \dfrac{f}{2}$。

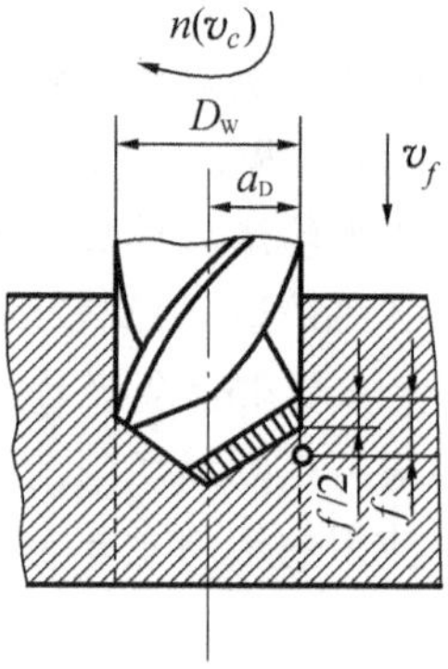

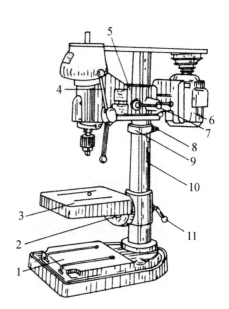

图 2-34　钻削时的切削用量

(3)背吃刀量 a_p

钻孔时的背吃刀量等于钻头直径 D_w 的一半,$a_p = \dfrac{D_w}{2}$。

2. 钻削的加工设备

主要用麻花钻头在工件上加工内圆表面的机床称为钻床,它是钻削加工的主要设备。其种类很多,常用的有台式钻床、立式钻床、摇臂钻床等。

不同类型的钻床结构有所差别。这里以 Z4012 型台式钻床为例进行介绍。图 2-35 为 Z4012 型台式钻床的外形图。台钻主轴的变速通过改变 V 带在塔形带轮上的位置来实现;进给运动是手动的,由进给手柄操纵。

台钻结构简单、使用方便,主要用于加工小型工件上的各种小孔(孔径一般小于 13 mm)。

3. 钻削加工所用刀具

(1)麻花钻头

麻花钻头即标准麻花钻,是钻孔的常用刀具,一股由高速钢制成。麻花钻的结构如图 2-36 所示。

麻花钻主要由柄部(尾部)、颈部和工作部分组成。工作部分包括切削部分和导向部分。

柄部是钻头的夹持部分,有直柄和锥柄两种。锥柄可传递较大的转矩,而直柄传递

1—机座　2,8—锁紧螺钉　3—工作台
4—钻头进给手柄　5—主轴架　6—电动机
7,8,11—锁紧手柄　9—定位环　10—立柱
图 2-35　Z4012 型台式钻床

的转矩较小。通常,锥柄用于直径大于 16 mm 的钻头,而钻头直径在12 mm 以下的则用直柄。直径介于 12 mm 和 16 mm 之间的钻头,锥柄和直柄均可用。

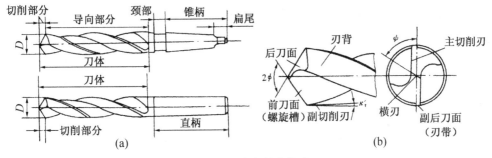

图 2-36　麻花钻的构造

颈部位于工作部分与柄部之间,钻头的标记(如钻孔直径等)就打印在此处。

导向部分有两条对称的棱边(棱带)和螺旋槽。其中较窄的棱边起导向和修光孔壁的作用,同时也减少了钻头外径和孔壁的摩擦面积;较深的螺旋槽(容屑槽)用来进行排屑和输送切削液。

切削部分担负主要的切削工作。它有两个刀齿(刃瓣),每个刀齿可看作一把外圆车刀。两个主后刀面的交线称为横刃,它是麻花钻所特有而其他刀具所没有的。横刃上有很大的负前角,会造成很大的轴向力,恶化了切削条件。两主切削刃之间的夹角称为顶角 (2ϕ) 一般为 $118° \pm 2°$。

钻孔时,孔的尺寸是由麻花钻的尺寸来保证的。钻出孔的直径比钻头实际尺寸略有增大。

(2) 铰刀

铰刀有手(用)铰刀和机(用)铰刀两种,如图 2-37 所示。

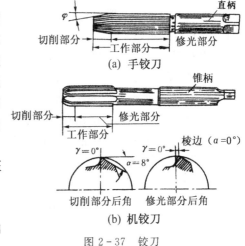

图 2-37　铰刀

手铰刀多为直柄,末端有方头,以便铰杆(或铰手)装夹。手铰刀直径通常为 1～50 mm。机铰刀多为锥柄,便于装夹在机床的主轴孔内,其直径通常为 10～80 mm。

铰刀的组成部分与麻花钻相同,不同的是其工作部分由切削部分和校准部分组成,且为直槽,有 6～12 个刀齿(多为偶数,便于测量铰刀直径)。担负主要切削工作的切削部分常做成锥形。校准部分为圆柱形,用于孔的校正、修光。

铰孔时,孔的尺寸由刀具本身的尺寸来保证。

4. 钻孔的工艺特点及应用

(1) 钻头的刚性差、定心作用也很差,因而易导致钻孔时的孔轴线歪斜,钻头易扭断。

(2) 易出现孔径扩大现象。这不仅与钻头引偏有关,还与钻头的刃磨质量有关。钻头的两个主切削刃应磨得对称一致,否则钻出的孔径就会大于钻头直径,产生扩张量。

(3)排屑困难。钻孔时,由于切屑较宽,容屑槽尺寸又受到限制,所以排屑困难,已加工表面质量不高。

(4)切削热不易传散。钻削时,大量高温切屑不能及时排出,切削液又难以注入到切削区,因此,切削温度较高,刀具磨损加快,这就限制了切削用量的提高和生产率的提高。

由上述特点可知,钻孔的加工质量较差,尺寸精度一般为 IT13~IT11,表面粗糙度 R_a 为 50~12.5 μm。钻孔直径一般为 0.1~80 mm。

钻孔虽然是一种粗加工方法,但对精度要求不高的孔,也可以作为终加工方法,如螺栓孔、润滑油通道的孔等。对于精度要求较高的孔,由钻孔进行预加工后再进行扩孔、铰孔或镗孔。此外,由于钻孔操作简单,适应性广,因此,钻削加工应用十分广泛。

5. 铰孔

铰孔是用铰刀对未淬硬工件孔进行精加工的一种加工方法。

(1)铰孔的要点

1)合理选择铰削用量。铰削余量要合适,余量留得太大,孔铰不光,铰刀易磨损,还增加铰削次数,降低生产率;余量留得太小,则不能纠正上一道工序留下的加工误差,不能达到加工要求。一般粗铰时,余量为 0.15~0.5 mm,精铰时为 0.05~0.25 mm。切削速度和进给量也要进行合理选择,否则也将影响加工质量、刀具寿命和生产率。用高速钢铰刀加工铸铁时,切削速度不应超过 0.17 m/s,进给量在 0.8 mm/r 左右;加工钢料时,切削速度不应超过 0.17 m/s,进给量在 0.4 mm/r 左右。

2)铰刀在孔中不可倒转,否则铰刀易挤住切屑,造成孔壁划伤、刀刃损坏。

3)机铰时要在铰刀退出孔后再停车,否则孔壁有拉毛痕迹。

4)铰钢制工件时,应经常清除刀刃上的切屑,并加注切削液进行润滑、冷却,以降低孔的表面粗糙度值。

(2)铰孔的工艺特点及应用

1)铰刀具有校准部分,可起校准孔径、修光孔壁的作用,使孔的加工质量得到提高。

2)铰孔的余量小、切削力较小,切削速度一般较低,产生的切削热较少。因此,工件的受力变形和受热变形较小,加工质量较高。

3)铰刀是标准刀具,一定直径的铰刀只能加工一种直径和尺寸公差等级的孔。

4)铰孔只能保证孔本身的精度,而不能校正原孔轴线的偏斜及孔与其他相关表面的位置误差。

5)生产率高,尺寸一致性好,适于成批和大量生产。钻—扩—铰是生产中常用的加工较高精度孔的工艺。单件小批生产中精度要求较高的小孔,也常采用铰削加工。

根据以上特点,作为孔的一种精加工方法,铰孔的精度高、表面质量好。精度一般为 IT8~IT7,表面粗糙度值 R_a 可达 1.6~0.4 μm。特别适于细长孔的精加工。

采用机铰时的铰孔直径为 10~80 mm,用于成批生产;采用手铰时的铰孔直径为 1~50 mm,用于单件小批生产。

铰孔的适应性差。铰刀是定尺寸刀具,一把铰刀只能对一种直径尺寸和公差的孔进行加工,对于那些非标准孔、盲孔和台阶孔,则不宜用铰削。

铰削适用于加工钢、铸铁和非铁金属材料,但不能加工硬度很高的材料(如淬火钢、冷硬铸铁等)。

2.6.2　镗床、镗刀及镗削加工

在镗床上用镗刀对工件进行切削加工的过程称为镗削加工。它所用的设备主要是镗床,所用的刀具是镗刀。

镗削在本节中是指在镗床上进行的镗孔加工,此时,镗刀作旋转的主运动,刀具或工件沿孔的轴线作直线的进给运动,如图 2-38 所示。

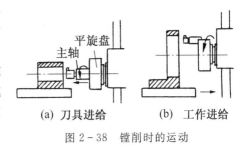

(a)　刀具进给　　　(b)　工作进给

图 2-38　镗削时的运动

1. 镗削的加工设备

镗削加工的主要设备是镗床。其种类很多,常用的有卧式镗床、金刚镗床、坐标镗床、数控镗床等。

下面以常用的 T618 型卧式镗床为例进行介绍。

T618 型卧式镗床的外形如图 2-39 所示。其主要组成部分包括床身、前立柱、主轴箱、主轴、平旋盘、工作台、后立柱、尾架等。

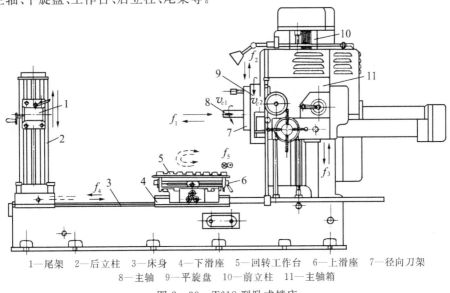

1—尾架　2—后立柱　3—床身　4—下滑座　5—回转工作台　6—上滑座　7—径向刀架
8—主轴　9—平旋盘　10—前立柱　11—主轴箱
图 2-39　T618 型卧式镗床

前立柱固定在床身右端,主轴箱安装在前立柱上,主轴箱前端安装有平旋盘,后立柱位于床身左端,其上安装有尾架,工作台位于前立柱与后立柱之间。主轴箱可沿前立柱上的垂直导轨上下移动(f_3);主轴可作旋转运动(v_{c1})与纵向移动(f_1);平旋盘可带动

径向刀架和镗刀作独立的旋转运动（v_{c2}），位于平旋盘上的径向刀架可使刀具作径向移动（f_2）；后立柱可沿床身导轨作纵向位置调整；尾架用于支承长镗刀杆，以增加其刚性，它可与主轴箱同步升降；工作台可作纵向移动（由下滑座完成，f_4）、横向移动（由上滑座完成，f_5）及回转运动（由回转工作台完成）。

2. 镗刀

根据结构特点和使用方式的不同，镗刀可分为单刃镗刀、多刃镗刀及浮动镗刀、可调镗刀等几大类。此处仅介绍单刃镗刀。

单刃镗刀的构造如图 2-40 所示。这类镗刀有通孔镗刀与盲孔镗刀之分。单刃镗刀实际上是一把内孔车刀，只有一个主切削刃，可用于粗加工及精加工。

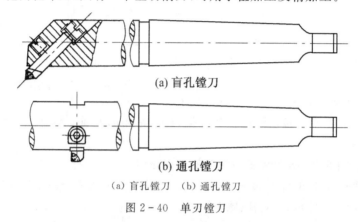

(a) 盲孔镗刀

(b) 通孔镗刀

(a) 盲孔镗刀　(b) 通孔镗刀

图 2-40　单刃镗刀

镗孔时，孔的尺寸不是由刀具本身尺寸保证的，而由操作者进行调整。因为镗孔刀头装在镗刀杆上，根据镗孔尺寸可调节刀头在刀杆上的径向位置，以适应不同孔径的孔加工。

镗削的切削用量如下：

（1）切削速度，指镗刀刀尖处的线速度，$v_c = \pi d_w n / 1000$，其中 d_w 为镗刀刀尖到镗刀刀杆轴线的垂直距离的 2 倍，n 为镗刀的转速。

（2）进给量，指镗刀每转一圈时，沿自身轴线方向的移动距离或工件沿镗刀轴线方向的移动距离，单位是 mm/r。

（3）背吃刀量，镗削时的 $a_p = (d_m - d_w)/2$。

3. 镗孔的特点及应用

（1）刀具结构简单，且径向尺寸可以调节，用一把刀具就可加工直径不同的孔；在一次安装中，既可进行粗加工，也可进行半精加工和精加工；可加工各种结构类型的孔，如盲孔、阶梯孔等，因而适应性广，灵活性大。

（2）能校正原有孔的轴线歪斜与位置误差。

（3）由于镗床的运动形式较多，工件放在工作台上，可方便准确地调整被加工孔与刀具的相对位置，因而能保证被加工孔与其他表面间的相互位置精度。

（4）由于镗孔质量主要取决于机床精度和工人的技术水平，因而对操作者技术要求较高。

（5）与铰孔相比较，由于单刃镗刀刚性较差，且镗刀杆为悬臂布置或支承跨距较大，使切削稳定性降低，因而只能采用较小的切削用量，以减少镗孔时镗刀的变形和振动，同时,参与切削的主切削刃只有一个,因而生产率较低,且不易保证稳定的加工精度。

(6) 不适宜进行细长孔的加工。

综上所述,镗孔特别适合于单件小批生产中对复杂的大型工件上的孔系进行加工。这些孔除了有较高的尺寸精度要求外,还有较高的相对位置精度要求。镗孔精度一般可达 IT9～IT7,表面粗糙度可达 $R_a 1.6～0.8\ \mu m$。此外,对于直径较大的孔(直径大于 80 mm)、内成形表面、孔内环槽等,镗孔是惟一合适的加工方法。

2.6.3 刨削加工

在刨床上用刨刀对工件进行切削加工的过程称为刨削加工。这种加工方法通过刀具和工件之间产生相对的直线往复运动来达到刨削工件表面的目的。

1. 刨床

用刨刀加工工件表面的机床称为刨床。其种类较多,常用的是牛头刨床和龙门刨床。牛头刨床是刨削加工中最常用的机床。当用这种机床加工水平面时,刀具的直线往复运动为主运动,工件的间歇移动为进给运动。刨削加工切削用量为切削时所采用的平均切削速度 v_c、进给量 f 及背吃刀量 a_p(见图2-41)。

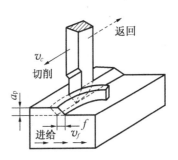

图 2-41 牛头刨床的刨削
运动和切削用量

以 B6065 型牛头刨床为例,图 2-42 为其外形图,其主要组成部分如下:

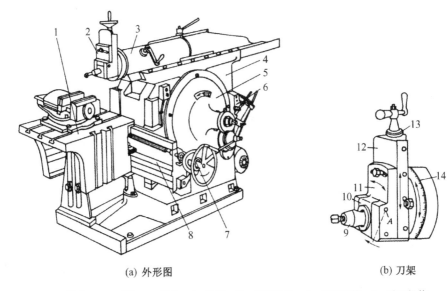

(a) 外形图　　　　　　　　　(b) 刀架

1—工作台　2—刀架　3—滑枕　4—床身　5—摆杆机构　6—变速机构　7—进刀机构
8—横梁　9—刀夹　10—抬刀板　11—刀座　12—滑板　13—刻度盘　14—转盘

图 2-42 B6065 型牛头刨床

① 床身　用于支承和连接各部件。其内部有传动机构;顶面有供滑枕作往复运动用的导轨;侧面有供工作台升降用的导轨。

② 滑枕　主要用来带动刨刀作直线往复运动。其前端装有刀架。

③ 刀架　其功用是夹持刨刀(见图 2-42(b))。当摇动其上的手柄时,滑板便可沿转盘上的导轨带动刀具作上下移动。若把转盘上的螺母松开,将转盘扳转一定角度,则可实现刀架斜向进给。在滑板上还装有可偏转的刀座。抬刀板可以绕刀座的 A 轴抬起,以减少回程时刀具与工件间的摩擦。

④ 工作台　用来安装工件。它不仅可随横梁作上下调整,还可沿横梁作水平方向移动或作进给运动。

⑤ 传动机构　其主要构成是摆杆机构和棘轮机构。

2. 刨刀

刨刀的几何形状简单,其结构与车刀相似。由于刨削时冲击较大,故刨刀杆的截面积比车刀要大。

刨刀的种类很多。按加工形式与用途不同,有平面刨刀、偏刀、角度偏刀、切刀、弯切刀、成形刀等(如图 2-43 所示)。

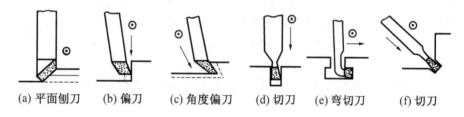

(a) 平面刨刀　(b) 偏刀　(c) 角度偏刀　(d) 切刀　(e) 弯切刀　(f) 切刀

图 2-43　常见刨刀的种类及应用

各类刨刀的应用范围如下:

平面刨刀——加工水平表面;

偏刀——加工垂直表面、斜面;

角度偏刀——加工相互成一定角度的表面;

切刀——加工槽及切断工件;

成型刀——加工成型表面。

3. 刨削加工的工艺特点及应用

(1) 刨削的工艺特点

1) 刨床的结构简单,调整、操作方便;刨刀形状简单,制造、刃磨和安装也较方便;能加工多种平面、斜面、沟槽等表面,适应性较好。

2) 生产率一般较低。刨削时,回程不切削;刀具切入和切出时有冲击,限制了切削用量的提高。

3) 加工精度中等。一般刨削的精度可达 IT9～IT8,表面粗糙度可达 $R_a 3.2$～$1.6 \mu m$。

（2）刨削的应用

刨削主要应用于加工各种平面、沟槽、斜面。

由于牛头刨床的生产率较低，目前在很大程度上已分别被铣床和拉床所代替。

2.6.4　拉削加工

1. 拉削特点

拉削是一种高生产率、高精度的加工方法。拉削时，由于拉刀的后一个、（或一组）刀齿比前一个（或一组）刀齿高出一个齿升量 a_f，所以，拉刀从工件预加工孔内通过时，把多余的金属层层地从工件上切去。可获得较高的精度和较好的表面质量（如图2-44所示）。

拉削与其他加工方法比较，具有以下特点：

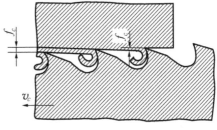

图 2-44　拉削过程

（1）生产率高

拉刀是多齿刀具，同时参加切削的齿数多，切削刃长度大，一次行程可完成粗、半精和精加工，因此生产率很高。在加工形状复杂的表面时，效果更加显著。

（2）拉削的工件精度和表面质量好

由于拉削时切削速度很低（一般为 $v_c = 1 \sim 8$ m/min），拉削过程平稳，切削厚度小（一般精切齿齿升量 a_f 为 0.005～0.015 mm），因此可加工出精度为 IT7、表面粗糙度不大于 R_a 0.8 μm 的工件。

（3）拉刀使用寿命长

由于拉削速度低，而且每个刀齿实际参加切削的时间很短，因此，切削刃磨损慢，使用寿命长。

（4）拉削运动简单

拉削只有主运动，进给运动由拉刀的齿升量完成，所以，拉床的结构很简单。

2. 拉刀

（1）拉刀的种类和应用范围

拉削在工业生产中应用很广泛，可加工不同的内外表面。因此，拉刀的种类也很多。如按加工表面的不同，拉刀可分为内拉刀和外拉刀。

内拉刀用于加工内表面。常见的有圆孔拉刀、花键拉刀、方孔拉刀和键槽拉刀等。一般内拉刀刀齿的形状都做成被加工孔的形状。

外拉刀用于加工外成形表面。在我国，内拉刀比外拉刀应用得更普遍些。

（2）拉刀的结构

普通圆孔拉刀的结构如图 2-45 所示。

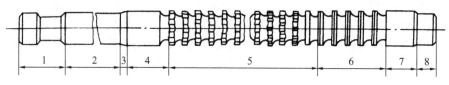

图 2-45 普通圆孔拉刀的构成

2.7 特种加工简介

特种加工是相对于常规加工而言的,在国外称之为非传统性加工(Nontraditional Machining),或称非常规加工。它是指一些利用力、热、声、光、电、磁、原子、化学等能源的物理的、化学的非传统加工方法。它与切削加工不同,有着自己的独特之处:

(1)特种加工是直接利用电能、化学能、声能或光能来进行加工的。

(2)加工用的工具硬度不必大于被加工材料的硬度。

(3)加工过程中,工具和工件之间不存在明显的机械切削力。

特种加工种类很多,按其能源和工作原理的不同可分为如下几类:

(1)电热原理　包括电火花加工、电子束加工、离子束加工、等离子束加工。

(2)电化学原理　包括电解加工、电解磨削、阳极机械磨削等。

(3)声机械原理　如超声波加工。

(4)光、热原理　如激光加工。

下面介绍常见的特种加工方法。

2.7.1 电火花加工

电火花加工是通过工具电极(简称工具)和工件电极(简称工件)之间脉冲放电的电蚀作用,对工件进行加工的方法,所以又称放电加工或电蚀加工。其工作原理如图2-46所示。

电火花加工时,被施加脉冲电压的工件和工具(纯铜或石墨)分别作为正、负电极。当它们在绝缘工作液(煤油或矿物油)中靠近时,极间电压将在两极间相对最近点击穿,形成脉冲放电。产生的高温使金属熔化和气化,所熔化的金属由绝缘工作液带走。由于极性效应(即两极的蚀除量不相等的现象),工件电极的电蚀速度比工具电极的电

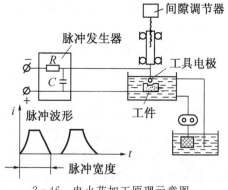

2-46　电火花加工原理示意图

蚀速度大得多。这样,在电蚀过程中,若不断地使工具电极向工件作进给运动,就能按工具的形状准确地完成对工件的加工。

电火花加工主要应用于加工各种截面形状的型孔、线切割等。

2.7.2　电解加工

电解加工是利用金属在电解液中产生阳极溶解的电化学反应的原理,对工件进行成形加工的方法。其工作原理如图 2-47 所示。

电解加工时,工件接正极,工具电极接负极,工件和工具电极之间通以低压大电流。在两极之间的狭小间隙内,注入高速电解液。由于金属在电解液中的阳极溶解作用,当工具电极向工件不断进给时,工件材料就会按工具型面的形状不断地溶解,且被高速流动的电解液带走其电解产物,于是在工件上就加工出和工具型面相应的形状来。

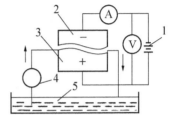

1—直流电源　2—工具阴极　3—工件阳极
4—电解液泵　5—电解液

图 2-47　电解加工原理示意图

电解加工主要应用于加工深孔、形状复杂、尺寸较小的型孔电解倒棱及去毛刺等。

2.7.3　电化学加工

电化学加工是通过电化学反应去除工件材料或在其上镀覆金属材料等的特种加工,如电解加工、电铸加工、涂镀加工等。其中电解加工适用于深孔、型孔、型腔、型面、倒角去毛刺、抛光等。电铸加工适用于形状复杂、精度高的空心零件,如波导管;注塑用的模具、薄壁零件;复制精密的表面轮廓;表面粗糙度样板、反光镜、表盘等零件。涂覆加工可针对表面磨损、划伤、锈蚀的零件进行涂覆以恢复尺寸;对尺寸超差产品可进行涂覆补救。对大型、复杂、小批工件表面的局部镀防腐层、耐腐层,以改善表面性能。

2.7.4　激光加工

激光加工是利用单色性好,方向性强并具有良好的聚焦性能的相干光的激光,经聚焦后温度达10000℃以上,照射被加工材料,使其瞬时熔化直至气化,且产生强烈的冲击波爆炸式地除去材料的加工方法。其加工原理如图 2-48 所示。

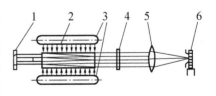

1—全反射镜　2—激光工作物质
3—光泵(激励脉冲氙灯)　4—部分反射镜
5—透镜　6—工件(1,4 组成谐振腔)

图 2-48　激光加工原理示意图

激光加工主要应用于激光制孔(最小孔径已达0.002 mm)、激光切割(适用于由耐热合金、钛合金、复合材料制成的零件)、激光焊接、激光热处理。

2.7.5 电子束加工

电子束加工原理如图 2-49 所示。电子枪射出高速运动的电子束经电磁透镜聚焦后轰击工件表面,在轰击处形成局部高温,使材料瞬时熔化、汽化,喷射去除。电磁透镜实质上只是通直流电流的多匝线圈,其作用与光学玻璃透镜相似,当线圈通过电流后形成磁场。利用磁场,可迫使电子束按照加工的需要作相应的偏转。

利用电子束可加工特硬、难熔的金属与非金属材料,穿孔的孔可小至几微米。由于加工是在真空中进行,所以可防止被加工零件受到污染和氧化。但由于需要高真空和高电压的条件,且要防止 X 射线逸出,设备较复杂,因此多用于微细加工和焊接等方面。

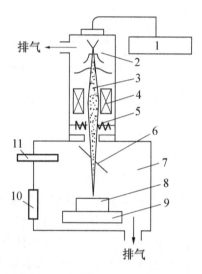

1—高速加压 2—电子枪 3—电子束 4—电磁透镜
5—偏转器 6—反光镜 7—加工室 8—工件
9—工作台及驱动系统 10—窗口 11—观察系统
图 2-49 电子束加工原理示意图

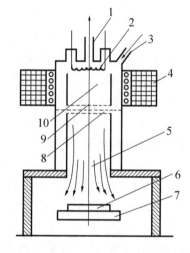

1—真空抽气口 2—灯丝 3—惰性气体注入口
4—电磁线圈 5—离子束流 6—工件 7,8—阴极
9—阳极 10—电离室
图 2-50 离子束加工示意图

2.7.6 离子束加工

离子束加工被认为是最有前途的超精密加工和微细加工方法。这种加工方法是利用 Ar 离子或其他带有 10 keV 数量级动能的惰性气体离子,在电场中加速,以其动能轰击工件表面而进行加工。图 2-50 为离子束加工示意图。惰性气体由入口注入电离室,灼热的灯丝发射电子,电子在阳极的吸引和电磁线圈的偏转作用下,高速向下螺旋运动。惰性气体在高速电子撞击下被电离为离子。阳极与阴极各有数百个直径为 0.3 mm 的小孔,上下位置对齐,形成数百条直的离子束,均匀分布在直径为 0.3 mm 的小圆直径上。调整加速电压,可以得到不同速度的离子束,实施不同的加工。

　　根据用途不同,离子束加工可以分为离子束溅射去除加工、离子束溅射镀膜加工及离子束溅射注入加工。

　　离子束加工是一种很有价值的超精密加工方法,它不会像电子束加工那样产生热并引起加工表面的变形。它可达到 $0.01\ \mu m$ 机械分辨率。离子束加工主要应用于微细加工、溅射加工和注入加工,目前,离子束加工尚处于不断发展中。

2.7.7　超声波加工

　　超声波加工是利用工具作高频振动,并通过磨料对工件进行加工的方法。其工作原理如图 2－51 所示。

　　超声波加工时,超声波发生器产生的超声频电振荡通过换能器变为振幅很小的超声频机械振动,并通过振幅扩大棒将振幅放大(放大后的振幅为 $0.01\sim0.15\ mm$),再传给工具使其振动。同时,在工件与工具之间不断注入磨料悬浮液。这样,作超声频振动的工具端面就不断捶击工件表面上的磨料,通过磨料将加工区的材料粉碎成很细的微粒,由循环流动的磨料悬浮液带走。工具逐渐伸入工件内部,其形状便被复制在工件上。

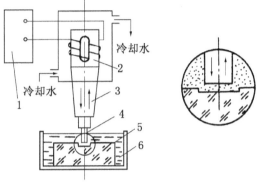

1—超声波发生器　2—换能器　3—振幅扩大器
4—工具　5—工件　6—磨料悬浮液

图 2－51　超声波加工原理示意图

　　超声波加工适用于加工薄壁、窄缝、薄片零件,广泛应用于硬、脆材料的孔、套料、切割、雕刻及金刚石拉丝模的加工。

习　　题

　　1. 车削加工的特点是什么?

　　2. 常用车刀有哪些种类? 其用途分别是什么?

　　3. 试说明下列机床型号的含义:CM6132　B2316　MG1432　CKM1116/NJ

　　4. 在 CA6410 型卧式车床上车削导程 $P＝10\ mm$,求公制螺纹,试指出可能加工此螺纹的传动路线有几种?

　　5. 简速铣削工艺的特点。

　　6. 何谓顺铣、逆铣? 其各有什么特点?

　　7. 牛头刨床刨削时,刀具和工件作哪些运动? 与车削相似,刨削运动有何特点?

　　8. 麻花钻头特有的刀刃是什么? 它对钻削过程有何不利影响?

　　9. 为什么铰孔不能纠正孔的轴线歪斜?

10. 试比较钻孔、绞孔、镗孔的加工精度和表面粗糙度、生产率与应用场合?

11. 比较平面磨削时的周磨法和端磨法的优缺点。

12. 简述电火花加工的原理。

13. 简述超声波加工的原理。为什么超声波加工的工具材料可以比工件材料的硬度低?

14. 为什么激光可作为加工工具,而普通可见光却不能?

15. 掌握磨削过程中三个阶段的不同特点。其对磨削过程有何作用?

16. 砂轮的特性主要取决于哪些因素? 如何进行选择?

17. 简述无心外圆磨床的磨削特点。

18. 加工一个模数 $m=5$ mm,齿数 $Z=40$,分度圆柱螺旋角 $\beta=150°$ 的斜齿圆柱齿轮应选用何种刀具的盘形齿轮铣刀?

19. 滚齿、插齿和剃齿加工各有什么特点?

第3章 机械加工质量

3.1 概 述

机械产品的质量与零件的加工质量和装配质量有着非常密切的关系,它直接影响机械产品的使用性能和寿命。零件的机械加工质量包括机械加工精度和加工表面质量两大方面。

3.1.1 机械加工精度

1. 机械加工精度的概念

(1) 机械加工精度是指零件加工后的实际几何参数(尺寸、形状和表面间的相互位置)与理想几何参数的符合程度。符合程度越高,加工精度就越高。

(2) 加工误差是指零件加工后的实际几何参数(尺寸、几何形状和相互位置)与理想几何参数之间的偏差。

生产中加工精度的高低是用加工误差的大小来表示的。设计机器零件时,应根据零件在机器中的作用、技术要求和经济性,合理确定制造公差。

机械加工精度包括尺寸精度、形状精度和位置精度三个方面。

零件的尺寸精度、形状精度和位置精度之间是存在联系的。通常形状误差应限制在位置公差之内,而位置误差应限制在尺寸公差之内。

一般情况下,零件的加工精度越高,加工成本相对越高,生产效率相对越低。因此,设计人员应根据零件的使用要求,合理地规定零件的加工精度。工艺人员应根据设计要求、生产和工艺条件等采取适当的工艺方法,以保证加工误差不超过允许范围,并在此前提下尽量提高生产率和降低成本。

2. 加工精度的获得方法

(1) 尺寸精度的获得方法

在机械加工中,获得尺寸精度的方法一般可分为以下四种:

1) 试切法

先试切出很小一部分加工表面,测量所得尺寸,按照加工要求适当调整刀具切削刃相对工件加工表面的位置,试切、测量,当被加工尺寸达到要求后,再切削整个待加工表面。当加工第二个工件时,则要重复上述步骤。

由于采用试切法需要多次试切、测量和调整刀具位置,所以生产率较低,而且加工精度在很大程度上取决于操作人员的技术水平。因此该方法适用于单件、小批生产。

2) 调整法

在加工一批工件前,先按试切好的工件尺寸、标准件或对刀块等调整和确定刀具相对工件定位基准的准确位置,并在保证此准确位置不变的条件下,对一批工件进行加工。

调整法较试切法生产率要高,且加工尺寸稳定,但调整工作费时。

3) 定尺寸刀具法

采用具有一定尺寸精度的刀具,来保证被加工零件尺寸精度。如用钻头、扩孔钻、铰刀、拉刀等加工内孔,及用组合铣刀加工工件两侧面和槽面等,均属于定尺寸刀具法加工。该方法所获得的尺寸精度与刀具本身制造精度关系很大。

定尺寸刀具法操作简便,生产率高,加工精度也较稳定,可适用于各种生产类型。

4) 自动控制法

在加工过程中,通过尺寸测量、反馈、进给和控制系统等组成的自动加工系统,使加工过程中的尺寸测量、刀具补偿调整及切削加工等一系列工作自动完成。从而自动获得所要求的尺寸精度。

此法特别适用于零件加工精度要求较高、形状比较复杂的单件和中、小批生产。

(2) 形状精度的获得方法

1) 轨迹法

该方法所能达到的形状精度主要取决于成形运动的精度,如主轴的回转精度、导轨的直线度等。

2) 成型法

该方法所能达到的精度主要取决于刀刃的形状精度与刀具的装夹精度。

3) 展成法

该方法所能达到的精度主要取决于机床展成运动的传动链精度及刀具的制造精度等因素。

(3) 位置精度的获得方法

在机械加工中,获得位置精度的方法主要有下述两种:

1) 一次装夹获得法

零件有关表面间的位置精度是直接在工件的同一次装夹中,由各有关刀具相对工件的成形运动之间的位置关系来保证。如箱体孔系加工中各孔之间的同轴度、平行度和垂直度等。工件的位置精度主要由机床精度来保证。

2) 多次装夹获得法

零件有关表面间的位置精度由刀具相对工件的成形运动与工件定位基准面之间的位置关系来保证。

3.1.2　机械加工表面质量

1. 表面质量的概念

所谓加工表面质量是指机器零件在加工后的表面层状态。加工表面质量包括两个方面：加工表面的几何形状特征和表面层的物理、力学性能的变化。

（1）加工表面的几何形状特征主要由表面粗糙度和表面波度两部分组成（如图3-1所示）。

1）表面粗糙度是加工表面的微观几何形状误差，其波长与波高的比值一般小于50。

2）表面波度是加工表面不平度中波长与波高的比值等于$50 \sim 1000$的几何形状误差。它是由机械加工中的振动引起的。

（2）表面层物理、力学性能变化主要有以下三个方面内容：

1）表面层的冷作硬化；

2）表面层金相组织变化；

3）表面层残余应力。

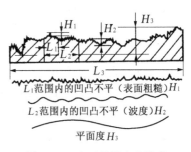

图 3-1　表面粗糙度和波度

2. 表面质量对零件使用性能的影响

（1）对耐磨性的影响

零件的耐磨性不仅与摩擦副的材料、热处理情况和润滑条件有关，而且还与摩擦副表面质量有关。

零件表面磨损过程一般可分为初期磨损、正常磨损、快速磨损。零件表面在初期磨损阶段，由于零件表面存在微观不平度，当两个零件表面相互接触时，有效接触面积只占名义接触面积的很小一部分。表面越粗糙，有效接触面积就越小。初期磨损速度很快。随着磨损的发展，有效接触面积不断增大，压强逐渐减小，磨损将以较慢的速度进行，进入正常磨损阶段。在这之后，由于有效接触面积越来越大，零件间的金属分子亲和力增加，表面的机械咬合作用增大，使零件表面又产生急剧磨损而进入快速磨损阶段。

表面粗糙度对零件表面磨损的影响很大。一般说来，表面粗糙度值越小，其耐磨性越好。但是表面粗糙度值太小，因接触面容易发生分子粘着，且润滑液不易储存，磨损反而增加。因此，就磨损而言，存在一个最优表面粗糙度值。表面粗糙度的最优数值与机器零件工况有关，图3-2给出了不同工况下表面粗糙度值与起始磨损量的关系曲线。

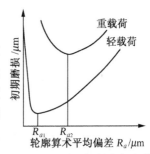

图 3-2　表面粗糙度与起始磨损量的关系

加工表面产生金相组织的变化，也会改变表面层的原有硬度而影响表面的耐磨性。如淬硬钢工件在磨削时若产生表面回火软化,将降低其表面的硬度而使耐磨性明显下降。

（2）表面质量对耐疲劳性的影响

1）表面粗糙度对耐疲劳性的影响

表面粗糙度对承受交变载荷零件的疲劳强度影响很大。在交变载荷作用下,表面粗糙度的凹谷部位容易引起应力集中,产生疲劳裂纹,导致疲劳破坏。表面粗糙度值越小,表面缺陷越少,工件耐疲劳性越好;反之,加工表面越粗糙,表面的纹痕越深,纹底半径越小,其抵抗疲劳破坏的能力越差。

2）表面层物理、力学性能对耐疲劳性的影响

表面层存在一定程度的冷作硬化可以阻碍疲劳裂纹的产生和已有裂纹的扩展,因而可提高疲劳强度,但冷硬程度过高时,常产生大量显微裂纹而降低疲劳强度。

（3）表面质量对耐蚀性的影响

1）表面粗糙度对耐蚀性的影响

零件在潮湿的空气中或在腐蚀性介质中工作时,会发生化学腐蚀或电化学腐蚀。减小表面粗糙度就可以提高零件的耐腐蚀性。

2）表面层物理、力学性能对耐蚀性的影响

零件在应力状态下工作时,会产生应力腐蚀,加速了腐蚀作用。如表面存在裂纹,则更增加了应力腐蚀的敏感性。

（4）表面质量对配合质量的影响

如果表面太粗糙,则必然会影响配合表面的配合质量。

1）间隙配合

初期磨损对间隙配合的影响最大。表面粗糙度越大,初期磨损量就越大,原有间隙将因急剧的初期磨损而改变,变化量与表面粗糙度的平均高度成正比,从而影响配合的稳定性。

2）过盈配合

表面粗糙度越大,两表面相配合时表面凸峰易被挤掉,这样使得过盈量减少,从而影响过盈配合的可靠性。

3）过渡配合

过渡配合兼有以上两种配合所受的影响。

（5）表面质量对接触刚度的影响

表面粗糙度对零件的接触刚度有很大的影响,表面粗糙度越小,则接触刚度越高。

3.2　影响机械加工精度的因素

在机械加工中,零件的尺寸、几何形状和表面间相互位置的形成,取决于工件和刀具在切削运动过程中相互位置的关系,而工件和刀具又安装在夹具和机床上,受到夹具和机床的约束。由机床、夹具、刀具和工件构成的工艺系统中的误差称为原始误差。在

不同的具体条件下,原始误差以不同的程度和方式反映为加工误差。

从工艺因素角度来考虑,可将产生加工误差的原因分为:

(1) 加工原理误差

加工原理误差是由于采用近似的加工方法所产生的误差。它包括近似的成形运动、近似的刀刃轮廓或近似的传动关系等不同类型。为了获得规定的加工表面,理论上应采用理想的加工原理以获得精确的零件表面。但在实践中,理想的加工原理往往很难实现。有时即使能够实现,加工效率也很低,或者使机床或刀具的结构极为复杂,制造困难。有时由于结构环节多,会造成机床传动中的误差增加,从而很难保证机床刚度和制造精度。采用近似的加工原理以获得符合加工质量、生产率和经济性要求的产品加工过程是实际生产中常用的方法。例如用模数片铣刀铣削齿轮时,齿廓是由模拟齿槽形状的刀刃加工得到的。为避免一种齿轮需要一把刀具的情况,在实际生产中是把所用的刀具分组,每把刀具对应加工一定齿数范围的一组齿轮。由于每组齿轮所用的刀具是按照该组齿轮最小齿数的齿轮进行设计,因此,用该刀具加工其他齿数的齿轮时,齿形均存在误差。

(2) 工艺系统的几何误差

由于工艺系统中各组成环节的实际几何参数和位置相对于理想几何参数和位置发生偏离而引起的误差,统称为几何误差。几何误差只与工艺系统各环节的几何要素有关。对于固定调整的工序,该项误差一般为常值。

(3) 工艺系统受力变形引起的误差

工艺系统在切削力、夹紧力、重力和惯性力等作用下会产生变形,从而破坏已调整好的工艺系统各组成部分的相互位置关系,导致加工误差等产生,并影响加工过程的稳定性。

(4) 工艺系统受热变形引起的误差

在加工过程中,由于受切削热、摩擦热以及工作场地周围热源的影响,工艺系统的温度会产生复杂的变化。在各种热源的作用下,工艺系统会发生变形,导致改变系统中各组成部分的正确相对位置,使工件与刀具的相对位置和相对运动产生误差。

(5) 工件内应力引起的加工误差

内应力是工件自身的误差因素。工件经过冷热加工后会产生一定的内应力。通常情况下,内应力处于平衡状态,但对具有内应力的工件进行加工时,工件原有的内应力平衡状态被破坏,从而使工件产生变形。

(6) 测量误差

在工序调整及加工过程中测量工件时,由于测量方法、量具精度以及工件和环境温度等因素对测量结果准确性的影响而产生的误差,统称为测量误差。

本章只介绍工艺系统的几何误差、力效应、热变形对加工精度的影响。

3.2.1　工艺系统的几何误差对加工精度的影响

工艺系统的几何误差主要是指机床、刀具和夹具的制造误差、磨损误差以及调整误差。这一类原始误差在刀具与工件发生关系（切削）之前就已客观存在，它会在加工过程中反映到工件上去。

1. 机床几何误差

高精度的零件要依赖高精度的设备与工艺装备来生产，其中最重要的是机床的精度。机床精度可以分为：静态精度，指机床在非切削状态（无切削力作用）下的精度；动态精度，指机床在切削状态和振动状态下的精度；热态精度，指机床在温度场变化情况下的精度。

本节所讲的内容主要是指静态精度。它是由制造、安装和使用中的磨损造成的，其中对加工精度影响较大的有主轴回转运动误差、导轨直线运动误差和传动链传动误差。

（1）主轴回转运动误差

1）基本概念

机床主轴是工件或刀具的安装基准和运动基准，其理想状态是主轴回转轴线的空间位置固定不变。但由于各种误差因素的影响，实际主轴回转轴线在每一瞬时的空间位置都是变化的。所谓主轴回转误差，就是主轴的实际回转轴线相对于平均回转轴线（实际回转轴线的对称中心线）的变动量。

主轴回转误差可分解为图 3-3 所示的三种基本形式：

① 轴向窜动，又称轴向漂移，指主轴瞬时回转轴线沿平均回转轴线方向的漂移运动（如图 3-3(a)所示）。

② 径向圆跳动，又称径向漂移，指主轴瞬时回转轴线始终作平行于平均回转轴线的径向漂移运动（如图 3-3(b)所示）。

③ 角度摆动，又称角向漂移，指主轴瞬时回转轴线与平均回转轴线成一倾斜角，其交点位置固定不变的漂移运动（如图 3-2(c)所示）。

主轴回转误差是上述三种漂移运动的合成。

2）主轴回转误差产生的原因

产生主轴回转误差的原因主要有主轴的制造误差、轴承的误差与轴承配合件的误差及配合间隙、主轴系统的径向不等刚度和热变形等。

3）主轴回转误差对加工精度的影响

主轴回转误差对加工精度的影响比较复杂。因为，主轴回转误差在不同类型的机床上对于不同的加工内容将产生不同性质的加工误差，尤其对于主轴回转误差所表现出来的那种随机性和综合性，很难从理论上定量地加以描述。

（2）机床导轨误差

机床导轨副是实现直线运动的主要部件，其制造误差、装配误差以及磨损是影响直线运动的主要因素。

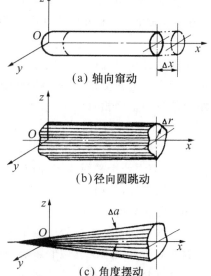

（a）轴向窜动

（b）径向圆跳动

（c）角度摆动

图 3-3 主轴回转误差的基本形式

1）导轨误差的表现形式

① 导轨在水平面内的直线度（弯曲）；

② 导轨在垂直面内的直线度（弯曲）；

③ 前后导轨的平行度（扭曲）；

④ 导轨与主轴回转轴线的平行度。

2）导轨误差对加工精度的影响

机床导轨误差对加工精度的影响应根据不同的机床类型以及制造与磨损所造成的变形情况进行具体分析。下面以外圆磨床及卧式车床为例进行讨论。

① 导轨在水平面内弯曲（如图 3-4（a）所示）　此误差处在误差敏感方向上，其直线度误差将直接反映到工件上去（如图 3-4（b）所示），使刀尖的成形运动不呈直线，从而造成工件加工表面的轴向形状误差。

② 导轨在垂直面内弯曲（如图 3-5（a）所示）　此误差同样使刀具的成形运动不呈直线，但由于是处在误差非敏感方向上，所以，其直线度误差对工件半径的影响极小（如图 3-5（b）所示），可忽略不计。

③ 导轨扭曲　如果前后导轨在垂直方向存在平行度误差（如图 3-6（a）所示），刀具在直线进给运动中将产生摆动，刀尖的成形运动也将变成一条空间曲线。若前后导轨在某一长度上的平行度误差（即高度差）为 δ，则对零件加工截面所造成的形状误差（半径误差）可由图 3-6（b）所示的几何关系得到：

$$\Delta R = \Delta y = \frac{H}{B}\delta$$

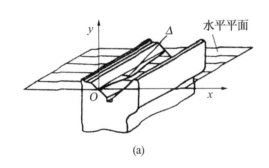
(a)

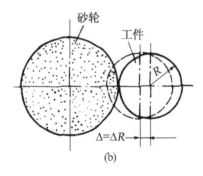
(b)

图 3-4　导轨在水平面内弯曲

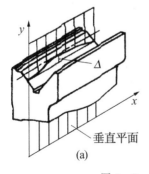
(a)

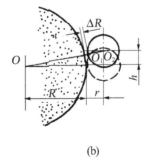
(b)

图 3-5　导轨在垂直面内弯曲

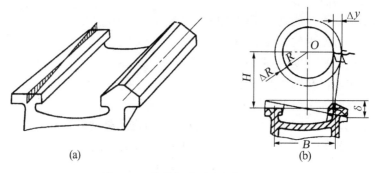

(a)   (b)

图 3 - 6 导轨扭曲引起的加工误差

一般卧式车床 $\frac{H}{B} \approx \frac{2}{3}$，外圆磨床 $\frac{H}{B} \approx 1$。所以，这一原始误差对加工精度的影响不可忽视。

④ 导轨与主轴回转轴线的平行度 理论上要求车刀刀尖的直线运动轨迹与主轴回转轴线在水平面内和垂直面内都相互平行，但实际上存在误差。

在水平面内不平行：指两者处于同一平面，但不平行，即为相交两直线。这使工件产生锥度；

在垂直方向不平行：指两者不在同一平面，即为空间交叉两直线。该项误差与导轨在垂直面内的直线度误差上相似的，且不平行，处于误差非敏感方向，故对工件的加工精度影响很小。

（3）传动链误差

对于某些表面，如螺纹表面、齿形面、蜗轮、螺旋面等的加工，必须保证工件与刀具间有严格的运动关系。对于这类表面的加工来说，传动链的传动误差常常是加工误差的主要来源。机床传动链中构成传动副的各传动元件（如齿轮、蜗轮副及丝杠螺母副等）的制造误差、装配误差以及使用过程中的磨损等，会破坏刀具与工件之间准确的速比关系，从而影响加工表面的精度。

2. 工艺系统其他几何误差

（1）刀具误差

机械加工中常用的刀具有一般刀具、定尺寸刀具和成型刀具。

一般刀具（如普通车刀、单刃镗刀、平面铣刀等）的制造误差对工件精度没有直接影响。

定尺寸刀具（如钻头、铰刀、拉刀及槽铣刀等）的尺寸误差直接影响加工工件的尺寸精度。刀具的尺寸磨损、安装不正确、切削刃刃磨不对称等都会影响加工的尺寸精度。

成型刀具（如成型车刀、成型铣刀以及齿轮滚刀等）的制造和磨损误差主要影响被加工表面的形状精度。

（2）夹具误差

夹具的误差主要包括：

① 定位元件、刀具引导元件、分度机构、夹具体等的设计和制造误差。

② 夹具装配后,以上各种元件工作面间的位置误差。

③ 夹具在使用过程中工作表面的磨损。

④ 夹具使用中工件定位基面与定位元件工作表面间的位置误差。

这些误差主要与夹具的制造与装配精度有关。所以在夹具的设计制造以及安装时,凡影响零件加工精度的尺寸和形位公差应严格控制。

（3）测量误差

工件在加工过程中要用各种量具、量仪等进行检验测量,再根据测量结果对工件进行试切和调整机床。由于量具本身的制造误差,测量时的接触力、温度、目测正确程度等都会直接影响加工精度,因此,要正确地选择和使用量具,以保证测量精度。

（4）调整误差

在工艺系统中工件、刀具等在机床上的相对位置精度往往由调整机床、刀具、夹具、工件等来保证。在进行加工时往往要对工件进行检验测量,再根据测量结果对刀具、夹具、机床进行调整,这就可能引入调整误差。

1）试切法加工时的调整误差

单件小批生产中,通常采用试切法加工。这时引起调整误差的因素有:

① 测量误差。

② 进给机构的位移误差。在试切中,总是要微量调整刀具的进给量。在低速微量进给中,常会出现进给机构的"爬行"现象,其结果是使刀具的实际进给量与刻度盘上的数值不符,造成加工误差。

③ 试切时与正式切削时,因切削层厚度不同而产生误差。精加工时,试切的最后一刀往往很薄,切削刃只起挤压作用而不起切削作用。但正式切削时的深度较大,切削刃不打滑,就会多切下一点。因此,工件尺寸就与试切时不同,产生了尺寸误差。

2）调整法加工的调整误差

影响调整法加工精度的因素有:测量精度、调整精度、重复定位精度等。用定程机构调整时,调整精度取决于行程挡块、靠模及凸轮等机构的制造精度和刚度,以及与其配合使用的离合器、控制阀等的灵敏度。用样件或样板调整时,调整精度取决于样件或样板的制造、安装和对刀精度。

3.2.2　工艺系统力效应对加工精度的影响

在机械加工中,工艺系统在切削力、夹紧力、传动力、重力、惯性力以及内应力等内外力作用下都会产生弹性变形,当应力超过弹性极限时就会产生塑性变形,严重时还会引起系统振动,从而破坏已经调整好的工件与刀具间的相对位置,使工件产生加工误差。

工艺系统的受力变形是机械加工精度中一项很重要的原始误差。它不仅严重地影响着工件的加工精度,而且还影响着工件的表面质量,同时也限制了切削用量和生产率的提高。

1. 工艺系统的刚度

工艺系统抵抗变形的能力越大,工艺系统的变形就越小。我们用刚度 k 表示工艺系统抵抗变形的能力。由于一般只研究工艺系统在误差敏感方向的变形,即在通过刀尖的加工表面的法线方向的变形。因此,工艺系统的刚度(用 k_{xt} 表示)定义为

$$k_{xt} = \frac{F_p}{y_{xt}}$$

式中:F_p——切削力沿加工表面法线方向的分力,N;

y_{xt}——工艺系统在总切削力作用下的加工表面法线方向的变形,mm。

在切削加工中,机床的有关零部件、夹具、刀具和工件在切削力的作用下都会产生不同程度的变形,因此,工艺系统在某一处的法向总变形是各个组成部分在该处的法向变形的叠加,即

$$y_{xt} = y_{jc} + y_{dj} + y_{jj} + y_{gj}$$

而各组成部分的刚度为

$$k_{xt} = \frac{F_p}{y_{xt}}, \ k_{jc} = \frac{F_p}{y_{jc}}, \ k_{dj} = \frac{F_p}{y_{dj}}, \ k_{jj} = \frac{F_p}{y_{jj}}, \ k_{gj} = \frac{F_p}{y_{gj}}$$

式中:y_{xt}——工艺系统在总切削力作用下的加工表面法线方向的变形,mm;

k_{xt}——工艺系统的总刚度,N/mm;

y_{jc}——机床的变形量,mm;

k_{jc}——机床的刚度,N/mm;

y_{jj}——夹具的变形量,mm;

k_{jj}——夹具的刚度,N/mm;

y_{dj}——刀架的变形量,mm;

k_{dj}——刀架的刚度,N/mm;

y_{gj}——工件的变形量,mm;

k_{gj}——工件的刚度,N/mm。

因此,工艺系统刚度的一般计算式为

$$k_{xt} = \frac{1}{\dfrac{1}{k_{jc}} + \dfrac{1}{k_{jj}} + \dfrac{1}{k_{dj}} + \dfrac{1}{k_{jg}}}$$

所以,知道了工艺系统各个组成部分的刚度,即可求出系统刚度。

2. 工艺系统受力变形引起的加工误差

在切削过程中,刀具相对于工件的位置是不断变化的,所以切削力的大小及作用点的位置总是变化的,因而,工艺系统的受力变形也随之变化。

(1)切削力大小变化引起的加工误差——误差复映规律

工件在切削过程中,由于被加工表面的几何误差及材料硬度不均,会引起切削力和工艺系统变形的变化。如图 3-7 所示,切削一个有椭圆形圆度误差的工件毛坯,切削前将车刀调整到图中虚线的位置,在工件每一转中,由于背吃刀量的变化,切削力从最大变到最小,工艺系统的变形也相应地从最大变到最小,加工后的工件具有与毛坯相应的椭圆形状误差,这个规律就是毛坯误差的复映规律。

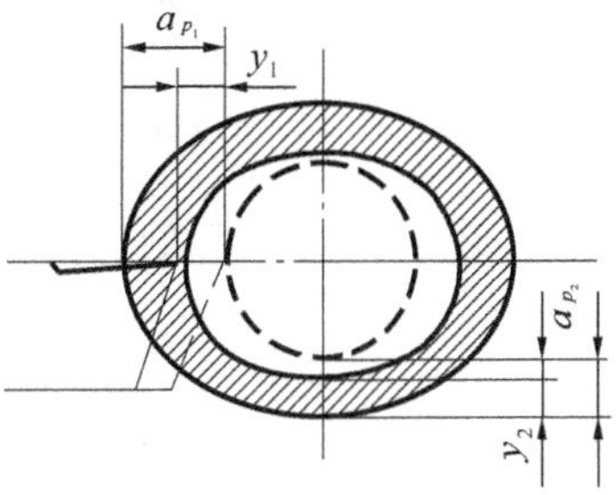

图 3-7　毛坯误差的复映

设毛坯最大背吃刀量为 α_{p1},最小背吃刀量为 α_{p2},则毛坯误差 $\Delta_m = \alpha_{p1} - \alpha_{p2}$。

依据切削理论,在一定的切削条件下,切削力与背吃刀量成正比,即

$$F_{y1} = \lambda C_p \alpha_{p1} f^{0.75}, \quad F_{y2} = \lambda C_p \alpha_{p2} f^{0.75},$$

式中:λ——$\dfrac{F_y}{F_z}$ 的比值;

C_p——与被加工材料和切削条件有关的系数;

α_p——背吃刀量;

f——进给量。

工艺系统的变形为

$$y_1 = \frac{\lambda c_p \alpha_{p1} f^{0.75}}{k_{xt}}$$

$$y_2 = \frac{\lambda c_p \alpha_{p2} f^{0.75}}{k_{xt}}$$

工件误差为

$$\Delta_{gj} = y_1 - y_2 = \frac{\lambda c_p f^{0.75}}{k_{xt}} (\alpha_{p1} - \alpha_{p2}) = \frac{\lambda c_p f^{0.75}}{k_{xt}} \Delta m$$

令

$$\varepsilon = \frac{\lambda c_p f^{0.75}}{k_{xt}}$$

得

$$\Delta_{gj} = \varepsilon \Delta m$$

式中:ε 为误差复映系数。

由于 Δ_{gj} 总小于 Δm,ε 总是小于 1。误差复映系数反映了毛坯误差经过加工后的减小程度,与工艺系统的刚度成反比,与切削力 F_y 的系数成正比。要减小工件的复映误差,可通过增加工艺系统的刚度或减小径向切削力的系数。

由于误差复映引起加工误差,当一次走刀不能满足加工精度时,可采用多次走刀,设走刀次数为 n,总复映系数 ε 为

$$\varepsilon = \varepsilon_1 \varepsilon_2 \cdots \varepsilon_n = \lambda^n \left(\frac{c_p}{k_{xt}} \right)^n (f_1 f_2 \cdots f_n)^{0.75}$$

经过 n 次走刀后，工件的误差为

$$\Delta_{gj} = \varepsilon \Delta m = \varepsilon_1 \varepsilon_2 \cdots \varepsilon_n \Delta m = \lambda^n \left(\frac{c_p}{k_{xt}}\right)^n (f_1 f_2 \cdots f_n)^{0.75} \Delta m$$

根据已知的 Δm 值，可估计加工后的误差；也可根据工件的公差值与毛坯误差来确定走刀次数。

（2）切削力作用点位置变化引起的加工误差

1）在切削过程中受力点位置变化引起的工件形状误差

在车床上车削粗而短的光轴，由于工件刚度很高，工件的变形比机床、夹具、刀具的变形小到可以忽略不计，工艺系统的总位移完全取决于头架、尾座（包括顶尖）和刀架（包括刀具）的位移，如图 3-8(a) 所示。

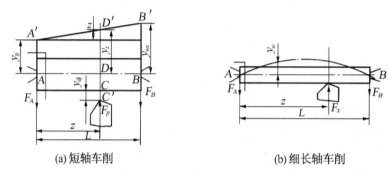

(a) 短轴车削　　　　　　　　　(b) 细长轴车削

图 3-8　受力点变化引起的变形

当加工中车刀处于图 3-8(a) 所示位置时，在切削分力 F_p 的作用下，头架由点 A 移到 A'，尾座由点 B 移到 B'，刀架由点 C 移到 C'，它们的位移量分别用 y_{tj}，y_{wz} 及 y_{dj} 表示。而工件轴线 AB 移到 $A'B'$，刀具切削点处工件轴线的位移 y_z 为

$$y_z = y_{tj} + \Delta z = y_{tj} + (y_{wz} - y_{tj})\frac{z}{L}$$

设 F_A，F_B 为 F_p 所引起的头架、尾座处的作用力，则

$$y_{tj} = \frac{F_A}{k_{tj}} = \frac{F_p}{k_{tj}}\left(\frac{L-z}{L}\right)$$

$$y_{wz} = \frac{F_B}{k_{wz}} = \frac{F_p}{k_{wz}}\left(\frac{z}{L}\right)$$

由上式可得

$$y_z = \frac{F_p}{k_{tj}}\left(\frac{L-z}{L}\right)^2 + \frac{F_p}{k_{wz}}\left(\frac{z}{L}\right)^2$$

所以，工艺系统的总位移为

$$y_{xt} = y_z + y_{dj} = F_p\left[\frac{1}{k_{dj}} + \frac{1}{k_{tj}}\left(\frac{L-z}{L}\right)^2 + \frac{1}{k_{uz}}\left(\frac{z}{L}\right)^2\right]$$

由上式可看出,工艺系统的刚度和位移随受力点位置变化而变化。在该条件下切削时,此位移也即机床的总位移。

(3) 切削过程中受力方向变化引起的加工误差

在车床或磨床类机床上加工轴类零件时,常用单爪拨盘带动工件旋转,如图 3-9(a)所示。传动力 F 在拨盘的每一转中不断改变方向,其在误差敏感方向的分力有时把工件推向刀具(如图 3-9(b)所示),使实际背吃刀量增大;有时把工件拉离刀具(在与图 3-9(b)上相反的位置),使实际背吃刀量减小,从而在工件上靠近拨盘一端的部分产生呈心脏线形的圆度误差(如图 3-9(c)所示)。对形状精度要求较高的工件来说,传动力引起的误差是不容忽视的。在加工精密零件时可改用双爪拨盘或柔性联接装置带动工件旋转。

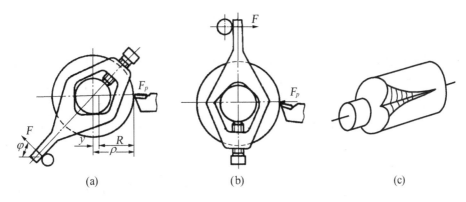

图 3-9　单拨销传动力引起的加工误差

切削加工中高速旋转的零部件(包括夹具、刀具和工件)的不平衡会产生离心力。离心力和传动力一样,它在误差敏感方向的分力有时将工件推向刀具(如图 3-10(a)所示);有时将工件拉离刀具(如图 3-10(b)所示),所以在被加工工件表面上产生了与图 3-9(c)所示相类似的形状误差,但这种心脏线形的圆度误差是产生在轴的全长上(如图 3-10(c)所示)。

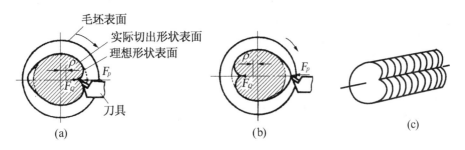

图 3-10　惯性力引起的加工误差

（4）工艺系统中其他外力作用引起的加工误差

在工艺系统中，由于零部件的自重也会产生变形。如龙门铣床、龙门刨床刀架横梁的变形，镗床镗杆伸长下垂变形等，都会造成加工误差，如图 3-11 所示。

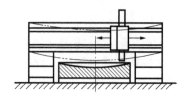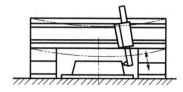

图 3-11　机床部件自重引起的横梁变形

此外，被加工工件在夹紧过程中，由于工件刚性较差或夹紧力过大，也会引起变形，产生加工误差。

3.2.3　工艺系统热变形对加工精度的影响

工艺系统在各种热源的作用下，会产生相应的热变形，从而破坏工件与刀具间正确的相对位置，造成加工误差。据统计，由于热变形引起的加工误差约占总加工误差的 40%～70%。工艺系统的热变形不仅严重地影响加工精度，而且还影响加工效率。实现数控加工后，加工误差不能再由人工进行补偿，全靠机床自动控制，因此热变形的影响更突出。

1. 机床热变形对加工精度的影响

由于各类机床的结构、工作条件及热源形式不相同，因此各类机床的部件的温升和热变形情况也不一样。

车、铣、钻、镗等机床主轴箱中的齿轮、轴承摩擦发热、润滑油发热是主要热源。

龙门刨床、牛头刨床、立式车床等机床导轨副的摩擦热是其主要热源。这些机床床身比较长，有时床身的上下温度可相差好几度，从而导致床身产生中凸的热变形。

各种磨床通常都有液压系统并配有高速磨头，砂轮主轴轴承的发热和液压系统的发热是其主要热源。砂轮主轴轴承发热，使主轴轴线升高，并使砂轮架向工件方向趋近，使工件直径产生误差。此外，液压系统发热导致床身弯曲和前倾，都将影响工件的加工精度。

2. 工件热变形对加工精度的影响

（1）工件均匀受热

对于一些形状简单、对称的零件，如轴、套筒等，加工时（如车削、磨削）切削热能较均匀地传入工件。工件热变形量可按下式估算：

$$\Delta L = \alpha L \Delta t$$

式中：α——工件材料的热膨胀系数，$1/℃$；

　　　　L——工件在热变形方向的尺寸，mm；

Δt ——工件温升，℃。

在精密丝杠加工中，工件的热伸长会产生螺距的累积误差。如在磨削 400 mm 长的丝杠螺纹时，每磨一次温度升高 1℃，则被磨丝杠将伸长

$$\Delta L = 1.17 \times 10^{-5} \times 400 \times 1 \text{ mm} = 0.0047 \text{ mm}$$

而 5 级丝杠的螺距累积误差在 400 mm 长度上不允许超过 5 μm 左右。因此热变形对工件加工精度影响很大。

在较长的轴类零件加工中，开始切削时，工件温升为零，随着切削加工的进行，工件温度逐渐升高而使直径逐渐增大，增大量被刀具切除，因此，加工完工件冷却后将出现锥度误差。

（2）工件不均匀受热

在刨削、铣削、磨削加工平面时，工件单面受热，上下平面间产生温差从而引起热变形。如图 3－12 所示，在平面磨床上磨削长为 L、厚为 H 的板状工件，工件单面受热，上下面间形成温差 Δt，导致工件向上凸起，凸起部分被磨去，冷却后磨削表面下凹，使工件产生平面度误差。

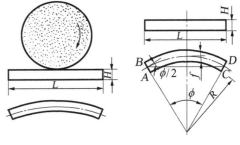

图 3－12　薄板磨削时的弯曲变形

3．刀具热变形对加工精度的影响

刀具热变形主要由切削热引起。切削加工时虽然大部分切削热被切屑带走，传入刀具的热量并不多，但由于刀具体积小，热容量小，导致刀具切削部分的温升急剧升高，刀具热变形对加工精度的影响比较显著。

图 3－13 所示为车削时车刀的热变形与切削时间的关系曲线。曲线 A 是刀具连续切削时的热变形曲线。刀具受热变形在切削初始阶段变化很快，随后比较缓慢，经过较短时间便趋于热平衡状态。此时，车刀的散热量等于传给车刀的热量，车刀不再伸长。曲线 B 表示在切削停止后，车刀温度立即下降，开始冷却较快，以后便逐渐减慢。

图 3－13 中曲线 C 所示为车削短小轴类零件时的情况。由于车刀不断有短暂的冷却时间，所以是一种断续切削。断续切削比连续切削时车刀达到热平衡所需要的时间要短，热变形量也小。因此，在开始切削阶段，刀具热变形较显著，车削加工时会使工件尺寸逐渐减小，当达到热平衡后，其热变形趋于稳定，对加工精度的影响不明显。

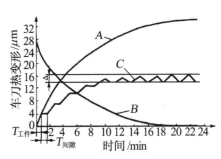

图 3－13　车刀热变形曲线

3.3 机械加工精度的综合分析

加工精度的高低是用加工误差的大小来表示的。机械加工精度的综合分析也即加工误差的综合分析。

加工误差是一系列工艺因素综合影响的结果。从理论上说,只有逐一找出所有的因素及其对加工误差影响的大小和规律,才能有效地抑制加工误差的产生,提高工件的加工精度。但是,在实际生产中,影响加工精度的因素错综复杂,而且其中不少因素的作用常带有随机性,因素之间也有相互作用,所以有时很难用单因素法来分析其因果关系,而需要用数理统计的方法来进行研究,才能得出正确的符合实际的结果。

3.3.1 加工误差的性质

按加工一批工件所出现的误差规律来看,加工误差可以分为系统性误差和随机性误差。

1. 系统性误差

(1) 常值系统性误差

在顺序加工一批工件时,误差的大小和方向保持不变者,称为常值系统性误差。如原理误差和机床、刀具、夹具的制造误差,一次调整误差以及工艺系统受力变形引起的误差都属常值系统误差。

(2) 变值系统性误差

在顺序加工一批工件时,误差的大小和方向呈有规律变化者,称为变值系统性误差。如由于刀具磨损引起的加工误差,机床、刀具、工件受热变形引起的加工误差等都属于变值系统性误差。

2. 随机性误差

在顺序加工一批工件时,误差的大小和方向呈无规律变化者,称为随机性误差。如加工余量不均匀或材料硬度不均匀引起的毛坯误差复映、定位误差以及由于夹紧力大小不一引起的夹紧误差、多次调整误差、残余应力引起的变形误差等都属于随机性误差。

误差性质不同,其解决的途径也不一样。对于常值系统性误差,在查明其大小和方向后,进行相应的调整或检修工艺装备,以及用一种常值系统性误差去补偿原来的常值系统性误差,即可消除,或控制在公差范围内。对于变值系统性误差,在查明其大小和方向随时间变化的规律后,可采用自动连续补偿或自动周期补偿的方法消除。对随机性误差,从表面上看似乎没有规律,但是应用数理统计的方法可以找出一批工件加工误差的总体规律,查出产生误差的根源,在工艺上采取措施来加以控制。在生产中,误差的性质的判别应根据工件的实际加工情况决定。在不同的生产场合,误差的表现性质会有所不同,原属于常值系统性的误差有时会变成随机性误差。例如:对一次调整中加工出来的工件来说,调整误差是常值误差,但在大量生产中一批工件需要经多次调整,则每次调整时的误差就是随机误差了。

3.3.2　加工误差的统计分析

统计分析法是以生产现场观察和对工件进行实际检验的结果为基础,用数理统计的方法分析处理这些结果,从而揭示各种因素对加工精度的综合影响,获得解决问题的途径的一种分析方法。

分布曲线法和点图法是两种常用的统计分析方法。

1. 分布曲线法

(1) 实际分布曲线图——直方图

分布曲线法是测量一批加工后工件的实际尺寸,根据测量得到的数据作尺寸分布的直方图。得到实际分布曲线,然后根据公差要求和分布情况进行分析。分布曲线的绘制步骤与方法如下:

① 取样　在一批工件中抽取一定数目的工件作为样本,其数目一般不少于 50 件。样本中的最大值为 A_{max},最小值为 A_{min}。

② 分组　首先确定分组数 K,可按表 3-1 选择;然后计算组距 h,其公式为 $h = \dfrac{A_{max} - A_{min}}{K}$;计算各组的上下界限值;计算各组中心值。

表 3-1　取样件数与分组数

取 样 件 数 n	分 组 数 K
50～100	6～10
100～250	7～12

③ 统计频数、计算频率　统计每个组中的工件数目——频数,计算频数与样本总数之比——频率(概率),并将②③两项内容整理成表。

④ 作图　以每个组的中心值为横坐标,以每个组内的频数(频率)为纵坐标描点,用连线将各点依次连接起来,就成了分布折线图。若再以横坐标上每个组距为底、以每个组内的频数(频率)为高画出一个个矩形,就成了直方图。

例如,测量一批磨削后的工件外圆,图纸规定其直径 $x = \phi 50_{-0.03}^{0}$。测量件数为100 件,测量时发现它们的尺寸各不相同,把测量所得数据按组距 0.002 mm 进行分组,其结果见表 3-2。以频数或频率为纵坐标,以组距为横坐标,画出直方图,如图3-14所示。

表 3-2 分组计算结果

组 号	尺寸范围/mm	频数/m_i	频率 m_i/n
1	49.988～49.990	3	0.03
2	49.990～49.992	6	0.06
3	49.992～49.994	9	0.09
4	49.994～49.996	14	0.14
5	49.996～49.998	16	0.16
6	49.998～50.000	16	0.16
7	50.000～50.002	12	0.12
8	50.002～50.004	10	0.10
9	50.004～50.006	6	0.06
10	50.006～50.008	5	0.05
11	50.008～50.010	3	0.03
总 计		100	1.00

实际测量结果表明,部分工件已超出公差范围(图中阴影部分),成了不合格品,但从图中也可看出,这批工件的分散范围为 0.022,比公差带还小,如果能够设法将分散范围中心调整到与公差带重合,工件就完全合格。尺寸分散范围中心与公差带中心不重合,差距为 0.0135 mm。只要把磨削时砂轮相对于工件的径向位置增大 0.0135 mm,就可消除常值系统误差。

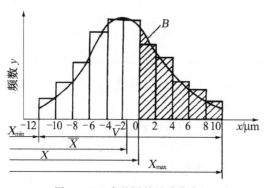

图 3-14 磨外圆的尺寸分布图

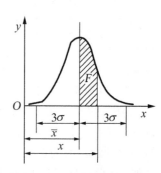

图 3-15 正态分布曲线

(2)理论分布曲线

1)正态分布曲线

正态分布曲线的形状如图 3-15 所示,其概率密度函数式为

$$y = \frac{1}{\sigma \sqrt{2\pi}} e^{-\frac{1}{2}\left(\frac{x-\overline{x}}{\sigma}\right)^2}$$

式中：y——分布的概率密度；

　　x——样件尺寸；

　　$\overline{x}$—— 样件的平均值，且 $\overline{x} = \frac{1}{n} \sum\limits_{i=1}^{n} x_i$；

　　σ—— 均方根误差（标准差），且 $\sigma = \sqrt{\dfrac{\sum\limits_{i=1}^{n}(x_i - \overline{x})^2}{n}}$。

正态分布曲线有以下特点：

① 分布曲线呈钟形，中间高，两边低，对称于 $x = \overline{x}$ 线，与 x 轴相交于无限远。这表示靠近分散中心的工件占大部分，远离分散中心的工件是极少数，且尺寸大于 $\overline{x}$ 和小于 $\overline{x}$ 的概率是相等的。

② $\overline{x}$ 决定曲线的位置，若改变 $\overline{x}$ 值，则分布曲线沿横坐标移动而不改变其形状（图 3－16(a)所示）。它主要受常值系统误差的影响。

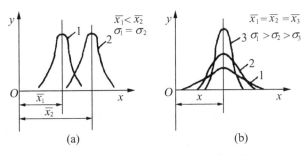

图 3－16　不同 $\overline{x}$ 和 σ 的正态分布曲线

③ σ 决定曲线的形状，σ 越小，曲线越陡峭；σ 越大，曲线越平坦（如图 3－16(a)所示）。它主要受随机误差的影响。

④ 正态分布曲线与 x 轴所包围的面积为 1，代表了全部工件。而在一定尺寸范围内所围成的面积，就是该范围内工件出现的概率。

⑤ 当 $x - \overline{x} = \pm 3\sigma$ 时，$2F = 2 \times 0.49865 = 0.9973 = 99.73\%$。这说明 99.73％ 的工件尺寸出现在 $\pm 3\sigma$ 范围内，几乎包含了整批工件，仅 0.27％ 的工件在此范围之外。因此，对于正态分布，通常取 6σ 等于整批工件加工尺寸的分布范围，这样，可能只有 0.27％ 的废品。

2）非正态分布曲线

工件的实际分布，有时并不近似于正态分布，也可能出现其他的分布形式。

① 双峰分布　将两次调整下加工出来的零件混在一起测量，则其分布曲线即为双峰型（如图 3－17(a)），实质上是两组正态分布的叠加。

② 平顶分布　如果刀具或砂轮磨损较快而无自动补偿时，将会促使逐渐平移而形

成平顶型(如图 3-17(b)所示)。

③ 不对称分布(偏态分布)　工艺系统在远未达到热平衡而加工时,热变形开始较快,以后渐慢,直至稳定为止,其工件尺寸的实际分布会出现不对称型(如图 3-17(d)所示)。又如在试切法加工时,由于主观上不愿出现不可修复的废品,故加工内孔时"宁小勿大"(峰值偏左),而加工外圆时"宁大勿小"(峰值偏右)。

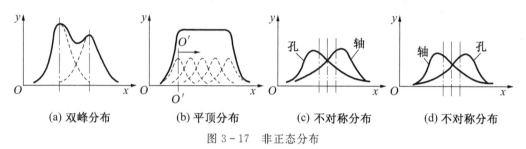

(a) 双峰分布　　　(b) 平顶分布　　　(c) 不对称分布　　　(d) 不对称分布

图 3-17　非正态分布

(3) 分布曲线的应用

1) 判别加工误差的性质

若加工过程中没有变值系统性误差,其尺寸分布与正态分布基本相符;若分布范围中心与公差带中心重合,则表明不存在常值系统性误差;若分布范围大于公差带宽度,则随机误差的影响很大。

2) 测定加工精度

由于 6σ 的大小代表了某一种加工方法在规定的条件下所能达到的加工精度,所以,可在大量统计分析的基础上,求出每一种加工方法的 σ 值。而在确定公差时,为使加工不出废品,至少应使公差带宽度 T 等于其分布范围 6σ。再考虑到各种误差因素使加工过程不稳定,实际应使公差带宽度大于其分布范围,即

$$T > 6\sigma$$

3) 评价工艺能力

工艺能力是指工序处于稳定状态时所能加工出产品质量的实际能力,用工艺能力系数 C_p 来衡量。

$$C_p = \frac{T}{6\sigma}$$

根据工艺能力系数 C_p 的大小,可将工艺能力分为五个等级,即

特级　$C_p > 1.67$, $T > 10\sigma$,工艺能力过高,不经济;

一级　$1.67 > C_p > 1.33$, $T = (8 \sim 10)\sigma$,工艺能力足够;

二级　$1.33 > C_p > 100$, $T = (6 \sim 8)\sigma$,工艺能力一般;

三级　$1.00 > C_p > 0.67$, $T = (4 \sim 6)\sigma$,工艺能力不足,要产生废品;

四级　$0.67 \geqslant C_p$, $T \leqslant 4\sigma$,工艺能力极差,无法使用。

2. 点图法

在加工过程中按工件加工顺序,定期对工件进行抽样检测,作出加工尺寸随时间(或加工顺序)变化的图称之为点图。

（1）点图的形式

1）个值点图

按加工顺序逐个测量一批工件的尺寸，将它记录在以工件顺序号为横坐标、工件尺寸（或误差）为纵坐标的图上就成了个值点图（如图 3 - 18（a）所示）。该图反映了每个工件的尺寸（或误差）随时间的变化关系，但图幅太长，生产中使用较少。

2）$\bar{x} - R$ 点图（平均值—极差点图）

由 $\bar{x}$ 点图和 R 点图联系在一起组成的 $\bar{x} - R$ 点图是目前使用最广的一种点图（如图 3 - 18（b）所示）。

按加工顺序每隔一段时间抽检一组 m 个工件（$m = 3 \sim 10$），每组平均值为 $\bar{x}$，组内最大值与最小值之差为 R（称为极差）

$$\bar{x} = \frac{1}{m} \sum_{i=1}^{m} x_i ; \ R = x_{\max} - x_{\min}$$

以组序号为横坐标，分别以各组的 $\bar{x}$ 和 R 为纵坐标即可得到 $\bar{x} - R$ 图。在此图中，$\bar{x}$ 曲线的位置高低表示常值系统误差的大小，$\bar{x}$ 曲线的变化趋势反映了变值系统误差的影响，R 曲线则代表瞬时的尺寸分布范围的大小，反映了随机误差的大小及变化趋势。

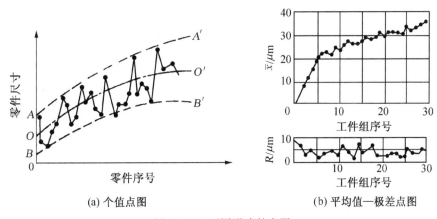

(a) 个值点图　　　　　(b) 平均值—极差点图

图 3 - 18　不同形式的点图

（2）点图法的应用

1）观察加工中的常值系统误差、变值系统误差和随机误差的大小及变化趋势。根据其变化趋势，或维持工艺过程现状不变，或中止加工采取相应的补偿与调整措施。

2）判别工艺过程稳定性。由于加工时各种误差的存在，点图上的点子总是上下波动的。如果加工过程主要受随机误差的影响，这种波动幅度一般不大，属正常波动，这时质量稳定，仍是稳定的工艺过程；如果加工过程除了随机误差外还有其他误差因素的影响，使得点图有明显的上升或下降趋势，或者波动幅度很大，这就属于异常波动，质量不稳定。此时的工艺过程则是不稳定的工艺过程。

必须指出：工艺过程是否稳定与零件加工后是否合格并非一回事。工艺过程是否稳定是由工艺过程本身的误差因素决定的，可由 $\bar{x} - R$ 图来判断，而零件是否合格则是由给定的公差值来衡量的。因此,稳定的工艺过程不一定不出废品(如工艺能力不足时),不稳定的工艺过程不一定非出废品不可(如工艺能力很强时)。

为判断工艺过程是否稳定,必须在 $\bar{x}$-R 图上标出中心线及上下控制线,其计算公式如下:

$\bar{x}$ 图中心线 $\qquad\qquad\qquad \bar{\bar{x}} = \dfrac{1}{K} \sum\limits_{i=1}^{K} \bar{x}_i;$

R 图中心线 $\qquad\qquad\qquad \bar{R} = \dfrac{1}{K} \sum\limits_{i=1}^{K} R_i;$

式中:K——组数;

$\qquad \bar{x}$——第 i 组的平均值;

$\qquad R_i$——第 i 组的极差。

$\bar{x}$ 图上控制线 $\qquad \bar{x}_s = \bar{\bar{x}} + A\bar{R}$

$\bar{x}$ 图下控制线 $\qquad \bar{x}_X = \bar{\bar{x}} - A\bar{R}$

R 图上控制线 $\qquad R_s = D_1 \bar{R}$

R 图下控制线 $\qquad R_X = D_2 \bar{R}$ （当每组件数 $m \leqslant 6$ 时,$D_2 = 0$）

式中系数 A,D_1 的值见表 3-3。

表 3-3　系数 A,D_1 的值

每组件数	3	4	5	6
A	1.023	0.729	0.577	0.483
D_1	2.574	2.282	2.115	2.004

在 $\bar{x}$-R 点图中,如果点子没有超出控制线,大部分点子在中心线上下波动,小部分在控制线附近,说明生产过程正常,否则应重新检查机床的调整及工作状况。

3.4　影响机械加工表面质量的因素

3.4.1　影响零件表面粗糙度的因素

在机械加工中,表面粗糙度形成的原因大致可归纳为两个因素:一是切削刃(或砂轮)与工件相对运动轨迹所形成的表面粗糙度——几何因素;二是与工件材料性质及切(磨)削机理有关的因素——物理因素。

1. 刀具切削加工表面粗糙度的形成

（1）几何因素

在理想切削条件下,由于切削刃的形状和进给量的影响,在加工表面上遗留下来的

切削层残留面积就形成了理论表面粗糙度(如图 3-19 所示)。由图中的几何关系可知,当刀尖圆弧半径为零时,有

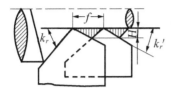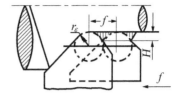

图 3-19　切削层残留面积

$$H = \frac{f}{\cot K_r + \cot K_r'}$$

当用圆弧刀刃切削时,考虑刀尖圆弧半径 r_ε 和进给量 f 对残留面积高度的影响,可得:

$$H = R_{\max} \approx \frac{f^2}{8r_\varepsilon}$$

以上两式是理论计算结果,称为理论粗糙度。切削加工后表面的实际粗糙度与理论粗糙度有较大的差别,这是由于存在着与被加工材料的性能及与切削机理有关的物理因素的缘故。

(2) 物理因素

从切削过程的物理实质考虑,刀具的刃口圆角及后面的挤压与摩擦使金属材料发生塑性变形,会严重恶化表面粗糙度。在加工塑性材料而形成带状切屑时,在前刀面上容易形成硬度很高的积屑瘤。它可以代替前刀面和切削刃进行切削,使刀具的几何角度、背吃刀量发生变化。其轮廓很不规则,因而使工件表面上出现深浅和宽窄都不断变化的刀痕,有些积屑瘤嵌入工件表面,增加了表面粗糙度。

切削加工时的振动,也会使工件表面粗糙度值增大。

2. 影响切削加工表面粗糙度的主要因素

(1) 切削速度

如果提高切削速度 v,切削过程中切屑和加工表面的塑性变形程度就会降低,因而表面粗糙度值减小。此外,采用更低或更高的切削速度可以避开刀瘤和鳞刺产生的速度范围。图 3-20 所示为切削速度与表面粗糙度的关系曲线,实线表示只受塑性变形影响,虚线表示受刀瘤影响时的情况。

(2) 刀具几何角度

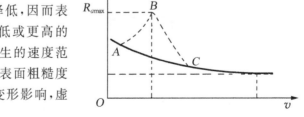

图 3-20　切削速度对表面粗糙度的影响

刀具的几何角度对塑性变形、刀瘤和鳞刺的产生均有很大的影响。前角 γ_0 增大时,塑性变形减小,表面粗糙度变小。γ_0 为负值时,塑性变形增大,表面粗糙度也增大。后角

α_0 过小会增加摩擦,刃倾角 λ_s 的大小又会影响刀具的实际前角,因此它们都会影响表面粗糙度。

(3) 刀具材料与刃磨质量

刀具的材料与刃磨质量对产生刀瘤、鳞刺等现象影响甚大。如金刚石车刀精车铝合金时,由于摩擦系数小,刀具与工件材料的亲和力小,刀面上就不会产生切屑的粘附、冷焊现象,因此能减小表面粗糙度值。减小前、后刀面的刃磨表面粗糙度值,也能起到同样作用。

3. 砂轮磨削时加工表面粗糙度的形成

(1) 几何因素

在磨削加工中,由于工件表面是由砂轮上大量的磨粒切削、刻划、滑擦共同作用所形成的,因此,在工件表面上也留下一定的残留面积。一般认为:通过工件表面单位面积上的磨粒数愈多且刻痕的等高性愈好,则表面粗糙度愈小。

(2) 物理因素

磨削加工表面的塑性变形要比切削加工表面的大得多,其原因是:

1) 砂轮上的大多数磨粒都具有很大的负前角,且磨粒刃口极不尖锐(r_ε 常有十几个微米),而磨粒的切削厚度仅 $0.2\,\mu m$ 左右或更小,所以,磨粒切削作用不大,主要是刻划和滑擦作用,这会使金属材料沿着磨粒侧面流动,形成沟槽的隆起现象,因而增大了表面粗糙度值;

2) 磨削速度远比刀具切削速度高得多,其磨粒的刻划与滑擦将产生很高的磨削温度,一般超过了材料的相变温度,使表面金属软化甚至微熔,这样更易于塑性变形,进一步增大了表面粗糙度值。

4. 影响磨削加工表面粗糙度的主要因素

(1) 砂轮的粒度;

(2) 砂轮的修整;

(3) 砂轮的速度;

(4) 磨削深度与工件速度;

(5) 工件材料性质。

3.4.2 影响零件表面层物理力学性能的因素

1. 表面层的加工硬化

在机械加工过程中,工件表层金属受到切削力的作用产生强烈的塑性变形,使晶体间产生剪切滑移,晶粒严重扭曲,并产生晶粒的拉长、破碎和纤维化,这使工件表面的强度和硬度提高,塑性降低,这种现象称作加工硬化,又称冷作硬化。

影响表面层加工硬化的因素包括以下几个方面:

(1) 切削力

切削力越大,塑性变形越大,则硬化程度和硬化层深度就越大。例如,当进给量 f、

背吃刀量 a_p 增大或刀具前角 γ_0 减小时,都会增大切削力,使加工硬化严重。

（2）切削温度

切削温度增高,使得加工硬化程度减小。如切削速度很高或刀具钝化后切削,都会使切削温度不断上升,部分地消除加工硬化,使得硬化程度减小。

（3）工件材料

被加工工件的硬度越低,塑性越大,切削后的冷硬现象越严重。

2. 表面层的金相组织变化与磨削烧伤

（1）表面层金相组织变化与磨削烧伤的原因

金属切削所消耗的能量大部分转化为切削热,导致加工表面温度升高。当工件表面温度超过金相组织变化的临界点时,就会产生金相组织的变化。对于一般的切削加工,单位切削面积所消耗的功率不是太大,所以产生金相组织变化的现象很少。在磨削加工时,由于单位面积上产生的切削热比一般切削方法大几十倍,易使工件表面层的金相组织发生变化,引起表面层的硬度和强度下降,产生残余应力甚至引起显微裂纹,这种现象称为磨削烧伤。根据磨削烧伤时的温度不同,有以下几种类型：

1）回火烧伤

磨削淬火钢时,若磨削区温度未超过相变温度,但超过马氏体的转变温度,这时马氏体较变为硬度较低的回火屈氏体或索氏体,此现象称为回火烧伤。

2）淬火烧伤

磨削淬火钢时,若磨削区的温度超过相变临界温度时,在切削液的急冷作用下,工件最外薄层金属转变为二次淬火马氏体组织,其硬度比原来的回火马氏体高,但是又脆又硬。在这层下面的一层,温度较低,冷却也较慢,会变为过回火组织,这种现象被称为淬火烧伤。

3）退火烧伤

干磨时,当磨削区温度超过相变临界温度,表层金属空冷冷却比较缓慢而形成退火组织。其强度和硬度大幅度下降,这种现象被称为退火烧伤。

磨削烧伤时,表面会出现黄、褐、紫、青等烧伤色。这是工件表面在瞬时高温下产生的氧化膜颜色。不同烧伤色表面烧伤程度不同。较深的烧伤层,虽然在加工后期采用无进给磨削可除掉烧伤色,但烧伤层却未除掉,成为将来使用中的隐患。

（2）影响磨削烧伤的因素

1）磨削用量

当磨削深度 a_p 增大时,工件表面及表面下不同深度的温度都将提高,容易造成烧伤;增大砂轮速度 v_c 会加重磨削烧伤的程度。当工件纵向进给量 f_a 增大时,磨削区温度增高,但热源作用时间减少,因而可减轻烧伤。提高工件速度减少了热源作用时间但又会导致其表面粗糙度值变大,为弥补此不足,可提高砂轮速度。实践证明,同时提高工件速度和砂轮速度可减轻工件表面烧伤。

2）砂轮材料

对于硬度太高的砂轮,钝化砂粒不易脱落,砂轮容易被切屑堵塞。砂轮结合剂最好采用具有一定弹性的材料,保证磨粒受到过大切削力时会自动退让,如树脂、橡胶等。一般粗粒度不容易引起磨削烧伤。

3)冷却方式

采用切削液带走磨削区热量可避免烧伤。然而,现有的冷却方式效果不理想。这是因为由于旋转的砂轮表面上产生强大的气流层,以致没有多少切削液能进入磨削区,因此,必须改进冷却方式以提高冷却效果。

3. 表面残余应力

产生表面残余应力的因素主要有以下三个方面:

(1)冷塑变形引起的残余应力

在机械加工过程中,因切削力的作用使工件表面受到强烈的塑性变形,尤其是切削刀具对已加工表面的挤压和摩擦,使表面产生伸长型塑性变形,表面积趋向增大,但受到里层的限制。产生了残余压应力,与里层产生的残余拉伸应力相平衡。

(2)热塑变形引起的残余应力

切削加工过程中,表面受到切削热的作用使表层局部温度高于里层,因此表层金属产生的热膨胀变形也大于里层。当切削过程结束时,表层温度下降较快,故收缩变形大于里层,由于受到里层金属的限制,工件表面将产生残余拉应力。其切削温度愈高,则残余拉应力愈大,甚至会出现裂纹。

(3)金相组织变化引起的残余应力

切削时产生的高温会引起表面层金相组织的变化。由于不同的金相组织有不同的密度,如马氏体密度 $\rho = 7.75 \ \text{g/cm}^3$,奥氏体密度 $\rho = 7.96 \ \text{g/cm}^3$,珠光体密度 $\rho = 7.78 \ \text{g/cm}^3$,铁素体密度 $\rho = 7.88 \ \text{g/cm}^3$,表面层金相组织变化的结果造成了体积的变化,表面层体积膨胀时,因为受到基体的限制,产生了压应力;反之,则产生拉应力。

综上所述,冷塑变形、热塑变形及金相组织变化均会使得工件表面产生残余应力。实际上,已加工表面残余应力是这三者综合作用的结果。切削加工时起主要作用的常常是冷态塑性变形,所以工件表面常产生残余压应力。磨削加工时,热态塑性变形或金相组织变化通常是产生残余应力的主要因素,所以表面层常产生残余拉应力。

3.5 提高机械加工质量的途径与方法

3.5.1 提高机械加工精度的途径

在机械加工过程中,为了保证和提高加工精度,必须根据产生加工误差的主要原因,采取有效措施直接控制原始误差或控制原始误差对零件加工精度的影响。

1. 直接减少或消除原始误差

首先应提高机床、夹具、刀具和量具等的制造精度,控制工艺系统的受力、受热变形。其次在查明影响加工精度的主要原始误差因素后有针对性地采取措施,对其进行消除或减少。

2. 转移原始误差

误差转移法是把影响加工精度的原始误差转移到误差的非敏感方向或不影响加工精度的方向去。这样,在不减少原始误差的情况下,同样可以获得较高的加工精度。

如用镗模加工箱体孔系,主轴与镗杆为浮动联接,这样就把机床的主轴回转误差、导轨误差等转移到与箱体孔系加工精度无关的方向。镗孔精度由夹具和镗模来保证。此外在大型龙门式机床中,为消除横梁变形引起的加工误差(这往往是产生加工误差的主要原始误差之一),可在机床上再增添一根主要承受主轴重量的附加梁。

3. 分化原始误差

生产中常会由于毛坯或半成品的误差引起定位误差或复映误差太大,因而造成本工序的加工误差。为此可根据误差复映规律,在加工前将这批工件按误差大小分为 n 组,使每组工件的误差缩小为 $1/n$,然后再按各组工件的加工余量或有关尺寸的变动范围,调整刀具与工件的相对位置或选用合适的定位元件,使各组工件加工后的尺寸分布中心基本一致,大大缩小整批工件的尺寸分散范围。

4. 均化原始误差

加工过程中,机床、刀具等的误差总是要传递给工件的,其中的某些误差只是根据局部地方的最大误差值来判定的。均化原始误差的实质就是利用有密切联系的刀具或工件表面(如配偶件表面、成套件表面等)的相互比较,相互检查,从中找出它们之间的差异,然后再进行相互修正加工或互为基准的加工,使这些局部较大的误差比较均匀地影响到整个加工表面,使被加工表面原有的误差不断缩小和平均化,因而工件的加工精度也就大大地得到提高。

例如,精密分度盘的最终精磨是在不断微调定位基准与砂轮之间的角度位置中,通过不断均化各分度槽之间角度误差而获得的。

5. "就地加工"法

在机械加工和装配中,有些精度问题涉及到很多零部件的相互关系,如只单纯依靠提高单个零件的精度来达到设计要求,有时不仅是困难的,甚至是不可能的。"就地加工"法就是把各相关零件、部件先行装配,使它们处于工作时要求的位置,然后就地进行最终加工,以此法消除机器或部件装配后的累积误差,保证高的装配精度。

6. 误差补偿

如在双柱坐标镗床上,利用重锤和人为制造的横梁导轨直线度误差(在刮研横梁导轨时,故意使导轨面产生"向上凸"的几何形状误差)去补偿由于主轴等部件引起的横梁扭曲及由于横梁自重引起的横梁"向下垂"的变形误差。

3.5.2 提高机械加工表面质量的方法

1. 减小表面粗糙度的工艺措施

（1）减小残留面积高度

减小残留面积高度的方法,首先是改变刀具的几何参数:增大刀尖圆弧半径 r_{ε},减小副偏角 κ_r'。采用带有 $\kappa_r'=0$ 的修光刃的刀具或宽刃精刨刀、精车刀也是生产中减小加工表面粗糙度所常用的方法。在采用这些措施时,必须注意避免振动。

（2）合理选择切削速度

切削塑性大的材料时,适当地提高切削速度,以防止积屑瘤和鳞刺的产生,从而减小表面粗糙度。

（3）改善材料的切削性能

通过适当的热处理,如进行正火、调质等热处理,以提高材料的硬度、降低塑性和韧性,防止鳞刺的产生。

（4）正确选择切削液

正确选择切削液不但能提高刀具的使用寿命,而且由于切削液的冷却作用能使切削温度降低,切削液的润滑作用能使刀具和被加工表面间的摩擦状况得到改善,因而对降低加工表面粗糙度值有明显的作用。

（5）磨削时采取的措施

磨削时可从正确选择砂轮、磨削用量和磨削液等方面采取措施来减小表面粗糙度。当磨削温度不太高、工件表面没有出现烧伤和涂抹微熔金属时,就应降低工件线速度 v_w 和纵向进给速度 v_{ft},并仔细修整砂轮,适当增加光磨次数。当磨削表面出现微熔金属的涂抹点时,则可采取减小磨削深度,必要时适当提高工件线速度等措施来减小表面粗糙度。同时还应考虑砂轮是否太硬、磨削液是否充分、是否有良好的冷却性和流动性等因素。当磨削表面出现拉毛、划伤时,主要应检查磨削液是否清洁,砂轮是否太软。

要进一步降低表面粗糙度值,还可采用精密切削加工和光整加工工艺等,这将在下面详细讲述。

2. 改善表面物理、力学性能的工艺措施

（1）减少表面层冷作硬化

为减少表面层冷作硬化,应合理选择刀具的几何形状,采用较大的前角和后角,并在刃磨时尽量减小其切削刃口半径,使用时,尽量减小刀具后面的磨损限度,合理选择切削用量。采用较高的切削速度和较小的进给量。加工中采用有效的冷却润滑液。

（2）防止磨削烧伤

为防止磨削烧伤应注意控制磨削用量,提高工件线速度与砂轮圆周速度的比值,适当加大横向进给量,并选取较小的磨削深度。

（3）控制加工表面的残余应力

为控制加工表面的残余应力,一般需另加一道专门的工序,如采用人工时效的方法来消除表面残余应力。

3. 提高表面质量的加工方法

提高表面质量的加工方法可分为两大类：一类着重于减小加工表面的粗糙度,另一类着重改善表面层的物理、力学性能。

(1) 采用减小表面粗糙度的加工方法

这里主要指精密、超精密加工和光整的方法。

(2) 改善表面物理、力学性能的加工方法

改善表面物理、力学性能的加工方法常用的有滚压加工、挤(胀)孔、喷丸强化、金刚石压光等冷压加工方法。通过使表面层金属发生冷态塑性变形,以提高表面硬度,在表面层产生压缩残余应力,同时也降低表面粗糙度值。冷压加工既简便又有明显效果,应用十分广泛。

习　题

1. 什么叫加工误差？它与加工精度、公差之间有何区别？

2. 加工误差包括哪几方面？原始误差与加工误差有何关系？

3. 什么叫误差复映？如何减小误差复映的影响？

4. 工艺系统的几何误差包括哪些方面？

5. 机械加工表面质量包括哪些具体内容？其对机器使用性能有何影响？

6. 什么是磨削烧伤？其有哪几种形式？它们对零件使用性能有何影响？

7. 在自动车床上加工一批小轴,从中抽检 200 件,若以 0.01 mm 为组距将该批工件按尺寸大小分组,所测数据列于下表(单位：mm)：

尺寸间隔	自	20.01	20.02	20.03	0.04	20.05	20.06	20.07	20.08	20.09	20.10	20.11	20.12	20.13	20.14
	到	20.02	20.03	20.04	20.05	20.06	20.07	20.08	20.09	20.10	20.11	20.12	20.13	20.14	20.15
零件数 n_i		2	4	5	7	12	20	28	56	26	18	8	6	5	3

若图样的加工要求为 $\phi 20^{+0.14}_{-0.04}$ mm,试求：

(1) 绘制整批工件实际尺寸的分布曲线。

(2) 计算合格率及废品率。

(3) 计算工艺能力系数,若该工序允许废品率为 3%,问工序精度能否满足？

(4) 分析出现废品的原因,并提出改进办法。

8. 提高机械加工精度的途径有哪些？

9. 提高机械加工表面质量的方法有哪些？

第4章　机械加工工艺规程的制订

4.1　概　　述

4.1.1　生产过程及机械加工工艺过程

1. 生产过程

生产过程是指产品由原材料到成品之间的各个相互联系的全部过程。产品的生产过程包括原材料的运输和保管,生产的技术准备工作,毛坯的制造,零件的机械加工与热处理,产品的装配、检验、油漆和包装等一系列过程。

为了降低机器的生产成本,一台机器的生产过程往往由许多工厂联合完成。这样做有利于零部件的标准化和组织专业化生产。

一个工厂的生产过程又可分为各个车间的生产过程。前一个车间生产的产品往往又是其他后续车间的原材料。例如,铸造和锻造车间的成品(铸件和锻件)就是机械加工车间的"毛坯";机械加工车间的成品又是装配车间的"原材料"。

2. 机械加工工艺过程

在生产过程中,改变生产对象的形状、尺寸、相对位置和性质等,使其成为成品或半成品的过程,称为工艺过程。如毛坯制造、机械加工、热处理和装配等。在各种机床上用切削加工的方法加工零件的工艺过程,称为机械加工工艺过程。

4.1.2　机械加工工艺过程的组成

机械加工工艺过程由一个或若干个顺次排列的工序组成,每一个工序又可分为若干个安装、工位和工步。

1. 工序

一个(或一组)工人,在一台机床(或其他设备及工作地)上,对一个(或同时对几个)工件所连续完成的那部分工艺过程,称为一个工序。

区分工序的主要依据是工作地(或设备)是否变动。零件加工的工作地变动后,即构成另一工序。例如图4-1所示的阶梯轴,当单件小批生产时,其加工工艺及工序划分如表 4-1 所示。当中批量生产时,其工序划分如表 4-2 所示。

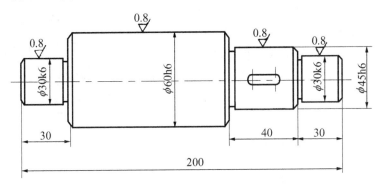

图 4-1　阶梯轴简图

表 4-1　阶梯轴加工工艺过程(单件小批生产)

工 序 号	工 序 内 容	设 备
1	车端面、打顶尖孔、车全部外圆、切槽与倒角	车 床
2	铣键槽、去毛刺	铣 床
3	磨外圆	外圆磨床

表 4-2　阶梯轴加工工艺过程(中批量生产)

工序号	工序内容	设 备	工序号	工序内容	设 备
1	铣端面、打顶尖孔	铣端面打中心孔机床	4	去毛刺	钳工台
2	车外圆、切槽与倒角	车 床	5	磨外圆	外圆磨床
3	铣键槽	铣 床			

　　工序不仅是制订工艺过程的基本单元,也是制定劳动定额、配备工人、安排作业计划和进行质量检验的基本单元。

　　2. 工步与走刀

　　在一个工序中往往需要采用不同的刀具和切削用量对不同的表面进行加工。为了便于分析和描述工序的内容,工序还可以进一步划分工步。工步是指加工表面、切削工具和切削用量中的切削速度与进给量均不变的条件下所完成的那部分工艺过程。一个工序可包括几个工步,也可只包括一个工步。例如,在表 4-2 的工序 2 中,包括有粗、精车各外圆表面及切槽等工步,而工序 3 是采用键槽

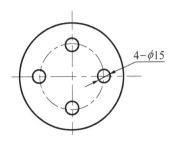

图 4-2　包括四个相同表面加工的工步

铣刀铣键槽,就只包括一个工步。

构成工步的任一因素(加工表面、刀具或切削用量中的切削速度和进给量)改变后,一般即变为另一工步。但是对于那些在一次安装中连续进行的若干个相同的工步,为简化工序内容的叙述,通常多看作一个工步。例如图 4-2 所示零件上四个 15 mm 孔的钻削,可写成一个工步——钻 4-ϕ15 mm 孔。

为了提高生产率,用几把刀具同时加工一个零件的几个表面的工步,称为复合工步(见图 4-3)。在工艺文件上,复合工步应视为一个工步。

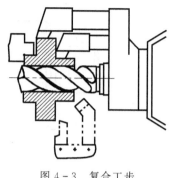

图 4-3 复合工步

在一个工步内,若被加工表面需切去的金属层很厚,需要分几次切削,则每进行一次切削就是一次走刀。一个工步可包括一次或几次走刀。

3. 安装与工位

工件在加工之前,在机床或夹具上占据正确的位置(定位),然后再予以夹紧的过程称为安装。在一个工序内,工件可能只需要安装一次,也可能需要安装几次。例如,表 4-2 的工序 3,一次安装即铣出键槽;而在工序 2 中,为了车削全部外圆表面则最少需两次安装。工件加工中应尽量减少安装次数,因为多一次安装就多一次误差,而且还增加了安装工件的辅助时间。

为了减少工件安装的次数,常采用各种回转工作台、回转夹具或移位夹具,使工件在一次安装中先后在几个不同位置进行加工。此时,工件在机床上占据的每一个加工位置称为工位。图 4-4 所示为用回转工作台在一次安装中顺序完成装卸工件、钻孔、扩孔和铰孔四个工位加工。

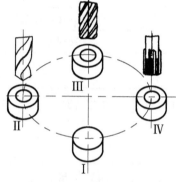

工位 I—装卸工件,工位 II—钻孔
工位 III—扩孔,工位 IV—铰孔

图 4-4 多工位加工

4.1.3 机械加工的生产类型及工艺特征

由于零件机械加工的工艺过程与其所采用的生产组织形式是密切相关的,所以在制订零件的机械加工工艺过程时,应首先确定零件机械加工的生产组织形式。

通常先依据零件的年生产纲领选取合适的生产类型,然后再根据所选用的生产类型来确定零件机械加工的生产组织形式。

1. 生产纲领的计算

某种零件(包括备品和废品在内)的年产量称为该零件的年生产纲领。生产纲领的大小对零件加工过程和生产组织起着重要的作用,它决定了各工序所需专业化和自动化的程度,决定了所应选用的工艺方法和工艺装备。

年生产纲领可按下式计算:

$$N = Q \cdot n(1 + a\% + b\%)$$

式中：N——零件的年生产纲领,件；

　　　Q——机械产品的年产量,台/年；

　　　n——每台产品中该零件的数量,件/台；

　　　$a\%$——备品的百分率；

　　　$b\%$——废品的百分率。

2. 生产纲领和生产类型的关系

在生产上,一般按照生产纲领的大小选用相应规模的生产类型。而生产纲领和生产规模的关系还随零件的大小及复杂程度而有所不同。表 4-3 给出了它们之间的大致关系,可供参考。

机械制造业的生产可分为单件生产、成批生产和大量生产三种类型。

(1) 单件生产

单件生产的基本特点是生产的产品品种繁多,每种产品仅制造一个或少数几个,而且很少再重复生产。例如,重型机械产品制造和新产品试制都属于单件生产。

(2) 成批生产

成批生产是一年中分批地生产相同的零件,生产呈周期性重复。每批投入或产出同一零件的数量称为批量。批量是根据零件的年产量和一年中的生产批数计算确定,而批数的多少要根据用户的需要、零件的特征、流动资金的周转、仓库容量等具体情况确定。

成批生产又可分为小批、中批、大批生产三种类型。

(3) 大量生产

大量生产是在机床上长期重复地进行某一零件某一工序的加工。例如,汽车、拖拉机、轴承和自行车等产品及零件的制造多属于大量生产。

表 4-3　生产纲领和生产类型的关系

生产类型	零件的年生产纲领		
	重型零件(30 kg 以上)	中型零件(4~30 kg)	轻型零件(4 kg 以下)
单件生产	<5	<10	<100
小批生产	5~100	10~200	100~500
中批生产	100~300	200~500	500~5000
大批生产	300~1000	500~5000	5000~50000
大量生产	>1000	>5000	>50000

在计算出零件的生产纲领以后，即可根据生产纲领的大小，参考表 4-3 给出的范围，确定相应的生产类型。生产类型不同，各工作地的专业化程度、采用的工艺方法、机床设备、工艺装备均不同。各种生产类型具有不同的工艺特征(表 4-4)。

表 4-4　各种生产类型的工艺特征

工艺特征	生　产　类　型		
	单件生产	中　批	大批大量
零件的互换性	用修配法,钳工修配,缺乏互换性	大部分具有互换性。装配精度要求高时,灵活应用分组装配法和调整法,同时还保留某些修配法	具有广泛的互换性。少数装配精度较高处,采用分组装配法和调整法
毛坯的制造方法与加工余量	木模手工造型或自由锻。毛坯精度低,加工余量大	部分采用金属模铸造或模锻。毛坯精度和加工余量中等	广泛采用金属模机器造型、模锻或其他高效方法。毛坯精度高,加工余量小
机床设备及其布置形式	通用机床。按机床类别采用机群式布置	部分通用机床和高效机床。按工件类别分工段排列设备	广泛采用高效专用机床及自动机床。按流水线和自动线排列设备
工艺装备	大多采用通用夹具、标准附件、通用刀具和万能量具。靠划线找正和试切法达到精度要求	广泛采用夹具,部分靠找正装夹,达到精度要求。较多采用专用刀具和量具	广泛采用专用高效夹具、复合刀具、专用量具或自动检测装置。靠调整法达到精度要求
对工人的技术要求	需技术水平较高的工人	需一定技术水平的工人	对调整工的技术水平要求高,对操作工的技术水平要求较低
工艺文件	有工艺过程卡,关键工序要有工序卡	有工艺过程卡,关键零件要有工序卡	有工艺过程卡和工序卡,关键工序要有调整卡和检验卡
经济性	生产成本较高	生产成本较低	生产成本低

4.1.4　机械加工工艺规程

1. 机械加工工艺规程的作用

机械加工工艺规程是规定零件机械加工工艺过程和操作方法等的工艺文件。它是机械制造厂最主要的技术文件之一。它一般应包括下列内容：工件加工工艺路线及所经过的车间和工段；各工序的内容及所采用的机床和工艺装备；工件的检验项目及检验方法；切削用量；工时定额及工人技术等级等。

工艺规程有以下几方面的作用：

(1) 工艺规程是指导生产的主要技术文件

合理的工艺规程是在总结广大工人和技术人员实践经验的基础上，依据工艺理论和必要的工艺试验而制订的，它体现了一个企业或部门群众的智慧。按照工艺规程组织生产，可以保证产品的质量和较高的生产效率和经济效益。因此，生产中一般应严格地执行既定的工艺规程。实践证明，不按照科学的工艺进行生产，往往会引起产品质量的严重下降，生产效率的显著降低，甚至使生产陷入混乱状态。

但是，工艺规程也不应是固定不变的，工艺人员应不断总结工人的革新创造，及时地吸取国内外先进工艺技术，对现行工艺不断地予以改进和完善，以便更好地指导生产。

(2) 工艺规程是生产组织和管理工作的基本依据

在生产管理中，产品投产前原材料及毛坯的供应、通用工艺装备的准备、机械负荷的调整、专用工艺装备的设计和制造、作业计划的编排、劳动力的组织以及生产成本的核算等，都要以工艺规程作为基本依据。

(3) 工艺规程是新建或扩建工厂或车间的基本资料

在新建或扩建工厂或车间时，只有依据工艺规程和生产纲领才能正确地确定生产所需要的机床和其他设备的种类、规格和数量、车间的面积、机床的布置、生产工人的工种、技术等级及数量以及辅助部门的安排等。

2. 工艺文件的格式

将工艺规程的内容填入一定格式的卡片，即成为生产准备和加工依据的工艺文件。各种工艺文件的格式如下：

(1) 工艺过程综合卡片

这种卡片列出了整个零件加工所经过的工艺路线（包括毛坯、机械加工和热处理等），它是制订其他工艺文件的基础，也是生产技术准备、编制作业计划和组织生产的依据。

在这种卡片中，由于各工序的说明不够具体，故一般不能直接指导工人操作，而多在生产管理方面使用。在单件小批生产中，通常不编制其他较详细的工艺文件，而是以这种卡片指导生产。工艺过程综合卡片的格式见表 4-5。

(2) 机械加工工艺卡片

机械加工工艺卡片是以工序为单位详细说明整个工艺过程的工艺文件。它是用来指导工人生产和帮助车间管理人员和技术人员掌握整个零件加工过程的一种主要技术文件，广泛用于成批生产的零件和小批生产中的重要零件。工艺卡片的内容包括零件的材料和重量、毛坯的制造方法、各个工序的具体内容及加工后要达到的精度和表面粗糙度等，其格式见表 4-6。

(3) 机械加工工序卡片

这种卡片则更详细地说明零件的各个工序应如何进行加工。在这种卡片上，要画出工序图，注明该工序的加工表面及应达到的尺寸和公差，工件的装夹方式、刀具的类型和位置、进刀方向和切削用量等。在零件批量较大时都要采用这种卡片，其格式见表4-7。

表 4 - 5 机械加工工艺过程卡片

工　厂	机械加工工艺过程卡片	产品型号		零部件图号		第　页
		产品名称		零部件名称		第　页
材料牌号	毛坯种类	毛坯外形尺寸	各毛坯件数	每台件数		备注
工序号	工序名称	工序内容	车间	工段	设备	工艺装备	工时
							准终	单件
				编制（日期）	审核（日期）	会审（日期）	
标记	处记	更改文件号	签字	日期	标记	处记	更改文件号	签字	日期

表 4 - 6　机械加工工艺卡片

工　厂	机械加工工艺卡片	产品型号		零部件图号		共　页	
		产品名称		零部件名称		第　页	
材料牌号	毛坯种类	毛坯外形尺寸		各毛坯件数	每台件数	备注	
工序	工步	工序内容	同时加工零件数	设备名称及编号	工艺装备名称及编号	技术等级	工时定额
					夹具　刀具　量具		单件　准终
				切削用量			
				切削深度 mm	切削速度 m/min	每分钟转数或往返次数	进给量 mm
				编制日期	审核日期	会审日期	
							签字　日期
					更改文件号		
标记	处记	更改文件号	签字	日期	标记　处记		

表4-7 机械加工工序卡片

工厂	机械加工工序卡片	产品型号		零部件图号		共 页
		产品名称		零部件名称		第 页
材料	毛坯种类	毛坯外形尺寸		每毛坯件数	每台件数	材料牌号	备注
	工序号	工序名称	车间	工序	毛坯种类	毛坯外形尺寸	毛坯件数	每台件数	同时加工工件数
					设备名称	设备型号	设备编号		冷却液
					夹具编号	夹具名称			工序工时
									准终	单件
工步号	工步内容	工艺装备	主轴转速 r/min	切削速度 m/min⁻¹	走刀量 mm/r⁻¹	吃刀深度 mm	走刀次数	工时定额
								机动	辅助
						编制日期	审核日期	会签日期
标记	处记	更改文件号	签字	日期	标记	处记	更改文件号	签字	日期

4.1.5　工艺规程制订的原则和步骤

1. 制订工艺规程的原则

制订工艺规程的原则是,在一定的生产条件下,应保证优质、高产、低成本,即在保证质量的前提下,争取最好的经济效益。

在制订工艺规程时,应注意以下问题:

(1) 技术上的先进性

在制订工艺规程时,要了解当时国内外本行业工艺技术的发展水平,通过必要的工艺试验,积极采用合适的先进工艺和工艺装备。

(2) 经济上的合理性

在一定的生产条件下,可能会出现几种能保证零件技术要求的工艺方案。此时应通过核算或相互对比,选择经济上最合理的方案,使产品的能源、原材料消耗和成本最低。

(3) 有良好的劳动条件

在制订工艺规程时,要注意保证工人在操作时有良好而安全的工作条件。因此在工艺方案上要注意采取机械化或自动化的措施,将工人从某些笨重繁杂的体力劳动中解放出来。

2. 制订工艺规程的步骤

制订零件机械加工工艺规程的主要步骤大致如下:

1) 分析零件图和产品装配图。

2) 确定毛坯的制造方法和形状。

3) 拟定工艺路线。

4) 确定各工序的加工余量,计算工序尺寸和公差。

5) 确定各工序的设备、刀、夹、量具和辅助工具。

6) 确定切削用量和工时定额。

7) 确定各主要工序的技术要求及检验方法。

8) 填写工艺文件。

4.2　机械加工工艺规程编制的准备

4.2.1　原始资料的准备

在制订工艺规程时,通常应准备以下原始资料:

(1) 产品的全套装配图和零件的工作图。

(2) 产品验收的质量标准。

（3）产品的生产纲领（年产量）。

（4）毛坯资料。毛坯资料包括各种毛坯制造方法的技术经济特征、各种钢材型料的品种和规格、毛坯图等。在无毛坯图的情况下，需实地了解毛坯的形状、尺寸及机械性能等。

（5）现场的生产条件。为了使制订的工艺规程切实可行，一定要考虑现场的生产条件。因此要深入生产实际，了解毛坯的生产能力及技术水平、加工设备和工艺装备的规格及性能、工人的技术水平以及专用设备及工艺装备的制造能力等。

（6）国内外工艺技术的发展情况。工艺规程的制订既应符合生产实际，又不能墨守成规，要随着产品和生产的发展，不断地革新和完善现行工艺。因此要经常研究国内外有关资料，积极引进适用的先进工艺技术，不断提高工艺水平，以便在生产中取得最大的经济效益。

（7）有关的工艺手册及图册。

4.2.2 零件的工艺分析

1. 零件的结构及工艺性分析

零件图是制订工艺规程最主要的原始资料。在制订工艺规程时，首先必须对零件图进行认真分析。为了更深刻理解零件结构上的特征和技术要求，还需要研究产品的总装图、部件装配图以及验收标准，从中了解零件的功用和相关零件的配合及主要技术要求制订的依据。

在对零件的工艺分析时，要注意以下问题：

（1）由于使用要求不同，机器零件具有各种形状和尺寸。从形体上加以分析，各种零件都是由一些基本表面和特形表面组成的。基本表面有内外圆柱表面、圆锥表面和平面等；特形表面主要有螺旋面、渐开线齿形表面及其他一些成型表面等。

（2）在研究具体零件的结构特点时，首先要分析该零件是由哪些表面组成的，因为表面形状是选择加工方法的基本要素。例如，外圆表面一般是由车削和磨削加工完成的；内孔则多通过钻、扩、铰、镗和磨削等加工方法所获得。除表面形状外，尺寸的大小对加工工艺方案也有重要的影响。以内孔为例，大孔与小孔、深孔与浅孔在加工工艺方案上均有明显的不同。

（3）在分析零件的结构时，不仅要注意零件的各个构成表面本身的特征，而且还要注意这些表面的不同组合，正是这些不同的组合才形成零件结构上的特点。例如，以内外圆为主的表面，既可组成盘、环类零件，也可组成套筒类零件。对于套筒类零件，既可以是一般的轴套，也可以是形状复杂或刚性很差的薄壁套筒。显然，不同结构的零件在所选用的加工工艺方案上往往有着较大的差异。在机械制造业中，通常按照零件结构和工艺过程的相似性，将各种零件大致分为轴类零件、套筒类零件、盘环类零件、叉架类零件以及箱体等。

（4）在研究零件的结构时，还要注意审查零件的结构工艺性。零件的结构工艺性是指零件的结构在保证使用要求的前提下，是否能以较高的生产率和最低的成本而方便地制造出来的特性。表4-8所示为零件机械加工工艺性对比的一些实例，表中A栏表示工艺性不好的结构,B栏表示工艺性好的结构。

表 4-8　零件机械加工工艺性对比的一些实例

序　号	(A) 工艺性不好的结构	(B) 工艺性好的结构	说　　明
1	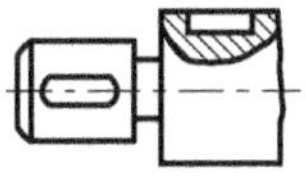	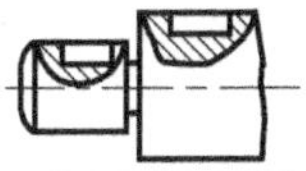	键槽的尺寸、方位相同,则可在一次装夹中加工出全部键槽,以提高生产率
2	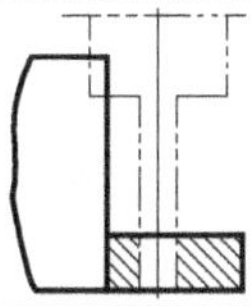	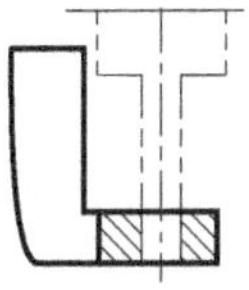	结构 A 的加工面不便引进刀具
3	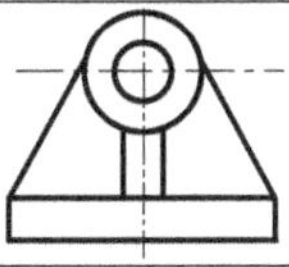	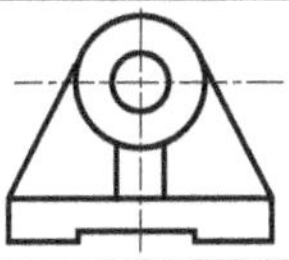	结构 B 的底面接触面积小,加工量小,稳定性好
4	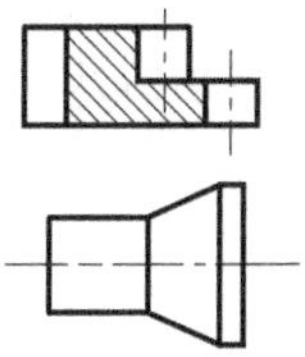	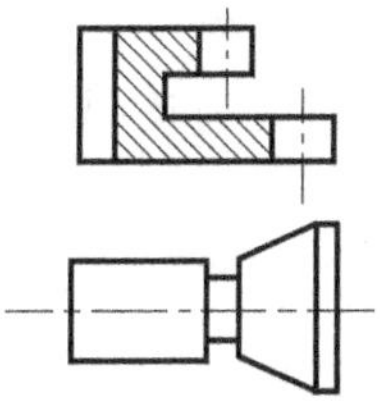	结构 B 有退刀槽保证了加工的可能性,减少刀具(砂轮)的磨损
5	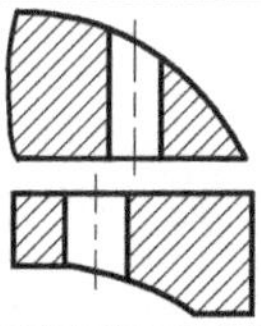	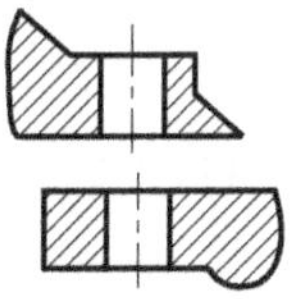	加工结构 A 上的孔时钻头容易引偏
6	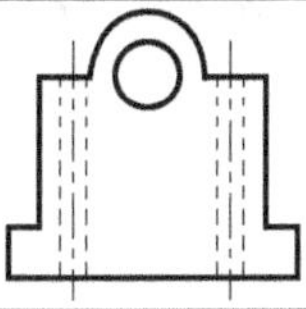	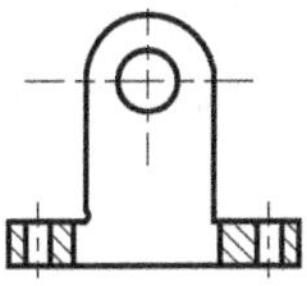	结构 B 避免了深孔加工,节约了零件材料
7	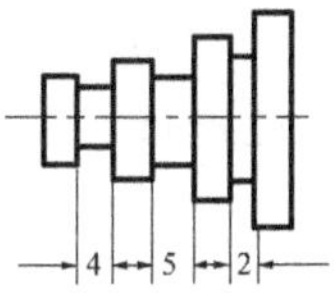	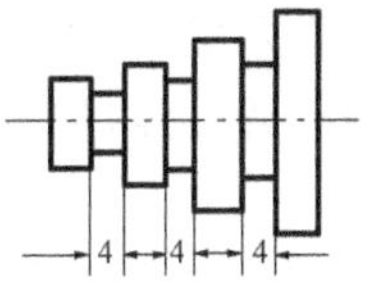	凹槽尺寸相同,可减少刀具种类,减少换刀时间。如结构 B 所示

2. 零件的技术要求分析

零件技术要求包括下列几个方面:

(1) 加工表面的尺寸精度;

(2) 主要加工表面的形状精度;

(3) 主要加工表面之间的相互位置精度;

(4) 各加工表面的粗糙度以及表面质量方面的其他要求;

(5) 热处理要求及其他要求(如动平衡等)。

根据零件结构特点,在认真分析了零件主要表面的技术要求之后,即对制订零件加工工艺规程有了初步的轮廓。

在进行零件的工艺性分析时,如果出现图样上的视图、尺寸标准、技术要求有错误或遗漏,或结构工艺性不好,应提出修改意见。但修改时必须征得设计人员的同意,并经过一定的手续。

4.2.3 毛坯的选择

在制订工艺规程时,正确地选择毛坯有重大的技术经济意义。毛坯种类的选择不仅影响毛坯的制造工艺、设备及制造费用,而且对零件机械加工的工艺、设备和工具的消耗以及工时定额也都有很大的影响。

1. 机械加工中常见毛坯的种类

(1) 铸件

形状复杂的毛坯宜采用铸造方法制造。目前生产中的铸件大多数是用砂型铸造的,少数尺寸较小的优质铸件可采用特种铸造,如金属型铸造、离心铸造和压力铸造等。

(2) 锻件

锻件用于强度要求较高、形状比较简单的零件。

锻件有自由锻造锻件和模锻件两种。

自由锻造锻件的加工余量大,锻件精度低,生产率不高,适用于单件和小批生产,以及生产大型锻件。

模锻件的加工余量较小,锻件精度高,生产率高,适用于产量较大的中小型锻件。

(3) 型材

型材有热轧和冷拉两类,热轧型材尺寸较大,精度较低,多用于一般零件的毛坯;冷拉型材尺寸较小,精度较高,多用于制造毛坯精度要求较高的中小型零件,适用于自动机床加工。

(4) 焊接件

对于大型零部件来说,焊接件简单方便,特别是对于单件小批生产来说可以大大缩短生产周期。但焊接的零件变形较大,需要经过时效处理后才能进行机械加工。

2. 毛坯的选择原则

在进行毛坯选择时,应考虑下列因素:

(1) 零件材料的工艺性及零件对材料组织和性能的要求

例如,材料为铸铁与青铜的零件,应选择铸件毛坯。对于钢质零件,还要考虑机械性能的要求。对于一些重要零件,为了保证良好的机械性能,一般均选择锻件毛坯,而不能选择铸件或棒料。

(2) 零件的结构形状与外形尺寸

例如,对于常见的各种阶梯轴,如果各台阶直径相差不大,可直接选取圆棒料;如果各台阶直径相差较大,为了减少材料消耗和切削加工量,则宜选择锻件毛坯。至于一些非旋转体的板条形钢质零件,一般则多为锻件。零件的外形尺寸对毛坯选择也有较大的影响。对于尺寸较大的零件,目前只能选择毛坯精度、生产率都比较低的砂型铸造和自由锻造的毛坯;而中小型零件,则可选择模锻及各种特种铸造的毛坯。

（3）生产纲领的大小

当零件的产量较大时,应选择精度和生产率都比较高的毛坯制造方法。虽然这种方法制造毛坯的设备和装备费用较高,但可以通过材料消耗的减少和机械加工费用的降低来补偿。零件的产量较小时,可以选择精度和生产率均较低的毛坯制造方法。

（4）现有生产条件

选择毛坯时,一定要考虑现场毛坯制造的实际工艺水平、设备状况以及对外协作的可能性。

3. 毛坯形状和尺寸的确定

现代机械制造的发展趋势之一是少切削和无切削工艺的推广和发展,即应使毛坯的形状和尺寸尽量与零件接近,以减少机械加工的劳动量。但是,由于现有毛坯制造工艺技术的限制,加之产品零件的精度和表面质量的要求又越来越高,所以毛坯上某些表面仍需留有一定的加工余量,以便通过机械加工来达到零件的质量要求。毛坯制造尺寸和零件尺寸的差值称为毛坯加工余量。毛坯制造尺寸的公差称为毛坯公差。毛坯加工余量及公差与毛坯制造方法有关,生产中可参照有关工艺手册和部门或企业的标准确定。

毛坯加工余量确定后,在确定毛坯的形状和尺寸时,除了考虑切削加工余量外,还要考虑到毛坯制造、机械加工以及热处理等其他工艺因素的影响。下面仅从机械加工工艺角度来分析一下在确定毛坯形状和尺寸时应注意的几个问题。

（1）为了使加工时工件安装稳定,有些铸件毛坯需要铸出工艺搭子（如图 4-5 所示）。工艺搭子在零件加工后一般应切除。

（2）在机械加工中,有时会遇到像磨床主轴部件中的三块瓦轴承,平衡砂轮用的平衡块以及车床走刀系统中的开合螺母外壳（如图 4-6 所示）等零件。为了保证这些零件的加工质量并使加工方便,先将这些零件做成一个整体毛坯,加工到一定阶段后再切割分离成单件。

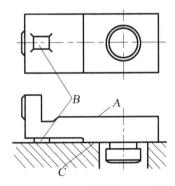

A—加工面 B—工艺搭子 C—定位面

图 4-5 具有工艺搭子的刀架毛坯

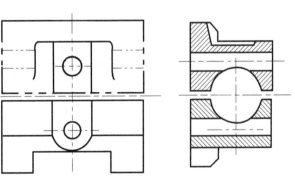

图 4-6 车床开合螺母外壳简图

（3）为了提高零件机械加工的生产率，对于一些类似图 4-7 所示的需经锻造的小零件，可以将若干零件先合锻成一件毛坯，经平面和两侧的斜面加工后再切割分离成单个零件。显然，在确定毛坯的长度 L 时，应考虑切割零件所用锯片铣刀的厚度 B 和切割的零件数 n。

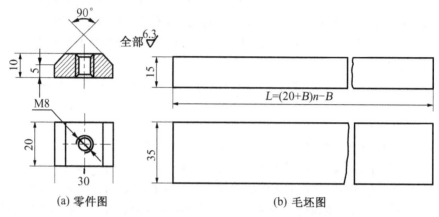

$$L=(20+B)n-B$$

(a) 零件图   (b) 毛坯图

图 4-7 滑键的零件图及毛坯图

（4）为了提高生产率和在加工过程中便于装夹，对一些垫圈类零件，也常常把多件合成一个毛坯。图 4-8 所示为一垫圈零件，毛坯可取一管料，其内孔要小于垫圈内径。在车削时，用卡爪夹住一端外圆，另一端用顶尖顶住，先车外圆、切槽。然后，用三爪卡盘夹住外圆较长的一部分，用 $\phi 16$ mm 的钻头钻孔，再切割成若干个垫圈零件。

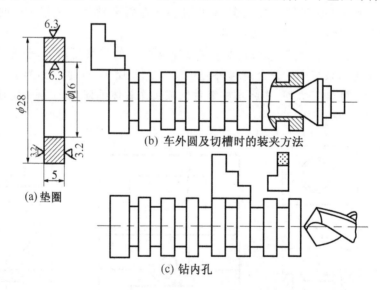

(a) 垫圈

(b) 车外圆及切槽时的装夹方法

(c) 钻内孔

图 4-8 垫圈的整体毛坯及加工

4.3　机械加工工艺路线的拟定

4.3.1　基准及其分类

基准是用来确定生产对象上几何要素间的几何关系所依据的那些点、线、面,它是几何要素之间位置尺寸标注、计算和测量的起点。根据基准的应用场合和功用的不同,基准可分为设计基准和工艺基准两大类。

1. 设计基准

设计图样上所采用的基准称为设计基准。设计基准是根据零件(或产品)的工作条件和性能要求而确定的。在设计图样上,以设计基准为依据,标出一定的尺寸或相互位置要求。如图 4-9 所示的轴套零件,各外圆和孔的设计基准是零件的轴线,左端面 I 是台阶面 II 和右端面 III 的设计基准,孔 D 的轴线是外圆表面 IV 径向圆跳动的设计基准。

对于一个零件来说,在各个方向往往只有一个主要的设计基准。如图 4-10 所示的零件,径向的主要设计基准是外圆 $\phi 30^{0}_{-0.021}$ mm 的轴线,轴向的主要设计基准是端面 M。习惯上把标注尺寸最多的点、线、面作为零件的主要设计基准。

装配基准是零件和部件装配时所使用的基准面,它通常就是设计基准或是设计基准的体现。

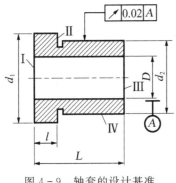

图 4-9　轴套的设计基准

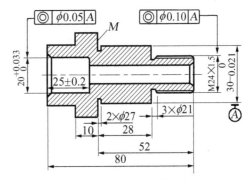

图 4-10　主要设计基准

2. 工艺基准

工艺过程中所采用的基准称为工艺基准。在机械加工中,按其用途不同,工艺基准分为工序基准、定位基准和测量基准。

(1) 工序基准

在工序图上用来确定本工序所加工表面加工后的尺寸、形状、位置的基准称为工序基准。图 4-11 所示为某零件钻孔工序的工序简图,其中图(a)和(b)分别选用端面 M

及 N 作为确定被加工孔轴线位置的工序基准。由于工序基准不同,工序尺寸也不同。

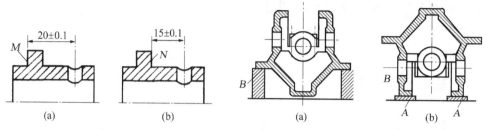

图 4-11　工序基准和工序尺寸　　　　图 4-12　镗削发动机机体轴承孔时的定位基准

（2）定位基准

在加工中用作定位的基准称为定位基准,用以确定工件在机床上或夹具中的正确位置。在使用夹具时,其定位基准就是工件与夹具定位元件相接触的点、线、面。图 4-12所示为镗削某发动机机体轴承孔时的两种定位情形:按图(a)所示定位时,表面 $B-B$ 是定位基准;按图(b)所示定位时,表面 $A-A$ 是定位基准。

（3）测量基准

测量时所采用的基准称为测量基准,它是以已加工表面的某些点、线、面作为测量尺寸的起始点的。图 4-13 所示为测量被加工平面的位置时,分别以小圆柱面的上素线 A 和大圆柱面的下素线 B 作为测量基准。选择测量基准与工序尺寸标注的方法关系密切,通常情况下测量基准应与工序基准重合。

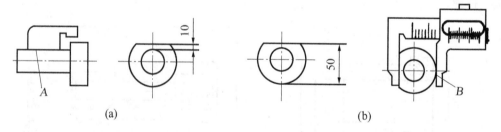

图 4-13　测量基准

4.3.2　定位基准的选择

1. 工件的定位方法

工件在机床上定位有以下三种方法:

（1）直接找正法

此法是用百分表、划针或目测在机床上直接找正工件,使其获得正确位置。例如在磨床上磨削一个与外圆表面有同轴度要求的内孔时,加工前将工件装在四爪卡盘上,用百分表直接找正工件外圆表面,可使工件获得正确的位置(如图 4-14(a)所示)。又如在牛头刨床上加工与工件底面、右侧面有平行度要求的槽时,用百分表找正工件的右侧面(如图4-14(b)所示),即可使工件获得正确的位置。槽与底面的平行度要求,由机床的几何精度予以保证。

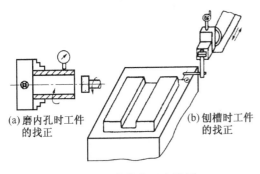

(a)磨内孔时工件的找正　(b)刨槽时工件的找正

图 4-14　直接找正法示例

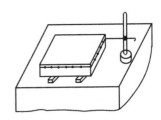

图 4-15　划线找正法示例

直接找正法的定位精度和找正的快慢,取决于找正精度、找正方法、找正工具和工人的技术水平。用此法找正工件往往要花费较多的时间,故多用于单件和小批生产或位置精度要求特别高的工件。

(2) 划线找正法

此法是在机床上用划针按已在毛坯或半成品上所划的线对工件进行找正,使其获得正确的位置的(如图4-15所示)。由于受到划线精度和找正精度的限制,此法多用于批量较小、毛坯精度较低以及大型零件等不便使用夹具的粗加工中。

(3) 采用夹具定位

将工件装在夹具上,使工件的某一表面与夹具的定位元件相接触,从而使工件被加工表面对机床、刀具保持正确的相对位置,称为用夹具定位。图4-16所示为工件装在卧式铣床的夹具上,用三面刃铣刀铣削端面槽的情况。工件的外圆柱面及一端面分别与固定的 V 形块 6 及定位支承套 5 接触,转动手柄带动偏心轮 4 回转,使活动 V 形块 7 移动,从而夹紧或松动工件。夹具在机床上的正确位置由定位键 1 和对刀块 3 来确定。定位键用以和机床工作台上的 T 形槽配合,使夹具在机床工作台上有正确位置。对刀块用来调整刀具与夹具间的相对正确位置。只有夹具获得对机床、刀具的正确的相对位置,才能使铣出的端面槽在工件上具有正确位置。用夹

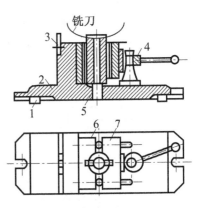

1—定位键　2—夹具体　3—对刀块
4—偏心轮　5—支承套　6,7—V 形块
图 4-16　工件用夹具定位

具上的定位元件使工件获得正确位置,工件定位迅速方便,定位精度也比较高,广泛用于成批和大量生产。

从上述装夹方法可以看出:为了使工件处于机床上的正确位置,必须选择某些表面作为定位基准。定位基准一般是与被加工表面有位置联系的其他表面。

2. 定位基准的选择

在各加工工序中,保证被加工表面的尺寸和位置精度的方法是制定工艺过程的重要任务,而定位基准的作用主要是保证工件各表面之间的相互位置精度。因此,在研究和选择各类工艺基准时,首先应选择定位基准。

(1) 定位基准选择的基本原则

1) 应保证定位基准的稳定性和可靠性,以确保工件相互位置表面之间的精度。

2) 力求与设计基准重合,也就是尽可能从相互间有直接位置精度要求的表面中选择定位基准,以减小因基准不重合而引起的误差。

3) 应使实现定位基准的夹具结构简单,工件装卸和夹紧方便。

(2) 定位基准的分类

按照不同的工序性质和作用,定位基准分为粗基准和精基准两类。在最初的切削工序中,只能采用毛坯上未经加工的表面来定位,这种定位基准称为粗基准。在以后的工序中,均采用已加工表面作为定位基准表面,这种定位基准称为精基准。

(3) 粗基准的选择

在选择粗基准时,应该保证所有加工表面都有足够的加工余量,而且各加工表面对不加工表面具有一定的位置精度。选择时应遵循下列原则:

1) 对于不需要加工全部表面的零件,应采用始终不加工的表面作为粗基准,这样可以较好地保证加工表面对不加工表面的相互位置要求,并有可能在一次安装中把大部分表面加工出来。如图 4-17 所示的法兰零件,以不需加工的外圆表面 I 作为粗基准,不仅可以使孔壁均匀,而且可在一次装夹中将大部分需加工的表面加工出来,并能够保证外圆与内孔同轴及端面与孔轴线垂直。

如果零件上有几个不需加工的表面,则应选取与加工表面相互位置精度要求高的非加工表面作为粗基准。

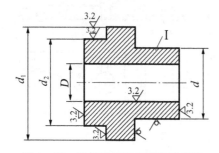 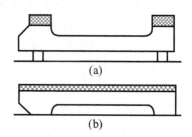

图 4-17 选择不加工表面作粗基准　　　4-18 选择加工余量要求均匀的表面作粗基准

2) 选取加工余量要求均匀的表面作为粗基准,以便在精加工时可以保证该表面余量均匀。例如车床床身(如图 4-18 所示)要求导轨面耐磨性好,希望在加工时只切除较小且均匀的一层余量,使其表面保留均匀一致的金相组织,具有较高的物理和力学性能。因此,应选择导轨面作为粗基准,加工床腿的底平面(如图 4-18(a)所示),然后以床腿的底平面为基准加工导轨面(如图 4-18(b)所示)。

3) 对于所有表面都需要加工的零件,应选择加工余量最小的表面作为粗基准,这样可以避免因加工余量不足而造成的废品。如图 4-19 所示的零件毛坯,内表面ϕA 的余量比外圆ϕB 的余量大,因此,应选择外圆表面ϕB 为粗基准。

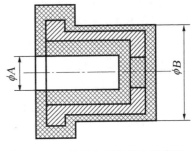

图 4-19　选择加工余量小的表面

4) 选择毛坯制造中尺寸和位置可靠、稳定、平整、光洁、面积足够大的表面作为粗基准,这样可以减小定位误差和使工件装夹可靠稳定。

粗基准只能使用一次,不允许重复使用。

(4) 精基准的选择

选择精基准时必须遵循以下原则:

1) 基准重合原则

尽可能选用设计基准为定位基准,以避免因定位基准与设计基准不重合而引起的定位误差。如图 4-20 所示,某车床主轴箱,设计要求车床主轴中心高为 $H_1 = 205 \pm 0.1$ mm(主轴支承孔轴线至床头箱底面 M 的距离),设计基准是底面 M。

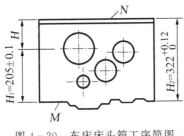

图 4-20　车床床头箱工序简图

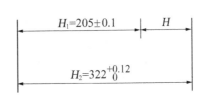

图 4-21　工艺尺寸链

镗削主轴支承孔时,如果以底面 M 为定位基准,定位基准与设计基准重合,镗孔时高度尺寸 H_1 的误差控制在 ± 0.1 mm 范围内即可。由于主轴箱底面 M 有凸缘不平整,批量生产时,为方便定位装夹,常以顶面 N 为定位基准镗孔,这时孔的高度尺寸为 H。由于定位基准与设计基准不重合,主轴中心高 H_1 必须由主轴箱高度 H_2 和 H 共同保证。尺寸 H_1,H_2 和 H 之间的关系可通过相关的尺寸链用极值法确定。

因为　　$H_{1\max} = H_{2\max} - H_{\min}$

　　　　$H_{1\min} = H_{2\min} - H_{\max}$

所以　　$H_{\min} = H_{2\max} - H_{1\max} = 322.12 - 205.1 = 117.02$(mm)

　　　　$H_{\max} = H_{2\min} - H_{1\min} = 322 - 204.9 = 117.1$(mm)

得 H 的尺寸及其偏差为 $117^{+0.10}_{+0.02}$ mm

计算结果表明:由于设计基准与定位基准不重合而产生的定位误差(即 H_2 的误差0.12 mm),使镗孔时 H 的允许误差必须缩小到 0.08 mm 以下。

2) 基准统一原则

应尽量选择同一定位基准来加工尽可能多的表面,以保证各加工表面的相互位置精度,避免产生因基准变换所引起的误差。例如,加工较精密的阶梯轴时,通常以两中心孔为定位基准,这样,在同一定位基准下加工的各档外圆表面及端面容易保证较高的位置精度,如圆跳动、同轴度、垂直度等。采用同一定位基准,还可以使各工序的夹具结构单一化,便于设计制造。

3) 互为基准原则

对于零件上两个相互位置精度要求较高的表面,采取互相作为定位基准、反复进行加工的方法来保证达到精度要求。

4) 自为基准原则

以被加工表面本身作为定位基准进行精加工、光整加工,可以使加工余量小而且均匀,易于获得较高的加工质量,但被加工表面的相互位置精度应由前道工序保证。浮动铰孔、珩磨内孔等加工方法均采用的是自为基准的原则。

5) 基准不重合误差最小条件

当实际生产中不宜选择设计基准作为定位基准时,则应选择因基准不合而引起的误差最小的表面作定位基准。如图 4-22 所示零件,括号中尺寸已由前面工序保证,本工序镗孔 $\phi 40^{+0.03}_{0}$ mm,孔位置的设计基准是 K 面,但显然 K 面位置不合适,且面积较小,不能用作定位基准。从工件结构分析适于用作定位基准的表面有 M 面和 N 面,这时选择哪一个面作定位基准,则应按基准不重合误差最小条件来判定。如果选择 M 面作为定位基准,所引起的基准不重合定位误差为 0.2 mm;如果选 N 面作

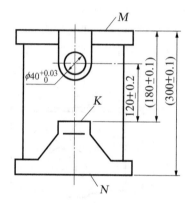

图 4-22　基准不重合误差最小条件

为定位基准,所引起的基准不重合定位误差为 0.2+0.2＝0.4 mm。因此应选择 M 面作为定位基准。

(5) 辅助定位基准

在生产实际中,有时工件上找不到合适的表面作为定位基准。为便于工件安装和保证获得规定的加工精度,可以在制造毛坯时或在工件上允许的部位增设和加工出定位基准,如工艺凸台、工艺孔、中心孔等,这种定位基准称为辅助定位基准,它在零件的工作中不起作用,只是为了加工的需要(夹紧刚性和加工稳定)而设置的。除不影响零件正常工作而保留的外,增设的辅助定位基准在零件全部加工后,还必须将其切除。

4.3.3　表面加工方法的确定

在拟定零件的工艺路线时,首先要确定各个表面的加工方法和加工方案。表面加工方法和方案的选择,应同时满足加工质量、生产率和经济性等方面的要求。

表面加工方法的选择,首先要保证加工表面的加工精度和表面粗糙度的要求。由于获得同一精度及表面粗糙度的加工方法往往有若干种,实际选择时还要结合零件的

结构形状、尺寸大小以及材料和热处理的要求全面考虑。例如,对于 IT7 级精度的孔,采用镗削、铰削、拉削和磨削均可达到加工要求。但对于箱体上的孔,一般不宜选择拉孔和磨孔的加工方法,而常选择镗孔或铰孔,孔径大时选镗孔,孔径小时取铰孔。对于一些需经淬火的零件,热处理后应选择磨孔。对于有色金属的零件,为避免磨削时堵塞砂轮,则应选择高速镗孔。

表面加工方法的选择,除了首先保证质量要求外,还要考虑生产率和经济性的要求。大批量生产时,应尽量采用高效率的先进工艺方法,如内孔与平面的拉削,同时加工几个表面的组合铣削或磨削等。这些方法都能大幅度地提高生产率,取得很好的经济效益。但是,在年产量不大的生产条件下,如果盲目采用高效率的加工方法及专用设备,则会因设备利用率低而造成经济上的较大损失。此外,任何一种加工方法可以获得的加工精度和表面质量均有一个相当大的范围,但只有在一定的精度范围内才是经济的,这种一定范围的加工精度即为该种加工方法的经济精度。选择加工方法时,应根据工件的精度要求选择与经济精度相适应的加工方法。例如,对于 IT7 级精度、表面粗糙度 R_a 为 0.4 μm 的外圆,通过精心车削虽也可以达到要求,但在经济上就不及磨削合理。表面加工方法的选择还要考虑现场的实际情况,如设备的精度状况、设备的负荷以及工艺装备和工人技术水平等。

表 4-8 至表 4-10 列出了常见的外圆、孔、平面的加工方案及其所能达到的经济精度。

选择表面的加工方法应从以下几方面加以考虑:

(1) 首先根据每个加工表面的技术要求,确定加工方法及分几次加工。一般可按表 4-8 至表 4-10 选择较合理的加工方案。

(2) 考虑被加工材料的性质。如经淬火的钢制件,精加工必须采用磨削的方法加工,而有色金属制件则采用精车、精铣、精镗、滚压等方法,很少采用磨削进行精加工。

(3) 根据生产类型,即考虑生产率和经济性等问题。单件小批量生产,一般采用通用设备和工艺装备及一般的加工方法;大批量生产,尽可能采用专用的高效率设备和专用工艺装备;毛坯生产也应采用高效的方法制造,如压铸、模锻、热轧、精密铸造、粉末冶金等。

(4) 根据本企业(或本车间)的现有设备情况和技术水平,充分利用现有设备,挖掘企业潜力。

表 4-8　外圆加工方案

序　号	加 工 方 法	经济精度等级	表面粗糙度 R_a（μm）	适 用 范 围
1	粗车	IT12～IT11	50～12.5	适用于淬火钢以外的各种金属
2	粗车—半精车	IT9～IT8	6.3～3.2	
3	粗车—半精车—精车	IT7～IT6	1.6～0.8	
4	粗车—半精车—精车—滚压（或抛光）	IT6～IT5	0.2～0.025	

序 号	加工方法	经济精度等级	表面粗糙度 R_a（μm）	适用范围
5	粗车—半精车—磨削	IT7～IT6	0.8～0.4	主要用于淬火钢，也可用于未淬火钢，但不宜加工有色金属
6	粗车—半精车—粗磨—精磨	IT5	0.4～0.1	
7	粗车—半精车—粗磨—精磨—超精加工	IT6～IT5	0.1～0.012	
8	粗车—半精车—精车—金钢石车	IT5 以上	0.4～0.0025	较高精度的有色金属加工
9	粗车—半精车—粗磨—精磨—超精磨或镜面磨	IT5 以上	0.025～0.006	极高精度的外圆加工
10	粗车—半精车—粗磨—精磨—研磨	IT5 以上	0.1～0.006	

表 4－9　孔加工方案

序 号	加工方案	经济精度等级	表面粗糙度 R_a（μm）	适用范围
1	钻	IT12～IT11	12.5	加工未淬火钢及铸铁的实心毛坯，也可用于加工有色金属，但表面粗糙度稍大。孔径小于 20 mm
2	钻—铰	IT9～IT8	3.2～1.6	
3	钻—粗铰—精铰	IT8～IT7	1.6～0.8	
4	钻—扩	IT11～IT10	12.5～6.3	同上，但是孔径大于 20 mm
5	钻—扩—铰	IT9～IT8	3.2～1.6	
6	钻—扩—粗铰—精铰	IT7	1.6～0.8	
7	钻—扩—机铰—手铰	IT7～IT6	0.4～0.1	
8	钻—扩—拉	IT9～IT7	1.6～0.1	大批大量生产（精度由拉刀的精度确定）
9	粗镗（或扩孔）	IT12～IT11	12.5～6.3	除淬火钢外各种材料，毛坯有铸出孔或锻出孔
10	粗镗—粗扩—半精镗（精扩）	IT9～IT8	3.2～1.6	
11	粗镗（扩）—半精镗（精扩）—精镗（铰）	IT8～IT7	1.6～0.8	
12	粗镗（扩）—半精镗（精扩）—精—浮动镗刀精镗	IT7～IT6	0.8～0.4	

续　表

序　号	加 工 方 案	经济精度等级	表面粗糙度 $R_a(\mu m)$	适 用 范 围
13	粗镗（扩）—半精镗—磨孔	IT8～IT7	0.8～0.2	主要用于淬火钢,也可用于未淬火钢,但不宜用于有色金属
14	粗镗（扩）—半精镗—粗磨—精磨	IT7～IT6	0.4～0.1	
15	粗镗—半精镗—精镗—金刚镗	IT7～IT6	0.4～0.05	主要用于精度要求高的有色金属加工
16	钻—（扩）—粗铰—精铰—珩磨；钻—（扩）—拉—珩磨；粗镗—半精镗—精镗—珩磨	IT7～IT6	0.2～0.025	精度要求很高的孔
17	以研磨代替上述方案中的珩磨	IT6～IT5	0.1～0.006	

表 4-10　平面加工方案

序　号	加 工 方 案	经济精度等级	表面粗糙度 $R_a(\mu m)$	适 用 范 围
1	粗车—半精车	IT9～IT8	6.3～3.2	端面
2	粗车—半精车—精车	IT7～IT6	1.6～0.8	
3	粗车—半精车—磨削	IT9～IT7	0.8～0.2	端面
4	粗刨（或粗铣）—精刨（或精铣）	IT9～IT7	6.3～1.6	不淬硬平面(端铣的表面粗糙度可较小)
5	粗刨（或粗铣）—精刨（或精铣）—刮研	IT6～IT5	0.8～0.1	精度要求较高的不淬硬平面,批量较大时宜采用宽刃精刨方案
6	粗刨（或粗铣）—精刨（或精铣）—宽刃精刨	IT6	0.8～0.2	
7	粗刨（或粗铣）—精刨（或精铣）—磨削	IT7～IT6	0.8～0.2	精度要求较高的淬硬平面或不淬硬平面
8	粗刨（或粗铣）—精刨（或精铣）—粗磨—精磨	IT6～IT5	0.4～0.025	
9	粗铣—拉	IT9～IT6	0.8～0.2	大量生产的较小平面(精度视拉刀的精度而定)
10	粗铣—精铣—磨削—研磨	IT5	0.1～0.006	高精度平面

4.3.4 加工顺序的安排

1. 加工阶段的划分

对于加工精度要求较高、结构和形状较复杂、刚性较差的零件,其切削加工过程常应划分阶段。一般分为粗加工、半精加工、精加工三个阶段。

（1）各加工阶段主要任务

1）粗加工阶段

切除工件各加工表面的大部分余量。在粗加工阶段,主要问题是如何提高生产率,为以后的加工提供精基准。

2）半精加工阶段

达到一定的精确度要求,完成次要表面的最终加工,并为主要表面的精加工做好准备。

3）精加工阶段

完成各主要表面的最终加工,使零件的加工精度和加工表面质量达到图样规定的各项要求。在精加工阶段,主要问题是如何确保零件的质量。

（2）划分加工阶段的作用

1）有利于消除或减小变形对加工精度的影响

粗加工阶段中切除的金属余量大,产生的切削力和切削热也大,所需夹紧力较大,因此工件产生的内应力和由此而引起的变形较大,不可能达到较高的精度。在粗加工后再进行半精加工、精加工,可逐步释放内应力,修正工件的变形,提高各表面的加工精度和减小表面粗糙度值,最终达到图样规定的要求。

2）可尽早发现毛坯的缺陷

在粗加工阶段可及早发现锻件、铸件等毛坯的裂纹、夹杂、气孔、夹砂及余量不足等缺陷,及时予以报废或修补,以避免造成不必要的浪费。

3）有利于合理选择和使用设备

粗加工阶段可选用功率大、刚性好但精度不高的机床,充分发挥机床设备的潜力,提高生产率;精加工阶段则应选用精度高的机床,以保证加工质量。由于精加工切削力和切削热小,机床磨损相应较小,利于长期保持设备的精度。

4）有利于合理组织生产和安排工艺

在实际生产中,不应机械地进行加工阶段的划分。对于毛坯质量好、加工余量小、刚性好并预先进行消除内应力热处理的工件,加工精度要求不很高时,不一定要划分加工阶段,可将粗加工、半精加工,甚至包括精加工,合并在一道工序中完成,而且各加工阶段也没有严格的区分界限,一些表面可能在粗加工阶段中就完成,一些表面的最终加工可以在半精加工阶段完成。

2. 工序的集中与分散

工序集中与工序分散是拟定工艺路线的两个不同的原则。

工序集中是指在一道工序中尽可能多地包含加工内容,而使总的工序数目减少,集中到极限时,一道工序就能把工件加工到图样规定的要求。工序分散则相反,整个工艺过程工序数目增多,使每道工序的加工内容尽可能减少,分散到极限时,一道工序只包含一个简单工步的内容。

(1) 工序集中的特点

1) 减少工序数目,简化工艺路线,缩短生产周期。

2) 减少机床设备、操作工人和生产面积。

3) 一次装夹后可加工许多表面,因此,容易保证零件有关表面之间的相互位置精度。

4) 有利于采用高生产率的专用设备、组合机床、自动机床和工艺装备,从而大大提高劳动生产率。但如果在通用机床上采用工序集中方式加工,则由于换刀及试切时间较多,会降低生产率。

5) 采用专用机床设备和工艺装备较多,设备费用大,机床和工艺装备调整费时,生产准备工作量大,对调试、维修工人的技术水平要求高。此外,不利于产品的开发和换代。

(2) 工序分散的特点

1) 工序内容单一,可采用比较简单的机床设备和工艺装备,调整容易。

2) 对工人的技术水平要求低。

3) 生产准备工作量小,变换产品容易。

4) 机床设备数量多,工人数量多,生产面积大。

5) 由于工序数目增多,工件在工艺过程中装卸次数多,对保证零件表面之间较高的相互位置精度不利。

综上所述,工序集中与工序分散各有优缺点,在拟定工艺路线时要根据生产规模、零件的结构特点和技术要求,结合工厂、车间的现场生产条件,进行全面综合分析,确定工序集中和分散的程度。在一般情况下,单件、小批量生产都采用工序集中原则,而大批、大量生产既可采用工序集中原则,也可采用工序分散原则。根据目前的工艺条件和今后的工艺发展趋势,随着自动、半自动机床和数控机床的使用日益广泛,应多采用工序集中的原则制定工艺过程和组织生产。

3. 加工顺序的确定

(1) 机械加工顺序的安排

在安排加工顺序时,应注意以下几点:

1) 根据零件功用和技术要求,先将零件的主要表面和次要表面区分开,然后着重考虑主要表面的加工顺序,次要表面加工可适当穿插在主要表面加工工序之间。

2) 当零件要分段进行加工时,先安排各表面的粗加工,中间安排半精加工,最后安排主要表面的精加工和光整加工。由于次要表面精度要求不高,一般在粗、半精加工阶段即可完成,但对于那些同主要表面相对位置关系密切的表面,通常多置于主要表面精加工之后加工。例如,零件上主要孔周围的紧固螺孔的钻孔和攻丝,多在主要孔精加工之后完成。

3）零件加工一般多从精基准的加工开始，然后以精基准定位加工其他主要表面和次要表面。例如，轴类零件先加工顶尖孔，齿轮先加工内孔及基准端面等。为了定位可靠且使其他表面加工达到一定的精度，精基准一开始即应加工到足够高的精度和较小的表面粗糙度值，并且往往在精加工阶段开始时，还要进一步精整加工，以满足其他主要表面精加工和光整加工的需要。

4）为了缩短工件在车间内的运输距离，避免工件的往返流动，加工顺序应考虑车间设备的布置情况，当设备呈机群式布置时，尽可能将同工种的工序相继安排。

（2）热处理工序的安排

机械零件常采用的热处理工艺有：退火、正火、调质、时效、淬火、回火、渗碳及氮化等。按照热处理的目的，将上述热处理工艺大致分为预备热处理和最终热处理两大类。

1）预备热处理

预备热处理包括退火、正火、时效和调质等。这类热处理的目的是改善加工性能，消除内应力和为最终热处理作好组织准备，其多安排在粗加工前后。

① 退火和正火 经过热加工的毛坯，为改善切削加工性能和消除毛坯的内应力，常进行退火和正火处理。例如，含碳量大于 0.7% 的碳钢和合金钢，为降低硬度便于切削，常采用退火。含碳量低于 0.3% 的低碳钢和低合金钢，为避免硬度过低切削时粘刀而采用正火，以提高硬度。退火和正火还能细化晶粒，均匀组织，为以后的热处理作好组织准备。退火和正火常安排在毛坯制造之后和粗加工之前。

② 调质 调质即淬火后进行高温回火，能获得均匀细致的索氏体组织，为以后表面淬火和氮化时减少变形作好组织准备，因此，调质可作为预备热处理工序。由于调质后零件的综合机械性能较好，对某些硬度和耐磨性要求不高的零件，也可作为最终的热处理工序。调质处理常置于粗加工之后和半精加工之前。

③ 时效处理 时效处理主要用于消除毛坯制造和机械加工中产生的内应力。对形状复杂的铸件，一般在粗加工后安排一次时效即可。但对于高精度的复杂铸件（如坐标镗床的箱体）应安排两次时效工序。即：铸造—粗加工—时效—半精加工—时效—精加工。简单铸件则不必进行时效处理。

除铸件外，对一些刚性差的精密零件（如精密丝杠），为消除加工中产生的内应力，稳定零件的加工精度，在粗加工、半精加工和精加工之间要安排多次的时效工序。

2）最终热处理

最终热处理包括各种淬火、回火、渗碳和氮化处理等。这类热处理的目的主要是提高零件材料的硬度和耐磨性，常安排在精加工前后。

① 淬火 淬火分为整体淬火和表面淬火两种，其中表面淬火因变形、氧化及脱碳较小而应用较多。为提高表面淬火零件的心部性能和获得细马氏体的表层淬火组织，常需预先进行调质及正火处理。其一般加工路线为：下料—锻造—正火—（退火）—粗加工—调质—半精加工—表面淬火—精加工。

② 渗碳淬火　渗碳淬火适用于低碳钢和低合金钢,其目的是使零件表层含碳量增加,经淬火后使表层获得高的硬度和耐磨性,而心部仍保持一定的强度和较高的韧性及塑性。渗碳处理按渗碳部位分整体渗碳和局部渗碳两种。局部渗碳时对不渗碳部位要采取防渗措施。由于渗碳淬火变形较大,加之渗碳时一般渗碳层深度为 0.5～2 mm,所以渗碳淬火工序常置于半精加工和精加工之间。其加工路线一般为:下料—锻造—正火—粗、半精加工—渗碳—淬火—精加工。当局部渗碳零件的不需渗碳部位采用加大加工余量防渗时,渗碳后淬火前,对防渗部位要增加下道切除渗碳层的工序。

③ 氮化处理　氮化是表面处理的一种热处理工艺,其目的是通过氮原子的渗入使表层获得含氮化合物,以提高零件硬度、耐磨性、疲劳强度和抗蚀性。由于氮化温度低,变形小且氮化层较薄,氮化工序位置应尽量靠后安排。为减少氮化时的变形,氮化前要加一道消除应力工序。因为氮化层较薄且脆,为使零件心部具有较高的综合机械性能,故粗加工后应安排调质处理。氮化零件的加工路线一般为:下料—锻造—退火—粗加工—调质—半精加工—除应力—粗磨—氮化—精磨、超精磨或研磨。

（3）辅助工序的安排

辅助工序包括工件的检验、去毛刺、清洗和涂防锈油等,其中检验工序是主要的辅助工序,它对保证产品质量有极重要的作用。检验工序应安排在:

1）粗加工全部结束后,精加工之前。

2）零件从一个车间转向另一个车间前后,其目的是便于分析产生质量问题的原因和分清零件质量事故的责任。

3）重要工序加工前后,目的是控制加工质量和避免工时浪费。

4）零件全部加工结束之后。

4.4　工 序 设 计

4.4.1　加工余量的确定

1. 加工余量的确定

加工余量的确定是机械加工中很重要的问题,合理地确定加工余量具有很大的经济意义。余量过大,不但浪费材料,而且还会增加机械加工的切削工作量,降低劳动生产率,增加产品的成本。余量太小,一方面会提高对毛坯制造精度的要求,使毛坯制造困难,另一方面还会造成表面加工困难,甚至因毛坯表面缺陷未能完全切除即已达到尺寸要求而使工件报废。

（1）加工余量的基本概念

加工余量分为工序（加工）余量和总（加工）余量。

　　某一表面在一道工序中所切除的金属层厚度,称为该表面的工序余量。工序余量也就是同一表面相邻的前后工序尺寸之差。按照基本尺寸计算出的工序余量称为基本余量。如图4-23所示,本工序的基本余量为z。

　　对于外表面:$z = a - b$

　　对于内表面:$z = b - a$

式中:a——前工序的基本尺寸;

　　　b——本工序的基本尺寸。

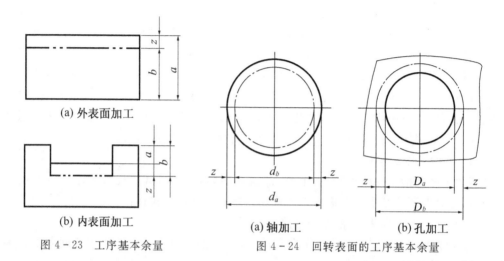

(a) 外表面加工

(b) 内表面加工

图4-23　工序基本余量

(a) 轴加工　　　(b) 孔加工

图4-24　回转表面的工序基本余量

　　工序余量有单面余量和双面余量之分。上述表面的余量为非对称的单面余量。对于回转表面(外圆和孔)来说,则有单面余量(半径上的余量)和双面余量(直径上的余量)两种。如图4-24所示,直径方向上的基本余量为$2z$。

　　对于轴:$2z = d_a - d_b$

　　对于孔:$2z = D_b - D_a$

式中:d_a,D_a——前工序轴、孔的基本尺寸;

　　　d_b,D_b——本工序轴、孔的基本尺寸。

　　由于毛坯制造和各道加工工序都存在加工偏差,因此,实际上切除的工序余量是变化的,与基本余量是有出入的,因此,又有最小余量和最大余量之分。

　　对于外表面:工序最小余量为前工序最小极限尺寸与本工序最大极限尺寸之差;工序最大余量为前工序最大极限尺寸与本工序最小极限尺寸之差。即

$$z_{\min} = a_{\min} - b_{\max}$$

$$z_{\max} = a_{\max} - b_{\min}$$

　　对于内表面:工序最小余量为本工序最小极限尺寸与前工序最大极限尺寸之差;工序最大余量为本工序最大极限尺寸与前工序最小极限尺寸之差。即

$$z_{\min} = b_{\min} - a_{\max}$$

$$z_{\max} = b_{\max} - a_{\min}$$

在零件从毛坯成为成品的整个切削过程中,某一表面所切除的金属层总厚度,称为该表面的总余量。总余量也就是零件上同一表面毛坯尺寸与零件尺寸之差。总余量等于各工序余量之总和。

(2) 影响加工余量的因素

为了保证加工工件的表面层质量,工序余量必须保证本工序完成后,不再留有前工序的加工痕迹和缺陷。因此,在确定加工余量时,应考虑以下几方面的因素:

1) 前工序(或毛坯)表面的加工痕迹和缺陷层

对于毛坯表面,有铸铁的冷硬层、气孔、夹渣,锻件和热处理的氧化皮、脱碳层、表面裂纹等。对于切削后的表面,有表面粗糙度和因切削而产生的塑性变形层(残余应力和冷作硬化层)等。

2) 前工序的尺寸公差

前工序加工后,表面存在尺寸误差和形状误差,这些误差的总和一般不超过前工序的尺寸公差。在成批加工工件时,为了纠正这些误差,确定本工序余量时应计入前工序的尺寸公差。

3) 前工序的相互位置公差

前工序加工后的某些相互位置误差,并不包括在尺寸公差范围内,因此在确定余量时应计入这部分误差。

4) 本工序加工时的安装误差

这里包括工件的定位误差、夹紧误差和夹具的制造与调整误差或工件的找正误差等。这些误差直接影响工件被加工表面与切削刀具之间的相对位置,使加工余量不均匀,甚至造成余量不够,因此,在确定工序余量时应考虑安装误差的因素。

5) 热处理变形量

工件在热处理过程中会产生变形,使工件热处理前获得的尺寸和形状发生变化,因此在确定工序余量时应考虑热处理变形量。

6) 工序的特殊要求

如非淬硬表面在渗碳后需要切除的渗碳层,不允许保留的中心孔需切除等。

(3) 确定加工余量的方法

确定加工余量的方法有分析计算法、查表修正法和经验估算法三种。

1) 分析计算法

由于目前国内对工艺的研究不够,缺少可靠的实验数据资料,计算困难,因此目前应用极少。

2) 查表修正法

这种方法是根据以工厂生产实践中统计的数据和试验研究积累的关于加工余量的资料数据为基础编制的加工余量标准,考虑不同加工方法和加工条件,在机械加工工艺手册中查找,查得的数据再结合实际加工情况进行修正,最后确定合理的加工余量。这是目前普遍采用的方法。常用的各种加工方法的加工余量见表 4 - 11 至

表 4 - 19。

3）经验估算法

这种方法是根据经验确定加工余量，为了防止余量不足而产生废品，所估算的余量往往偏大，因此常用于单件、小批量生产。

表 4 - 11　粗车及半精车外圆加工余量及公差　　　　　　　　　　　mm

零件基本尺寸	直 径 余 量				直 径 公 差	
	粗 车		半 精 车		荒 车	粗 车
	长　　度					
	≤200	>200～400	≤200	>200～400		
≤10	1.5	1.7	0.8	1.0		
>10～18	1.5	1.7	1.0	1.3		
>18～30	2.0	2.2	1.3	1.3		
>30～50	2.0	2.2	1.4	1.5		
>50～80	2.3	2.5	1.5	1.8	IT14	IT12～13
>80～120	2.5	2.8	1.5	1.8		
>120～180	2.5	2.8	1.8	2.0		
>180～250	2.8	3.0	2.0	2.3		
>250～315	3.0	3.3	2.0	2.3		

表 4 - 12　半精车后磨外圆加工余量及公差　　　　　　　　　　　mm

零件基本尺寸	直 径 余 量		直 径 公 差	
	粗 磨	半 精 磨	粗 磨	半 精 车
≤10	0.2	0.1		
>10～18	0.2	0.1		
>18～30	0.2	0.1		
>30～50	0.25	0.15	IT11	IT9
>50～80	0.3	0.2		
>80～120	0.3	0.2		
>180～250	0.5	0.3		
>250～315	0.5	0.3		

表 4-13　镗削内孔的加工余量及公差　　　　　　　　　mm

零件基本尺寸	直 径 余 量		直 径 公 差	
	粗　镗	半精镗	粗　镗	钻　孔
≤18	0.8	0.5		
>18～30	1.2	0.8		
>30～50	1.5	1.0		
>50～80	2.0	1.0	IT12～IT13	IT11～IT12
>80～120	2.0	1.3		
>120～180	2.0	1.5		

表 4-14　拉削内孔的加工余量及公差　　　　　　　　　mm

零件基本尺寸	直 径 余 量			前工序公差
	拉 孔 长 度			
	≤25	>25～45	>45～120	
≤18	0.5	0.5	0.5	
>18～30	0.5	0.5	0.7	
>30～40	0.5	0.7	0.7	IT11
>40～50	0.7	0.7	1.0	
>50～60	0.7	1.0	1.0	

表 4-15　磨削内孔的加工余量及公差　　　　　　　　　mm

零件基本尺寸	直 径 余 量		直 径 公 差	
	粗　磨	半精磨	粗　磨	半精车
>10～18	0.2	0.1		
>18～30	0.2	0.1		
>30～50	0.2	0.1		
>50～80	0.3	0.1	IT10	IT8
>80～120	0.3	0.2		
>120～180	0.3	0.2		

表 4 - 16　半精车轴端面的加工余量及公差　　　　　　　　　　　mm

工 件 长 度	端面半精车余量				粗车端面后的尺寸公差
	端面最大直径				
	≤30	>30～120	>120～260	>260～500	
≤10	0.5	0.6	1.0	1.2	IT12～13
>10～18	0.5	0.7	1.0	1.2	
>18～30	0.6	1.0	1.2	1.3	
>30～50	0.6	1.0	1.2	1.3	
>50～80	0.7	1.0	1.3	1.5	
>80～120	1.0	1.0	1.3	1.5	
>120～180	1.0	1.3	1.5	1.7	
>180～250	1.0	1.3	1.5	1.7	

表 4 - 17　磨削轴端面的加工余量及公差　　　　　　　　　　　mm

工 件 长 度	端面磨削余量				半精车端面后的尺寸公差
	端面最大直径				
	≤30	>30～120	>120～260	>260～500	
≤10	0.2	0.2	0.3	0.4	IT11
>10～18	0.2	0.3	0.3	0.4	
>18～30	0.2	0.3	0.3	0.4	
>30～50	0.2	0.3	0.3	0.4	
>50～80	0.3	0.3	0.4	0.5	
>80～120	0.3	0.3	0.5	0.5	
>120～180	0.3	0.4	0.5	0.6	
>180～250	0.3	0.4	0.5	0.6	

表 4－18　铣平面加工余量及公差　　　　　　　　　　　　　　　　mm

工件厚度	荒铣后粗铣						粗铣后半精铣						厚度公差
	宽度≤200			宽度>200~400			宽度≤200			宽度>200~400			
	平面长度						平面长度						
	≤100	>100~250	>250~400	≤100	>100~250	>250~400	≤100	>100~250	>250~400	≤100	>100~250	>250~400	荒铣 IT14 粗铣 IT12~IT13
>6~30	1.0	1.2	1.5	1.2	1.5	1.7	0.7	1.0	1.0	1.0	1.0	1.0	
>30~50	1.0	1.5	1.7	1.5	1.7	2.0	1.0	1.0	1.2	1.0	1.2	1.2	
>50	1.5	1.7	2.0	1.7	2.0	2.5	1.0	1.3	1.5	1.33	1.5	1.5	

表 4－19　磨平面加工余量及公差　　　　　　　　　　　　　　　　mm

工件厚度	粗磨						半精磨						厚度公差
	宽度≤200			宽度>200~400			宽度≤200			宽度>200~400			
	平面长度						平面长度						
	≤100	>100~250	>250~400	≤100	>100~250	>250~400	≤100	>100~250	>250~400	≤100	>100~250	>250~400	粗磨 IT8~IT9 半精磨 IT11
>6~30	0.2	0.2	0.3	0.2	0.3	0.3	0.1	0.1	0.2	0.1	0.2	0.2	
>30~50	0.3	0.3	0.3	0.3	0.3	0.2	0.2	0.2	0.2	0.2	0.2	0.2	
>50	0.3	0.3	0.3	0.3	0.3	0.3	0.2	0.2	0.2	0.2	0.2	0.2	

4.4.2 工序尺寸及其公差的确定

工序尺寸及其公差的确定与工序余量的大小和工序基准的选择有关。这里只介绍工序基准与设计基准重合时工序尺寸及其公差的确定方法。

1. 工序尺寸的确定

当工序基准与设计基准重合时,被加工表面的最终工序的尺寸及公差一般可直接按零件图样规定的尺寸和公差确定。中间各工序的尺寸则根据零件图样规定的尺寸依次加上(对于外表面)或减去(对于内表面)各工序的加工余量而求得,计算的顺序是由后向前推算,直到毛坯尺寸。

图 4-25 所示为加工外表面时各工序尺寸之间的关系。其中 D_1 为最终工序尺寸。由图示关系可知:对于外表面,本工序的工序尺寸加上本工序的加工余量,即为前工序的工序尺寸。计算方法如下:

$$D_2 = D_1 + z_1$$
$$D_3 = D_2 + z_2 = D_1 + z_1 + z_2$$
$$D_4 = D_3 + z_3 = D_1 + z_1 + z_2 + z_3$$
$$D_5 = D_4 + z_4 = D_1 + z_1 + z_2 + z_3 + z_4$$

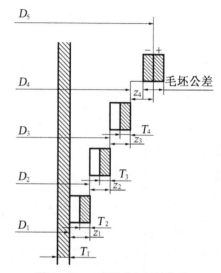

图 4-25　工序尺寸之间的关系

确定工序尺寸时,应注意内、外表面的区别和单面余量与双面余量的区分。

2. 工序尺寸公差的确定

工序尺寸公差主要根据加工方法、加工精度和经济性确定。一般均按该工序加工方法的经济加工精度选定(参阅表 4-8 至表 4-10)。

最终工序的公差,当工序基准与设计基准重合时,一般就是零件图样规定的尺寸公差;毛坯尺寸公差按照毛坯制造方法或根据所选型材的品种规格确定。

4.4.3 工艺尺寸链的计算

当工序基准、测量基准、定位基准与设计基准不重合时,工序尺寸及其公差的确定需要通过解尺寸链才能获得。

1. 工艺尺寸链

(1) 工艺尺寸链的概念

1) 定义

在机器的装配和零件的加工过程中,互相联系且按一定顺序排列的封闭尺寸组合称为尺寸链;其中,由单个零件在加工过程中的各有关工艺尺寸所组成的尺寸链称为工艺尺寸链。

如图 4-26(a)所示,图中尺寸 A_1,A_Σ 为设计尺寸,先以底面定位加工上表面,得到尺寸 A_1。在加工凹槽时,为了使定位稳定可靠并简化夹具,以底面定位,按尺寸 A_2 加工凹槽,于是该零件上在加工时间接予以保证的尺寸 A_Σ 就随之确定。这样相互联系的尺寸 $A_1 - A_2 - A_\Sigma$ 就构成一个如图 4-26(b)所示的封闭尺寸组合,即工艺尺寸链。

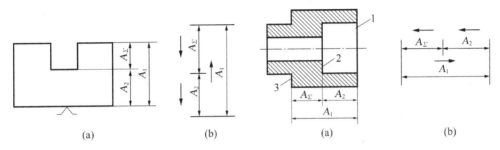

图 4-26　定位基准与设计基准不
重合的工艺尺寸链

图 4-27　测量基准与设计基准不
重合的工艺尺寸链

又如图 4-27(a)所示,尺寸 A_1 及 A_Σ 为设计尺寸。在加工过程中,因尺寸 A_Σ 不便直接测量,若以面 1 为测量基准,按容易测量的尺寸 A_2 加工,就能间接保证尺寸 A_Σ。这样相互联系的尺寸 $A_1 - A_2 - A_\Sigma$ 也构成了一个工艺尺寸链,如图 4-27(b)所示。

2) 工艺尺寸链的特征

工艺尺寸链具有以下两个特征:

① 关联性　任何一个直接保证的尺寸及精度的变化,必将影响间接保证的尺寸及其精度。如上例尺寸链中,尺寸和的变化必将引起 A_Σ 的变化。

② 封闭性　尺寸链中各个尺寸的排列呈封闭性,如上例中的 $A_1 - A_2 - A_\Sigma$,首尾相接组成封闭的尺寸链。

3) 工艺尺寸链的组成

把组成工艺尺寸链的各个尺寸称为环,如图 4-26 和图 4-27 中的尺寸 A_1,A_2,A_Σ 都是工艺尺寸链的环。为便于分析计算把它们可分为两种:

① 封闭环　工艺尺寸链中间接得到的尺寸,称为封闭环。它的基本属性是派生性,随着别的环的变化而变化。图 4-26 和图 4-27 中的尺寸 A_Σ 均为封闭环。一个工艺尺寸链中只有一个封闭环。

② 组成环　工艺尺寸链中除封闭环以外的其他环,称为组成环。根据其对封闭环的影响不同,组成环又可分为增环和减环。

增环是当其他组成环不变,该环增大(或减小)使封闭环随之增大(或减小)的组成环。图 4-26 和图 4-27 中的尺寸 A_1 即为增环。

减环是当其他组成环不变,该环增大(或减小)使封闭环随之减小(或增大)的组成环。图 4-26 和图 4-27 中的尺寸 A_2 即为减环。

③ 组成环的判别　为了迅速判别增、减环,可以采用下述方法:在工艺尺寸链图

上,先给封闭环任定一方向,并画出箭头,然后沿此方向环绕尺寸链回路,依次给每一组成环画出箭头,凡箭头方向和封闭环相反的则为增环,相同的则为减环。

(2) 工艺尺寸链计算的基本公式

工艺尺寸链的计算,关键是正确地确定封闭环,否则会得出错误的计算结果。封闭环的确定取决于加工方法和测量方法。

工艺尺寸链的计算方法有两种:极大极小法和概率法。生产中一般多采用极大极小法,其基本计算公式如下:

1) 封闭环的基本尺寸

封闭环的基本尺寸 A_Σ 等于所有增环的基本尺寸 A_i 之和减去所有减环的基本尺寸 A_j 之和,即

$$A_\Sigma = \sum_{i=1}^{m} A_i - \sum_{j=m+1}^{n-1} A_j \tag{4-1}$$

式中:m——增环的环数;

n——包括封闭环在内的总环数。

2) 封闭环的极限尺寸

封闭环的最大极限尺寸 $A_{\Sigma max}$ 等于所有增环的最大极限尺寸 A_{imax} 之和减去所有减环的最小极限尺寸 A_{jmin} 之和,即

$$A_{\Sigma max} = \sum_{i=1}^{m} A_{imax} - \sum_{j=m+1}^{n-1} A_{jmin} \tag{4-2}$$

封闭环的最小极限尺寸 $A_{\Sigma min}$ 等于所有增环的最小极限尺寸 A_{imin} 之和减去所有减环的最大极限尺寸 A_{jmax} 之和,即

$$A_{\Sigma min} = \sum_{i=1}^{m} A_{imin} - \sum_{j=m+1}^{n-1} A_{jmax} \tag{4-3}$$

3) 封闭环的平均尺寸

封闭环的平均尺寸 $A_{\Sigma M}$ 等于所有增环的平均尺寸 A_{iM} 之和减去所有减环的平均尺寸 A_{jM} 之和,即

$$A_{\Sigma M} = \sum_{i=1}^{m} A_{iM} - \sum_{j=m+1}^{n-1} A_{jM} \tag{4-4}$$

4) 封闭环的上、下偏差

封闭环的上偏差 ESA_Σ 等于所有增环的上偏差 ESA_i 之和减去所有减环的下偏差 EIA_j 之和,即

$$ESA_\Sigma = \sum_{i=1}^{m} ESA_i - \sum_{j=m+1}^{n-1} EIA_j \tag{4-5}$$

封闭环的下偏差 EIA_Σ 等于所有增环的下偏差 EIA_i 之和减去所有减环的上偏差 ESA_j 之和,即

$$EIA_\Sigma = \sum_{i=1}^{m} EIA_i - \sum_{j=m+1}^{n-1} ESA_j \qquad\qquad (4-6)$$

5）封闭环的公差

封闭环的公差 TA_Σ 等于所有组成环的公差 TA_i 之和，即

$$TA_\Sigma = \sum_{i=1}^{n-1} TA_i \qquad\qquad (4-7)$$

2. 工序尺寸及计算

图 4-28(a)所示的零件，要镗削零件上的孔。孔的设计基准是 C 面，设计尺寸为 (100 ± 0.15) mm。为装夹方便，以 A 面定位，按工序尺寸 L 调整机床。

工序尺寸 $280_0^{+0.1}$ mm、$80_{-0.06}^{0}$ mm 在前道工序中已经得到，在本道工序的尺寸链中为组成环，而本道工序间接得到的设计尺寸 (100 ± 0.15) mm 为尺寸链中的封闭环。尺寸链如图 4-28(b)所示，其中尺寸 $80_{-0.06}^{0}$ mm 和 L 为增环，尺寸 $280_0^{+0.1}$ mm 为减环。

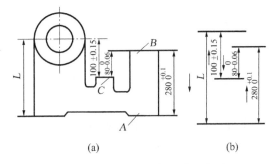

图 4-28 定位基准与设计基准不重合时的工序尺寸换算

由式(4-1)得　　$100 = L + 80 - 280$

　　　　即　$L = 300$ mm

由式(4-5)得　　$0.15 = ES_L + 0 - 0$

　　　　即　$ES_L = 0.15$ mm

由式(4-6)得　　$-0.15 = EI_L - 0.06 - 0.1$

　　　　即　$EI_L = 0.01$ mm

因此，得工序尺寸 L 及其公差：

$$L = 300_{+0.01}^{+0.15} \text{ mm}$$

4.4.4 机床及工艺装备的选择

1. 机床的选择

在选择机床时应注意下述几点：

（1）机床的主要规格尺寸应与加工零件的外廓尺寸相适应，即小零件应选小的机床，大零件应选大的机床，做到设备合理使用。对于大型零件，在缺乏大型设备时，可采用"蚂蚁啃骨头"的办法，"以小干大"。

（2）机床的精度应与工序要求的加工精度相适应。对于高精度的零件加工，在缺乏精密设备时，可通过设备改装，"以粗干精"，即关键零部件的精度高于工件相应的加工要求。

（3）机床的生产率应与加工零件的生产类型相适应。单件小批生产选择通用设备，大批大量生产选择高生产率专用设备。

（4）机床选择还应结合现场的实际情况，例如设备的类型、规格及精度状况，设备负荷的平衡状况以及设备的分布排列情况等。

2. 工艺装备的选择

工艺装备的选择包括夹具、刀具和量具的选择。

（1）夹具选择

对于单件小批生产，应尽量选用通用夹具，例如各种卡盘、虎钳和回转台等。为提高生产率应积极推广使用组合夹具。对于大批大量生产，应采用高生产率的电动、气液传动等的专用夹具。夹具的精度应与加工精度相适应。

（2）刀具的选择

一般采用标准刀具，必要时也可采用各种高生产率的复合刀具及其他一些专用刀具。刀具的类型、规格及精度等级应符合加工要求。

（3）量具的选择

单件小批生产中应采用通用的量具，如游标卡尺与百分表等。大批大量生产中应采用各种量规和一些高生产率的专用量具。量具的精度必须与加工精度相适应。

4.4.5 切削用量的确定

切削用量三要素的选择关系到工件的加工质量、加工生产率和生产成本以及安全生产等问题。而制约切削用量三要素的因素又是多方面的，包括刀具耐用度，机床、夹具、刀具的强度与刚度，机床的动力，被加工工件的精度及粗糙度，等等。由于在切削用量三要素中，切削速度对刀具耐用度的影响最大，所以，选择切削用量的步骤一般是：首先选取尽可能大的背吃刀量 a_p，其次根据机床动力和刚度限制条件，或工件已加工表面粗糙度的要求等，选取尽可能大的进给量 f，最后利用切削用量手册或通过有关公式计算出切削速度 v。

目前，生产现场常常是根据经验或手册数据来确定切削用量，具体方法是：

（1）选择背吃刀量 a_p

背吃刀量 a_p 的选择决定于加工性质和工件余量。

对于粗加工，表面粗糙度为 $R_a 80 \sim 10\ \mu m$、精度为 IT12～IT15 时，应尽可能一次切除全部加工余量。此时的制约因素主要应考虑工艺系统的刚度和机床动力是否足够。例如，在中等功率的普通车床（CA6140）上加工时，最大切削深度可取 8～10 mm。

对于半精加工，表面粗糙度为 $R_a 10 \sim 1.25\ \mu m$、精度为 IT8～IT9 时，若单面余量 $h > 2$ mm，则应分两次走刀切除；第一次 $a_p = \left(\dfrac{2}{3} \sim \dfrac{3}{4}\right)h$；第二次 $a_p = \left(\dfrac{1}{3} \sim \dfrac{1}{4}\right)h$。若 $h < 2$ mm，则可一次切除。

对于精加工，表面粗糙度为 $R_a 1.25 \sim 0.32\ \mu m$、精度为 IT6～IT7 时，应一次走刀切除，即 $a_p = h$ 值的大小，可由切削用量手册选取或按经验决定。

（2）选择进给量 f

在背吃刀量 a_p 值选定以后，进给量 f 的大小直接决定了切削层公称横截面积的大小，因而也就决定了切削力的大小。所以，粗加工时增大进给量的制约因素主要是工艺系统的强度和刚度；而半精加工和精加工时，增大进给量的制约因素则主要是工件已加工表面粗糙度的要求。粗加工时，一般可取 $f=0.3\sim0.6$ mm/r；半精加工和精加工时，常取 $f=0.08\sim0.3$ mm/r。

（3）选择切削速度 v

背吃刀 a_p 和进给量 f 选定以后，可根据预先选定的刀具耐用度 T，用计算法、查表法确定切削速度 v，或者按照经验决定。

按上述步骤选择的切削用量三要素 a_p、f 和 v，最后还应参照所用机床的实际技术参数，进行适当调整，使之符合机床的实际参数。

4.4.6　时间定额的确定

确定劳动消耗工艺定额即劳动定额是工序设计中的内容之一。劳动定额是劳动生产率的指标。劳动定额可用产量定额——在一定生产条件下，规定每个工人在单位时间内完成的合格品数量；或用时间定额——在一定生产条件下，规定生产一件产品或完成一道工序所需消耗的时间来表示。目前工厂常用时间定额作为劳动定额指标。

时间定额不仅是衡量劳动生产率的指标，也是安排生产计划，成本核算的主要依据。在生产组织过程中，它是计算设备数量、布置车间、计算工人数量的依据。时间定额由下述部分组成：

1. 基本时间 T_m

基本时间是直接改变生产对象的尺寸、形状、相对位置、表面状态或材料性质等工艺过程所消耗的时间。对切削加工来说，就是直接用于切除工序余量所消耗的时间（包括刀具的切入和切出时间）。基本时间可由计算公式求出。例如，车削的基本时间 T_m 为

$$T_m = \frac{l_{计} \cdot z}{n \cdot f \cdot a_p}$$

式中：T_m——基本时间，min；

$\quad\quad l_{计}$——工作行程的计算长度，包括加工表面长度，刀具切入、切出长度，mm；

$\quad\quad z$——工序余量，mm；

$\quad\quad n$——工件 R 的转速，r/min；

$\quad\quad f$——刀具的进给量，mm/r；

$\quad\quad a_p$——背吃刀量，mm。

2. 辅助时间 T_a

辅助时间是为实现工艺过程所必须进行的各种辅助动作所消耗的时间。它包括装卸工件、开停机床、改变切削用量、手动进刀和退刀、测量工件等所消耗的时间。

辅助时间的确定应考虑切削方式和生产类型。大批大量生产时，常将辅助动作进

行分解,逐项确定,最后予以综合。各种辅助动作所消耗的时间可从机械制造工艺手册中查到。中批生产时则根据以往的统计资料来确定。单件小批生产时常用基本时间的百分比进行估算。

基本时间和辅助时间的总和称为作业时间,即直接用于制造产品或零部件所消耗的时间,用 T_b 来表示。

3. 布置工作地时间 T_s

布置工作地时间是为使加工正常进行,工人照管工作地(如更换刀具、润滑机床、清理切屑、收拾工具等)所消耗的时间。一般按作业时间的 2%～7% 计算(以百分率 α 表示)。

4. 休息与生理需要时间 T_r

休息与生理需要时间是工人在工作班内为恢复体力和满足生理上的需要所消耗的时间。一般按作业时间的 2%～4% 计算(以百分比 β 表示)。

以上四部分时间的总和称为单件时间,用 T_p 表示,即

$$T_p = T_m + T_a + T_s + T_r = T_b + T_s + T_r = (1 + \alpha + \beta)T_b$$

5. 准备与终结时间 T_e(简称准终时间)

准终时间是工人为了生产一批产品或零部件进行准备和结束工作所消耗的时间。如在单件或成批生产中,加工开始时工人熟悉工艺文件、领取毛坯、安装刀具和夹具、调整机床以及在加工一批零件终结时所需要拆下和归还工艺装备、发送成品等所消耗的时间。

准备终结时间对一批零件只需要一次。批量 n 越大,分摊到每个工件上的时间 $\frac{T_e}{n}$ 越少。故单件和成批生产时单件时间定额 T_T 为

$$T_T = T_p + \frac{T_e}{n} = T_m + T_a + T_s + T_r + \frac{T_e}{n} = (T_m + T_a)\left(1 + \frac{\alpha + \beta}{100}\right) + \frac{T_e}{n}$$

大量生产时,因为零件生产纲领 n 很大,$\frac{T_e}{n}$ 就可以忽略不计。单件时间定额 T_T 为

$$T_T = T_m + T_a + T_s + T_r = (T_m + T_a)\left(1 + \frac{\alpha + \beta}{100}\right)$$

式中各种切削方式的 T_m 计算、T_a 的数值、α 及 β 的数据可查阅《机械加工工艺手册》,并结合具体情况确定。

4.5 工艺过程的生产率和经济性

4.5.1 工艺成本的组成

在一般情况下,工艺过程经济性可由成本来评定。成本是工厂生产中一个概括性的指标。对工艺过程进行经济性分析,就是为了找出最经济的方案,以便降低成本。零

件的成本就是花费在制造一个零件所需要的劳动及物质资料的费用。成本的降低就表示生产中各种耗费的降低。零件的成本由以下各项组成：

　　(1) 材料费，它可由零件的毛坯重量和材料单位重量的价格求得(毛坯的成本还需加上毛坯制造的费用)；

　　(2) 工人的工资，它是由单件工时和工人的工资决定的；

　　(3) 机床使用费，它包括电费、油料费、冷却液费和抹布费等；

　　(4) 机床折旧费，对专用机床来说，它与机床本身的价格和每年的折旧率有关；通用机床则因为可用于不同的工序，故折旧费与加工的工序时间有关；

　　(5) 夹具的折旧费和使用费，其计算方法与机床相似；

　　(6) 刀具的使用费，它与刀具的价格、可以刃磨的次数、以及刀具的耐用度等因素有关；

　　(7) 机床的调整费，这部分费用与调整机床的时间和工人的工资有关；

　　(8) 其他各项成本组成部分，如工程技术人员、工厂管理人员的工资，厂房建筑折旧费，工厂及车间的运输费，车间取暖、照明和供水费用等。

　　降低零件制造成本的方法就是尽可能减少以上各组成部分的费用。在所有的方法中起最关键作用的是提高零件加工的生产率，这样可以减少制造零件时工人所用的劳动量，相应地减少成本的主要组成部分。

　　以上各项成本组成部分中，第(1)项至第(7)项与零件的加工方法有关系，其总和称作工艺成本，而第(8)项费用则与加工方法的改变无直接关系，因此当进行零件加工方案的经济性比较时，并不需要全面分析零件成本中所有项目，可只限于工艺成本。如各方案所用的毛坯相同，则工艺成本中材料费亦可不计。

　　为便于比较，可将工艺成本的各项费用分成可变费用与不变费用两类。前者的支出与所制零件数量成正比例，如材料费、机床使用费、万能机床折旧费、万能夹具维护及折旧费以及刀具的使用费。后者的支出不随生产量改变，故又称一次费用，它包括工人的工资、专用机床折旧费和专用夹具的维护和折旧费。实际上不变费用也不是与产量绝对无关的，只是当产量改变不大时，不变费用才基本上不变，当产量变化较大时，不变费用也要改变。

4.5.2　提高机械加工生产率的工艺措施

　　现代机械制造业正在向高精度、高效率和低成本的方向发展。在制订机械加工工艺规程时，必须在保证和提高产品质量的同时，认真考虑提高劳动生产率和降低产品成本。提高劳动生产率的措施很多，涉及到产品设计、制造工艺和生产组织、管理等多个方面，现从制造工艺方面作简要分析。

　　1. 缩短时间定额
　　时间定额与劳动生产率有着密切的关系。

（1）缩短基本时间

1）提高切削用量

由基本时间的计算公式可知，增大切削速度、进给量和背吃刀量都可以缩减基本时间，它是广泛采用的提高劳动生产率的有效措施。近年来，由于立方氮化硼、复合碳化硅及人造金刚石等新型刀具材料的出现，又由于机床质量的提高，高速切削和超高速切削得到了很大的发展。提高切削速度，不仅能缩短基本时间，而且能提高加工质量，降低成本和能源消耗。

另外，强力切削和大进给量切削都能缩短基本时间，这些措施在生产中十分活跃。例如，美国有一种卧轴平面磨床，磨削时金属切除率可达 $656~cm^2/min$，连续磨削的一次深度可达 $6\sim12~mm$，最高可达 $37~mm$。

2）减少或重合切削行程长度

减少切削行程长度也可以缩短基本时间。例如，用几把刀同时切削加工同一表面，或采用切入法加工，如图 4-29 所示。若采用切入法加工时，要求工艺系统有足够的刚性和抗振性，横向进给量要适当减小以防止振动，同时要求增大主电机功率。

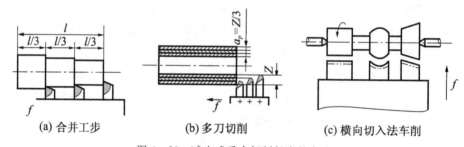

(a) 合并工步　　　　　(b) 多刀切削　　　　　(c) 横向切入法车削

图 4-29　减小或重合切削长度的方法

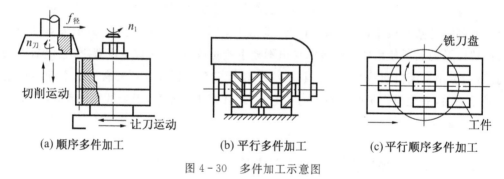

(a) 顺序多件加工　　　　　(b) 平行多件加工　　　　　(c) 平行顺序多件加工

图 4-30　多件加工示意图

3）多件加工

多件加工可分为顺序加工、平行加工和平行顺序加工三种形式。

工件顺着走刀方向一个接一个装夹称为顺序加工，可以减少刀具的切入和切出时间。这种形式的加工常用于滚齿、插齿、平面磨削或铣削加工，如图 4-30(a) 所示的插齿加工。用多把刀同时平行加工几个工件称为平行加工，它可以缩短单件时间，应用广泛，如图 4-30(b) 所示。把平行加工和顺序加工合并起来为平行顺序加工，如图 4-30(c) 所示，这种方法对缩短基本时间的效果十分显著。

（2）缩短辅助时间

辅助时间在单件时间中占有较大比例，尤其在单件小批生产中更是如此。在有些情况下，提高切削用量对提高生产率没有显著的效果，因此必须缩短辅助时间。具体有两条基本途径：

1）直接缩短辅助时间

① 采用先进夹具　在大批大量生产中，可采用高效的气动或液压夹具。在成批生产中，可采用组合夹具或可调夹具。单件小批生产时常采用组合夹具。

② 提高机床的自动化程度　采用集中控制手把、定位挡块机构、快速行程机构和速度预选机构等来缩短辅助时间。现代的数字控制机床和 PLC 程序控制机床在减少辅助时间上都有显著的效果，它们能自动变换主运动速度和进给运动速度，有较高的自动化程度。

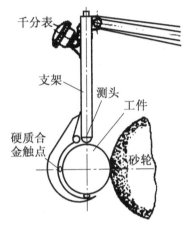

图 4 - 31　磨外圆时主动测量

③ 采用先进的检测手段　采用数字显示的气动量仪进行主动测量，可以大大减少检测时间。另外，采用感应同步器或光栅等检测元件，能随时显示加工过程中的位移，节省了辅助时间。在数字控制机床上加工更是如此。

2）使基本时间与辅助时间重合

① 用主动检测来控制加工尺寸　图 4 - 31 所示的在磨床上的主动检验就是一个例子。这种方法能把测量工件所需的时间与基本时间重合，从而缩短单件时间。近年来，各种测量尺寸的传感器不断被开发出来，并用计算机进行处理，使检验工作更加自动化。

② 在机床和夹具上采取措施，使基本时间与辅助时间完全重合或部分重合

例如，利用转位夹具进行间断回转加工，如图 4 - 32 所示，这时辅助时间应小于基本时间，否则将不能完全重合。又如图 4 - 33 所示，利用回转工作台进行连续回转，转台上有若干工位连续进行加工，辅助时间与基本时间完全重合。采用这种方案时，应注意操作工人的劳动强度和工作安全。

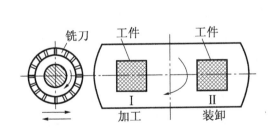

图 4 - 32　转位夹具加工

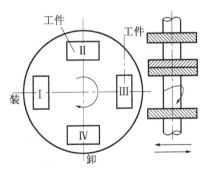

图 4 - 33　转位工作台加工

（3）缩减布置工作地时间

缩减布置工作地时间主要是减少换刀次数,换刀时间和调整刀具时间。减少换刀次数就是要提高刀具的耐用度,推广应用新型刀具材料。如立方氮化硼刀片,耐用度可达到硬质合金的几十倍。而减少换刀和调整时间可采用专用对刀装置在机外对刀。采用多刀车床或自动车床快换刀夹和对刀装置。钻床常用快换钻夹头,铣床上广泛采用机夹不重磨刀片,大大缩短更换刀具时间。在机床及夹具设计时,要考虑尽可能采用自动排屑装置,并且要加强工作地的组织管理。及时供应毛坯、半成品、工具等,做到有条不紊地工作,从而达到减少单件的加工时间。

（4）缩短准备与终结时间

缩短准备与终结时间的主要方法是扩大零件的批量和减少调整机床、刀具的时间。为了减少调整机床、刀具和夹具的时间,可采取下列措施:

1）采用便于调整的先进加工设备,如液压仿形机床,数控机床和 PLC 程序控制机床。

2）采用成组技术进行夹具和刀具设计,提高夹具和刀具的通用化程度,尽可能减少调整时间。

3）完善夹具结构,保证夹具定位面或定位元件在机床上的快速装夹及对刀。

2. 推广应用新工艺和新方法

工艺设计人员日常应密切注视国内外机械加工工艺的发展动态,收集先进工艺情报,结合本厂的实际情况,开展工艺试验并进行推广。具体有以下几个方面:

（1）新型工程材料的应用和先进的毛坯制造方法。

（2）积极推广少、无切削新工艺,如采用冷挤、冷轧、滚压、滚轧等方法,不仅能提高生产率,而且工件的表面质量和精度也明显改善。例如,金刚石压光法是挤压加工面的新工艺,表面粗糙度 R_a 可达到 $0.04\sim0.08\ \mu m$,压光后的工件表面耐磨性比磨削后工件表面耐磨性高 $1.5\sim3$ 倍。

（3）对一些特硬、特脆、特韧材料及复杂型面、可采用特种加工工艺,在各种电加工机床进行加工。

（4）改进传统加工方法。例如,在大批大量生产中对于内表面常以拉代钻铰,平面常用强力磨代替刨和铣。在成批生产中采用以铣代刨。如机床导轨常以铣、磨代替传统的刮研。

3. 提高机械加工自动化程度

加工过程自动化是提高劳动生产率的最理想手段。但自动化加工投资大、技术复杂,因而要针对不同的生产类型,采取相应的自动化程度。

对于大批大量生产,可采用流水线、自动线的生产方式。这时,广泛应用专用自动机床、组合机床及工件自动运输装置,能达到较高的生产率。

对于中小批生产,多采用数控机床（NC）、加工中心（MC）、柔性制造单元（FMC）及柔性制造系统（FMS）等来进行,它们的共同特点就是用计算机或微型计算机来进行控制,进行部分或全面的自动化生产,提高生产效率。

无论是何种生产类型,进行计算机辅助制造（CAM）是一个大方向,其中包括计算机数字控制(CNC)、直接数字控制(DNC)及自适应控制（AC）等。实现计算机辅助制造不仅可以提高生产率,而且可以提高加工质量。

4.6　典型零件加工

4.6.1　轴类零件加工

1. 概述

（1）轴类零件的功用和种类

轴类零件是机械产品中的典型零件,用来支承传动零件(如齿轮、带轮、凸轮等)、传递转矩、承受载荷并保证装在轴上的零件(或刀具)具有一定的回转精度。

轴类零件的结构特征是长径比大的回转体。按其结构形状可分为光轴、阶梯轴、空心轴和异形轴(如曲轴、凸轮轴、偏心轴等)四类。按轴的长度与直径之比值（长径比）又可分为刚性轴 $\left(\dfrac{L}{d}\leqslant 12\right)$ 和挠性轴 $\left(\dfrac{L}{d}>12\right)$ 两类。

轴类零件的加工表面通常有内外圆柱面、圆锥面,以及螺纹、花键、键槽和沟槽等。

（2）轴类零件的材料和毛坯

轴类零件的材料一般为碳素结构钢和合金结构钢两类,以中碳钢 45 钢应用最多。它一般须经调质、表面淬火等热处理以获得一定的强度、硬度、韧性和耐磨性。对精度和转速要求较高的轴则可采用中碳合金钢,如 40Cr,40MnB,35SiMn,38SiMnMo 等。对高转速、重载荷条件下工作的轴,可采用低碳合金钢,如 20Cr,20CrMnTi,20MnVB 等,这类合金钢经渗碳淬火处理后,一方面能使心部保持良好的韧性,另一方面能获得较高的耐磨性,但热处理后变形较大。还可采用氮化钢 38CrMoAl 等,经调质和渗氮后,不仅具有良好的耐磨性和抗疲劳性能,其热处理变形也较小。

轴类零件的常用毛坯是型材圆棒料和锻件。当轴的结构形状复杂或尺寸较大时,也有采用铸件的。光轴、直径相差不大的阶梯轴常采用热轧或冷拉的圆棒料;直径相差较大的阶梯轴和比较重要的轴大都采用锻件。

2. 轴类零件的主要技术要求

（1）尺寸精度和几何形状精度

轴类零件的主要表面为轴颈,装配传动零件的称配合轴颈,装配轴承的称支承轴颈。根据轴的使用要求不同,轴颈的尺寸精度通常为 IT9～IT6,高精度的轴颈为 IT5。轴颈的形状精度(圆度、圆柱度)应限制在直径公差范围内。对形状精度要求较高时,则应在零件图样上规定允许的偏差。

（2）相互位置精度

轴类零件的最主要的相互位置精度是配合轴颈轴线相对支承轴颈轴线的同轴度或配

合轴颈相对支承轴颈轴线的圆跳动。普通精度的轴,同轴度误差为$\phi0.01\sim0.03$ mm,高精度的轴为$\phi0.001\sim0.005$ mm。其他的相互位置精度有轴肩端面对轴线的垂直度等。

(3) 表面粗糙度

配合轴颈的表面粗糙度 R_a 值一般为 $1.6\sim0.4$ μm,支承轴颈的表面粗糙度 R_a 值一般为 $0.4\sim0.1$ μm。

3. 轴类零件机械加工的主要工艺问题

(1) 定位基准

轴类零件加工时最常用的定位基准是中心孔,其次是外圆表面。轴线是轴上各外圆表面的设计基准,以轴两端的中心孔作精基准符合基准重合原则和基准统一原则,加工后的各外圆表面可以获得很高的位置精度。作为主要精基准的中心孔必须有足够高的精度和足够的支承力,因此,中心孔结构尺寸的大小应与两端轴颈尺寸大小相适应,锥角应准确,两端中心孔轴线应重合,并在加工过程中始终保持洁净。

粗加工时切削力很大,为提高工艺系统的刚度,常采用轴的外圆或外圆与中心孔共同作为定位基准。带孔的轴在加工孔时也常采用外圆作定位基准。

在加工带通孔的轴的外圆时,可使用带中心孔的锥堵或锥套心轴(如图 4-34 所示)装夹。通孔直径较小时,可直接在孔口加工出宽度不大于 2 mm 的 60°锥面,以代替中心孔。

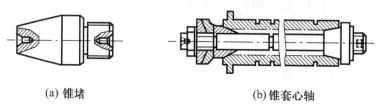

(a) 锥堵　　　　　　　　　　　　**(b) 锥套心轴**

图 4-34　锥堵与锥套心轴

(2) 加工顺序的安排

按照先粗后精的原则,将粗、精加工分开进行。先完成各表面的粗加工,再完成半精加工和精加工,而主要表面的精加工则放在最后进行。轴是回转体,各外圆表面的粗、半精加工一般采用车削,精加工采用磨削,有些精密轴类零件的轴颈表面还需要进行光整加工。

粗加工外圆表面时,应先加工大直径外圆,再加工小直径外圆,以免因直径差距增大而使小直径处的刚度下降,成为极易引起弯曲变形和振动的薄弱环节。

轴上的花键、键槽、螺纹等表面的加工,一般都安排在外圆半精加工以后、精加工以前进行。

(3) 热处理工序的安排

结构尺寸不大的中碳钢普通轴类锻件,一般在切削加工前进行调质热处理。对于重要的轴类零件(如机床主轴),则必须根据需要,正确、合理地安排好各种热处理,以保证轴的力学性能及加工精度要求,并改善工件的切削性能。一般在毛坯锻造后安排正火处理,达到消除锻造应力、改善切削性能的目的;粗加工后安排调质处理,以提高零件的综合力学性能,并作为需要表面淬火或氮化处理的零件的预备热处理;轴上有相对运动的轴颈和经常拆卸的表面时,需要进行表面淬火处理,安排在精加工前。

（4）轴类零件的典型工艺过程

毛坯准备—正火—加工端面和中心孔—粗车—调质—半精车—花键、键槽、螺纹等加工—表面淬火—粗磨—精磨

4. 轴类零件加工实例——车床主轴的加工

某车床主轴简图如图 4－35 所示。

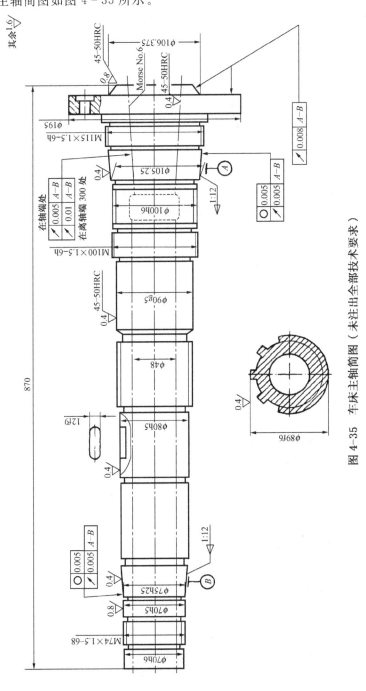

图 4-35 车床主轴简图（未注出全部技术要求）

（1）零件分析

对机床主轴的共同要求是必须满足机床的工作性能，即回转精度、刚度、热变形、抗振性、使用寿命等多方面的要求。该车床主轴是带有通孔的多台阶轴，普通精度等级，材料为 45 钢，生产类型为大批生产。

1）主要表面及其精度要求

① 支承轴颈是两个锥度为 1：12 的圆锥面，分别与两个双列短圆锥轴承相配合。支承轴颈是主轴部件的装配基准，其精度直接影响主轴部件的回转精度，尺寸精度一般为 IT5。该主轴两支承轴颈的圆度允差和对其公共轴线的斜向圆跳动允差均为 0.005 mm，表面粗糙度 R_a 值不大于 0.4 μm。

② 配合轴颈是与齿轮传动件连接的表面，共有 $\phi80h5$、$\phi89f6$ 和 $\phi90g5$ 三段，前两段与齿轮分别采用键连接与花键连接，$\phi90g5$ 上齿轮空套，工作时两者有相对运动，因此该轴颈表面必须淬火。配合轴颈的尺寸精度为 IT6～IT5，表面粗糙度值 R_a 不大于 0.4 μm。

③ 莫氏 6 号锥孔用于安装夹具或刀具，是主轴的主要工作表面之一。对支承轴颈公共轴线的斜向圆跳动允差在轴端处为 0.005 mm，在离轴端 300 mm 处为 0.01 mm；表面粗糙度 R_a 值不大于 0.4 μm。该锥孔因工作中经常装卸夹具，表面必须淬火以提高其耐磨性。

④ 轴端短圆锥是安装通用夹具卡盘或拨盘的定位面，锥角 14°15′（锥度 1：4）。此圆锥面对支承轴颈公共轴线的斜向圆跳动允差为 0.008 mm，表面粗糙度值 R_a 不大于 0.8 μm，必须表面淬火。

2）毛坯选择

主轴是机床的重要零件，其质量直接影响机床的工作精度和使用寿命；结构为多台阶空心轴，直径差很大（本例最大外圆直径 195 mm，最小外圆直径 70 mm）。从上述两方面考虑，使用锻造毛坯不仅能改善和提高主轴的力学性能，而且可以节省材料和切削工作量，由于属大批生产，因此，采用模锻毛坯。

3）定位基准选择

主要定位基准为两端中心孔。粗车时切削力大，采用"一夹一顶"。在通孔加工后，加工外圆表面时使用锥堵。精加工内锥孔时用有较高精度的外圆表面及台阶端面定位。

4）主要表面加工方法选择

① 支承轴颈、配合轴颈及短圆锥：粗车—半精车—粗磨—精磨。

② 莫氏 6 号锥孔：钻孔—车内锥—粗磨—精磨。

③ 其他表面

花键：粗铣—精铣。

螺纹：车。

5）热处理安排

① 正火：毛坯锻造后。

② 调质：粗车后、半精车前。

③ 表面淬火：磨削前。

(2) 加工工艺过程

车床主轴加工工艺过程见表 4-20。

表 4-20　车床主轴机械加工工艺过程

工序号	工序名称	工序内容	定位基准	加工机床
0	备料			
1	精密锻造	精密锻造毛坯		立式精锻机
2	热处理	正火		
3	锯头			
4	打中心孔	铣两端面,保持总长 870 mm;两端钻中心孔		专用中心孔机床
5	车	粗车各外圆表面		卧式车床
6	热处理	调质 220～240 HB		
7	车	车大端各部,法兰外圆至 $\phi198$ mm,短圆锥外圆至 $\phi108_0^{+0.15}$ mm	两端中心孔	卧式车床
8	车	仿形车小端各部外圆,加工后各外圆留直径余量 1.5～1.2 mm	大端 $\phi108$ mm 外圆、小端中心孔	仿形车床
9	钻	钻 $\phi48$ mm 深孔	大端 M115 螺纹部位外圆、小端 $\phi70$ mm 外圆及端面	深孔钻床
10	车	车小端内锥孔 1:20,孔口 $\phi52_{-0.2}^0$ mm(配 1:20 锥堵)(工艺用,图上未画出)	大端 $\phi108$ mm 外圆、端面,小端外圆可调支承	卧式车床
11	车	车大端莫氏 6 号锥孔,孔口 $\phi63\pm0.05$ mm,(配莫氏 6 号锥堵),车短圆锥,斜角 $7°7'30''$,大端尺寸 $\phi16.8_0^{0.1}$ mm	前支承轴颈外圆,$\phi70$ mm 外圆及端面	卧式车床
12	钻	钻大端法兰上各孔,锪沉孔,攻螺纹(图上未画出)	莫氏 6 号锥孔	钻床,钻模
13	热处理	高频淬火 $\phi90$ g 5,莫氏 6 号锥孔和短圆锥表面,45～50 HRC		
14	车	精车小端各外圆,留直径余量 0.4 mm,切槽	两锥堵中心孔	数控车床
15	磨	粗磨两段外圆至 $\phi90.4$h8($\phi90$g5)和 $\phi75.25$h8($\phi75$h5)	两锥堵中心孔	外圆磨床

续　表

工序号	工序名称	工序内容	定位基准	加工机床
16	磨	粗磨莫氏 6 号锥孔,孔口尺寸 ϕ63.15±0.05 mm,R_a0.8 μm(重配莫氏 6 号锥堵)	前支承轴颈外圆,ϕ70 mm 外圆及端面	内圆磨床
17	铣	粗铣、精铣花键	两锥堵中心孔	花键铣床
18	铣	铣键槽 12f9 mm	ϕ80.4 mm 外圆、端面	立式铣床
19	车	车大端法兰内端面,外圆ϕ195 mm,三段螺纹 M115×1.5,M100×1.5,M74×1.5(配螺母)	两锥堵中心孔	卧式车床
20	磨	粗磨、精磨各外圆ϕ80/89,ϕ90/M100×1.5 两阶台端面,达图样要求	两锥堵中心孔	外圆磨床
21	磨	粗磨、精磨两 1∶12 支承轴颈锥面和短锥面及大端法兰外侧面,达图样要求	两锥堵中心孔	专用组合磨床
22	磨	(卸锥堵)精磨莫氏 6 号锥孔达图样要求	ϕ100h6 和ϕ80h5 两外圆,小端孔口	主轴锥孔磨床
23	检验	按零件图样技术要求项目检查		

4.6.2　套类零件加工

1. 概述

（1）套类零件的功用和种类

套类零件在机械产品中通常起支承或导向作用。根据其功用,套类零件可分为轴承类、导套类和缸套类,如图 4-36 所示。套类零件用作滑动轴承时,起支承回转轴及

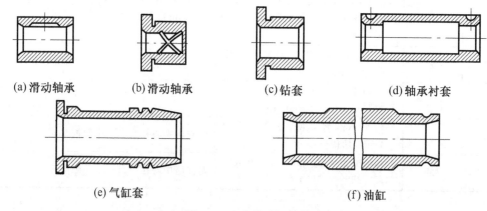

(a) 滑动轴承　　(b) 滑动轴承　　(c) 钻套　　(d) 轴承衬套

(e) 气缸套　　　　　　　(f) 油缸

图 4-36　套类零件示例

轴上零件作用,承受回转部件的重力和惯性力,而在与轴颈接触处有强烈的滑动摩擦;用作导套、钻套时,对导柱、钻头等起导向作用;用作油缸、气缸时,承受较高的工作压力,同时还对活塞的轴向往复运动起导向作用。

套类零件的主要表面是内、外圆柱表面。

(2) 套类零件的材料和毛坯

套类零件所用材料随零件工作条件而异,常用材料有低碳钢、中碳钢、合金钢、铸铁、青铜、黄铜等。有些滑动轴承采用双金属材料结构,即用离心铸造法在钢或铸铁套的内壁上浇注巴氏合金等轴承合金材料,这样既可提高轴承寿命,又可节约贵重的有色金属。

套类零件的毛坯选择与零件的材料、结构及尺寸等因素有关。孔径较小的套类零件(直径 $d<20$ mm)一般选用热轧或冷拉棒料、实心铸件;孔径较大时,常采用 35 钢或 45 钢、合金钢无缝钢管、带孔的铸件或锻件。大量生产时可采用冷挤压、粉末冶金等先进的毛坯制造工艺,既可提高生产率,又可节约金属材料。

2. 套类零件的主要技术要求

(1) 尺寸精度和几何形状精度

套类零件的内圆表面是起支承或导向作用的主要表面,它通常与运动着的轴、刀具或活塞相配合。套类零件内圆直径的尺寸精度一般为 IT7,精密的轴套有时达 IT6;形状精度应控制在孔径公差以内,一些精密轴套的形状精度则应控制在孔径公差的 1/2～1/3,甚至更严。对于长的套筒零件,形状精度除圆度要求外,还应有圆柱度要求。

套类零件的外圆表面是自身的支承表面,常以过盈配合或过渡配合同箱体、机架上的孔相连接。外圆直径的尺寸精度一般为 IT7～IT6,形状精度控制在外径公差以内。

(2) 相互位置精度

内、外圆之间的同轴度是套类零件最主要的相互位置精度要求,一般为 0.05～0.01 mm。当套类零件的端面(包括凸缘端面)在工作中承受轴向载荷,或虽不承受轴向载荷但加工时用作定位面时,则端面对内孔轴线应有较高的垂直度要求,一般为 0.05～0.02 mm。

(3) 表面粗糙度

为了保证零件的功用和提高其耐磨性,内圆表面粗糙度 R_a 值应为 1.6～0.1 μm,要求更高的内圆表面的 R_a 值应达到 0.025 μm。

外圆的表面粗糙度 R_a 值一般为 3.2～0.4 μm。

3. 套类零件机械加工的主要工艺问题

(1) 孔的加工方法

孔的加工方法很多,选择时需要考虑零件结构特点、材料、孔径的大小、长径比、精度及表面粗糙度要求,以及生产规模等各种因素。常用的粗加工和半精加工方法有钻孔、扩孔、车孔、镗孔、铣孔等;常用的精加工方法有铰孔、磨孔、拉孔、珩孔、研孔等。

（2）表面相互位置精度的保证方法

套类零件的内孔和外圆表面间的同轴度及端面和内孔轴线间的垂直度一般均有较高的要求。为达到这些要求,常用以下的方法:

1）在一次安装中完成内孔、外圆及端面的全部加工。由于消除了工件安装误差的影响,可以获得很高的相互位置精度,但这种方法工序比较集中,不适合于尺寸较大（尤其是长径比较大时）工件的装夹和加工,故多用于尺寸较小的轴套零件的加工。

2）在不能于一次安装中同时完成内、外圆表面加工时,内孔与外圆的加工应遵循互为基准的原则。

① 当内、外圆表面必须经几次安装、反复加工时,常采用先终加工孔,再以孔为精基准终加工外圆的加工顺序。因为这种方法所用夹具（心轴）的结构简单,制造和安装误差较小,可保证较高的位置精度。

② 如果由于工艺需要必须先终加工外圆,再以外圆为精基准终加工内孔,为获得较高的位置精度,必须采用定心精度高的夹具,如弹性膜片卡盘、液性塑料夹具、经修磨后的三爪自定心卡盘及软爪等。

（3）防止套类零件变形的工艺措施

套类零件的结构特点是孔壁较薄,加工中因夹紧力、切削力、内应力和切削热等因素的影响容易产生变形,精度不易保证。相应地,在工艺上应注意以下几点:

1）为减小切削力和切削热的影响,粗、精加工应分开进行,使粗加工产生的变形在精加工中得以纠正。对于壁厚很薄、加工中极易变形的工件,采用工序分散原则,并在加工时控制切削用量。

2）为减小夹紧力的影响,工艺上可采取改变夹紧力方向的措施,将径向夹紧改为轴向夹紧。当只能采用径向夹紧时,应尽可能使径向夹紧力沿圆周均匀分布,如使用过渡套、弹性套等。

3）为减小热处理的影响,热处理工序应安排在粗、精加工阶段之间,并适当增加精加工工序的加工余量,以保证热处理引起的变形在精加工中得以纠正。

4. 套类零件加工实例

（1）钻床主轴套筒的加工

钻床主轴套筒如图 4-37 所示。

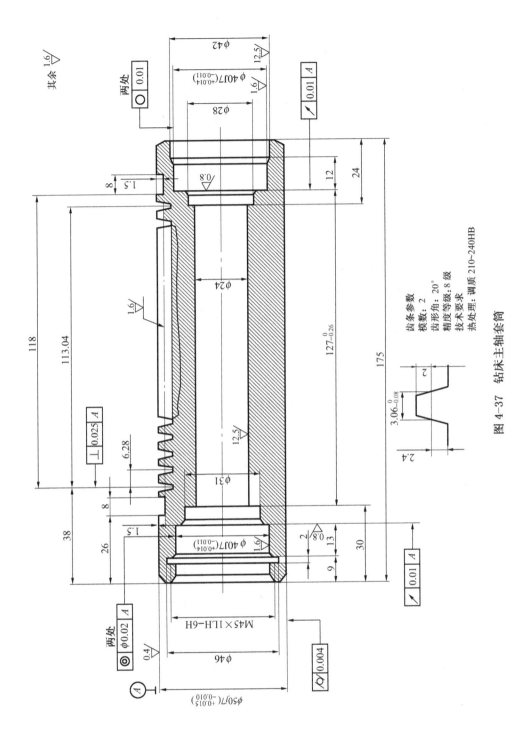

图 4-37　钻床主轴套筒

1) 零件分析

① 主要表面及其精度要求外圆 $\phi50j7(^{+0.015}_{-0.010})$ mm 是套筒最主要的表面,尺寸精度为 IT7,形状精度为圆柱度为公差 0.004 mm,表面粗糙度值 R_a 为 0.4 μm,其轴线是零件各项位置精度要求的基准要素。孔内结构复杂,两端 $\phi40J7(^{+0.014}_{-0.011})$ mm 的台阶孔精度为 IT7,圆度公差 0.01 mm,对外圆轴线的同轴度公差为 $\phi0.02$ mm,表面粗糙度 R_a 值为 1.6 μm;其台阶端面对外圆轴线的端面圆跳动公差为 0.01 mm,表面粗糙度 R_a 值为 0.8 μm。外圆表面上的齿条精度等级为 8 级,齿面表面粗糙度 R_a 值为 1.6 μm。

② 毛坯选择 根据零件所用材料和结构形状,宜采用 45 钢无缝钢管作毛坯,以节约原材料和省去钻通孔的工作量。

③ 主要表面加工方法选择

a. $\phi50j7$ 外圆各项要求均高,宜通过精磨完成。

b. 两个 $\phi40J7$ 台阶孔采用精车。

c. 齿条齿形采用铣齿方法加工。

④ 热处理安排 调质处理安排在粗车后、半精车前进行。为削除工艺过程中形成的各种应力,在精磨前安排低温时效。

2) 加工工艺过程

钻床主轴套筒加工工艺过程见表 4 - 21。

表 4 - 21 钻床主轴套筒加工工艺过程

工序号	工序名称	工 序 内 容	装 夹 方 法	加工机床
0	备料	45 钢无缝钢管 $D\times d\times L$: 54 mm×22 mm×179 mm		
1	车	车两端面,保持总长 177 mm	夹、托外圆	卧式车床
2	车	粗车外圆,留直径余量 1.5~2 mm	两顶尖顶住孔口	卧式车床
3	车	车 $\phi24$ mm 内孔至尺寸	夹、托外圆	卧式车床
4	热处理	调质 210~240 HB		
5	车	(1) 车右端面,车 $\phi40J7$ 孔,留直径余量 0.3~0.4 mm,其余各阶台孔车至尺寸;外圆倒角,$\phi28$ mm 孔口倒中心锥孔 60°,宽 2 mm (2) 调头装夹,车左端面,总长至尺寸;车 $\phi40J7$ 孔,留直径余量 0.3~0.4 mm,其余各阶台孔车至尺寸;切内槽 $\phi46$ mm×2 mm;车螺纹;外圆倒角,$\phi31$ mm 孔口倒 60°	夹、托外圆	卧式车床
6	车	半精车外圆,留直径余量 0.3~0.4 mm	$\phi28,\phi31$ 孔口两顶尖装夹	卧式车床

续　表

工序号	工序名称	工序内容	装夹方法	加工机床
7	磨	粗磨外圆至 $\phi50.10^{0}_{-0.05}$ mm	同工序 6	外圆磨床
8	铣	粗、精铣齿条(注意外圆留有余量)	外圆与中心孔"一夹一顶"	卧式铣床
9	铣	铣 8 mm×1.5 mm 两处槽	同工序 8	卧式铣床
10	热处理	低温时效		
11	钳	修研两端孔口 60°锥面		专用研具
12	磨	精磨外圆 ϕ50j7 至尺寸	两顶尖装夹	外圆磨床
13	车	(1) 精车 ϕ40J7 孔及阶台端面至尺寸,孔口倒角 (2) 凋头装夹,精车 ϕ40J7 孔及阶台端面至尺寸,孔口倒角	夹、托外圆	卧式车床
14	检验	按零件图样技术要求项目检查		

2. 隔离衬套的加工

(1) 隔离衬套的加工

隔离衬套如图 4 - 38 所示。

1) 零件分析

隔离衬套是某航空发动机螺旋桨轴上的支承衬套。内孔与螺旋桨轴轴颈相配合(间隙 0.01～0.05 mm),用平键周向定位,两油孔 ϕ7 mm 在圆周方向成 90°分布,内侧有宽度为 10 mm 的贮油槽。其主要技术要求如下:

外圆轴线对内孔轴线的同轴度公差为 ϕ0.02 mm,外圆与内孔的圆柱度公差为 0.02 mm,右端面对内孔轴线的垂直度公差为 0.03 mm,两端面的平行度公差为 0.02 mm,外圆的尺寸精度为 IT6,表面粗糙度 R_a 值为 0.2 μm,内孔的尺寸精度为 IT7,表面粗糙度 R_a 值为 0.4 μm。

零件隔离衬套内孔直径达 ϕ60 mm 左右,壁厚仅有 3 mm,为典型的薄壁套筒,且孔内有一直通键槽,圆周上还有两个油孔,故零件刚性很差,因此,加工中零件的变形是主要工艺问题。为防止和减小变形,工艺上应采取以下措施:

① 毛坯选择模锻件,选用合适的无缝钢管以减小锻造时的内应力,锻造后进行正火处理以消除锻造应力。模锻件尺寸精确,可减小加工余量,从而减小切削引起的变形。

② 调质在切削前(毛坯状态)进行,以减小热处理变形。

③ 减小切削力和切削热是防止和减小加工中产生变形的重要措施。因此,在工艺过程中应注意下面要点:粗、半精、精加工阶段划分明显;采取工序分散原则;内、外圆表面须经多次反复加工达到最终要求;规定合理的切削用量及走刀次数。

④ 粗加工后应安排一道低温回火工序,用以消除内应力。

⑤ 减小夹紧引起的变形。如采用开口套、宽软爪、弹性可涨夹紧装置、塑料可涨夹具等。

⑥ 为保证内、外圆表面粗糙度要求和形状精度,内孔采用研磨,外圆增加抛光工序。

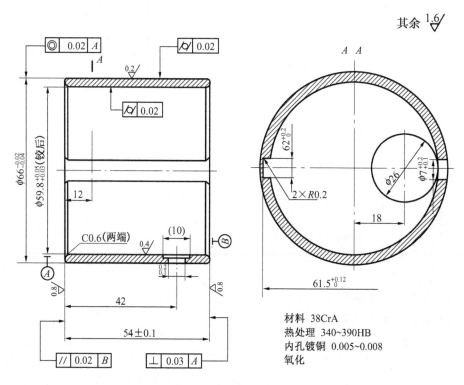

图 4-38 隔离衬套

表 4-22 隔离衬套机械加工工艺过程

工序号	工序名称	工序内容	定位基准	加工机床
0	备料	38CrA 管料 $\phi70$ mm×7 mm×50 mm		
1	锻造	锻造毛坯		
2	热处理	调质 340～390 HB		
3	车	车内孔至 $\phi59_0^{+0.2}$ mm;车端面总长不小于 55.5 mm;孔口倒角	外圆	卧式车床
4	车	车另一端面,保持总长 $54.8_{-0.2}^0$ mm;车外圆至 $\phi67_{-0.2}^0$ mm	内孔	卧式车床
5	磨	磨外圆至 $\phi66.7$ mm	内孔	无心外圆磨床

续　表

工序号	工序名称	工 序 内 容	定位基准	加工机床
6	车	车内孔至 $\phi 59.6_{0}^{+0.05}$ mm；车端面保持总长 $54.6_{-0.12}^{0}$ mm	外圆	卧式车床
8	钻	钻 $2\times\phi 7_{-0.1}^{+0.2}$ mm 孔	键槽两侧、端面	钻床
9	铣	铣两 $\phi 7$ 孔口油槽，宽 10 mm	键槽两侧、端面	铣床
10	热处理	低温回火		
11	磨	磨外圆至 $\phi 66.4_{-0.02}^{0}$ mm		无心外圆磨床
12	磨	磨内孔至 $\phi 59.845_{0}^{+0.015}$ mm	外圆	内圆磨床
13	钳	研磨内孔至 $\phi 59.85_{0}^{+0.02}$ mm		
14	钳	去全部毛刺，锐边磨圆 $R0.2\sim0.4$ mm		
15	检验	按以上加工尺寸检查		
16	表面处理	内孔镀铜，镀后尺寸保证 $\phi 59.8_{+0.03}^{+0.06}$ mm		
17	检验	镀铜表面应无划伤、拉沟、锈蚀		
18	磨	磨外圆至 $\phi 66_{-0.03}^{-0.01}$ mm，并靠磨端面至尺寸	内孔	外圆磨床
19	磨	磨另一端面，保证总长 54 ± 0.1 mm	端面	平面磨床
20	车	车两端孔口，倒角，外棱倒圆		
21	车	抛光外圆至尺寸 $\phi 66_{-0.04}^{-0.02}$ mm，R_a 0.2 μm	内孔	卧式车床
22	检验	按零件图样尺寸要求检查		
23	表面处理	氧化		

4.6.3　箱体类零件加工

1. 概述

（1）箱体类零件的功用和种类

箱体零件是机器的基础零件之一，用于将一些轴、套和齿轮等零件组装在一起，使其保持正确的相互位置，并按照一定的传动关系协调地运动。组装后的箱体部件用箱体的基准平面安装在机器上。因此，箱体零件的加工质量对箱体部件装配后的精度有着决定性的影响。

各种箱体由于应用不同其结构形状差异很大，一般可分为整体式箱体与剖分式箱体两类，如图 4-39 所示，其中图（a）为整体式箱体，图（b）为剖分式箱体。

箱体零件共同的结构特点是：结构形状复杂，内部呈空腔，箱壁较薄且不均匀，其上有许多精度要求很高的轴承孔和装配用的基准平面，此外还有一些精度要求不高的紧固孔和次要平面。因此，箱体上需要加工的部位较多，加工难度也较大。

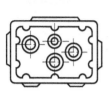 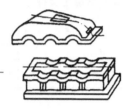 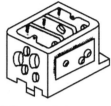

(a) 组合机床主轴箱　　(b) 剖分式减速器箱体　(c) 汽车后桥差速器箱体　　(d) 车床主轴箱

图 4-39　几种箱体零件的结构简图

（2）箱体类零件的材料和毛坯

箱体类零件的材料常采用灰铸铁，如 HT200，它具有容易成形、吸振性好、耐磨性及切削性好等特点。一些负荷较大的减速箱体也可采用铸钢件。航空发动机的箱体则常采用铝合金或镁铝合金材料，以减轻质量。

当生产批量不大时箱体铸件毛坯采用木模手工造型，制作简单，但毛坯精度较低，余量也较大；大批、大量生产时则采用金属模机器造型，毛坯精度高，余量可适当减小；在单件生产时，有时采用焊接件作箱体毛坯，以缩短生产周期。

2. 箱体类零件的主要技术要求

（1）轴承孔的尺寸、形状精度要求

箱体轴承孔的尺寸精度、形状精度和表面粗糙度直接影响与轴承的配合精度和轴的回转精度，特别是机床主轴的轴承孔，对机床的工作精度影响较大。普通机床的主轴箱，主轴轴承孔的尺寸精度为 IT6，形状误差小于孔径公差的 $1/2$，表面粗糙度 R_a 值为 $1.6\sim0.8\ \mu m$；其他轴承孔的尺寸精度为 IT6，形状误差小于孔径公差，表面粗糙度 R_a 值为 $3.2\sim1.6\ \mu m$。

（2）轴承孔的相互位置精度要求

1）各轴承孔的中心距和轴线的平行度　箱体上有齿轮啮合关系的相邻轴承孔之间，有一定的孔距尺寸精度与轴线的平行度要求，以保证齿轮副的啮合精度，减小工作中的噪声与振动，还可减小齿轮的磨损。一般机床箱体轴承孔的中心距偏差为 $\pm(0.025\sim0.06)mm$，轴线的平行度公差在 300 mm 长度内为 0.03 mm。

2）同轴线的轴承孔的同轴度　安装同一轴的前、后轴承孔之间有同轴度要求，以保证轴的顺利装配和正常回转。机床主轴轴承孔的同轴度误差一般小于 $\phi0.008$ mm，一般孔的同轴度误差不超过最小孔径的公差之半。

3）轴承孔轴线对装配基准面的平行度和对端面的垂直度　机床主轴轴线对装配基准面的平行度误差会影响机床的加工精度，对端面的垂直度误差会引起机床主轴端面圆跳动。一般机床主轴轴线对装配基准面的平行度公差在 650 mm 长度内为 0.03 mm，对端面的垂直度公差为 $0.015\sim0.02$ mm。

4) 箱体主要平面的精度要求

箱体的主要平面是指装配基准面和加工中的定位基准面,它们直接影响箱体在加工中的定位精度,影响箱体与机器总装后的相对位置与接触刚度,因而具有较高的形状精度(平面度)和表面粗糙度要求。一般机床箱体装配基准面和定位基准面的平面度公差在 $0.03\sim0.10$ mm 范围内,表面粗糙度 R_a 值为 $3.2\sim1.6$ μm。箱体上其他平面对装配基准面的平行度公差,一般在全长范围内为 $0.05\sim0.20$ mm,垂直度公差在300 mm 长度内为 $0.06\sim0.10$ mm。

3. 箱体类零件机械加工的主要工艺问题

(1) 定位基准的选择

1) 粗基准的选择　首先应考虑箱体上要求最高的轴承孔(如主轴轴承孔)的加工余量应均匀,并要兼顾其余加工面均有适当的余量。其次要纠正箱体内壁非加工表面与加工表面的相对位置偏差,防止因内壁与轴承孔位置不正而引起齿轮碰壁。一般选择主轴轴承孔和一个与其相距较远的轴承孔作为粗基准。

2) 精基准的选择　首先应考虑基准统一原则,以保证箱体上诸多轴承孔和平面之间有较高的相互位置精度,通常选择装配基准面为精基准。由于装配基准面是诸多孔系和平面的设计基准,因此能使定位基准与设计基准重合。

(2) 加工顺序的安排

加工顺序按照先粗后精、先主后次、先加工基准面的原则安排。箱体类零件有许多较大的平面和孔,一般按先平面后孔的顺序加工,以便于划线和找正,并使孔的加工余量均匀,加工孔时不会因端面不平而使刀具产生冲击振动。

(3) 热处理工序的安排

箱体结构复杂,壁厚不均匀,铸造时因冷却速度不一致,内应力较大,且表面较硬。为了改善切削性能及保持加工后精度的稳定性,毛坯铸造后,应进行一次人工时效处理。对于普通精度的箱体,粗加工后可安排自然时效;对于高精度或形状复杂的箱体,在粗加工后,还应安排一次人工时效处理,以消除内应力。

4. 箱体类零件加工实例

(1) 主轴箱箱体的加工

卧式车床主轴箱结构示意如图 4-40 所示。

1) 零件分析

① 主要表面及其精度要求　箱体底面及导向面是装配基准面,其平面度允差为 $0.04\sim0.06$ mm,表面粗糙度值为 1.6 μm。其他平面有侧面和顶面,侧面对底面的垂直度允差为 $0.04\sim0.06$ mm;顶面对底面的平行度允差为 0.1 mm。主轴轴承孔的孔径精度为IT6,表面粗糙度 R_a 值为 0.8 μm;其余轴承孔的精度为 IT7～IT6,表面粗糙度 R_a 值为 1.6 μm。各轴承孔的圆度和圆柱度公差不超过孔径公差的 1/2,主轴轴

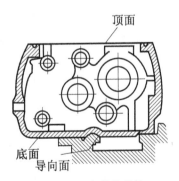

图 4-40　主轴箱箱体

承孔轴线与基准面距离的尺寸公差为 0.05～0.10 mm；各轴承孔轴线与端面的垂直度允差为 0.06～0.10 mm。同轴孔的同轴度允差为最小孔径公差的 1/2；各相关轴线间的平行度允差为 0.06～0.10 mm。

② 材料与毛坯　工件材料为灰铸铁 HT150，毛坯为铸件，加工余量为：底面8 mm，顶面 9 mm，侧面和端面 7 mm，铸孔 7 mm。

2) 单件小批生产时的加工工艺过程

卧式车床主轴箱加工工艺过程见表 4－23。

表 4－23　车床主轴箱箱体机械加工工艺过程

工序	工序名称	工 序 内 容	定 位 基 准	加工机床
0	铸造	铸造毛坯，清砂		
1	热处理	人工时效		
2	钳	划各平面加工线	主轴轴承孔和与相距最远的一个孔	
3	刨	粗刨顶面，留精刨余量2～2.5 mm	按划线找正	龙门刨床
4	刨	粗刨底面和导向面，留余量±2～2.5 mm	顶面	龙门刨床
5	刨	粗刨侧面和两端面，留余量2 mm	底面及导向（V形）面	龙门刨床
6	镗	粗加工纵向各孔，主轴轴承孔留余量2～2.5 mm，其余各孔留余量1.5～2 mm	底面及导向面	卧式镗床
7	热处理	人工时效		
8	刨	精刨顶面至尺寸	底面及导向面	龙门刨床
9	刨	精刨底面和导向面，留刮研量0.1 mm	顶面及侧面	龙门刨床
10	钳	刮研底面和导向面至尺寸		
11	刨	精刨侧面和两端面至尺寸	底面及导向面	龙门刨床
12	镗	(1) 半精加工各纵向孔，主轴轴承孔留余量0.15～0.2 mm，其余各孔留余量0.1～0.15 mm； (2) 精加工各纵向孔，主轴轴承孔留余量0.05～0.08 mm，其余各孔至尺寸； (3) 精细镗主轴轴承孔至尺寸	底面及导向面	卧式镗床
13	钳	(1) 加工螺纹底孔、紧固孔及油孔；(2) 攻螺纹，去毛刺		钻床
14	检验	按图样要求检查		

(2) 减速箱箱体的加工

图 4－41 所示为剖分式减速箱箱体。

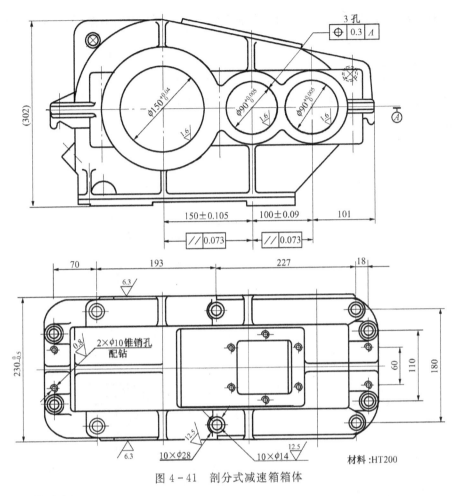

图 4 - 41　剖分式减速箱箱体

1) 零件分析

① 结构特点　箱体为剖分式,工艺过程的制定原则与整体式箱体相同。由于各对轴承孔的轴线在箱盖和底座的对合面(即剖分面)上,所以轴承孔及两端面必须待对合面加工后装配成整体箱体再进行加工。整个加工过程分为两个阶段:第一阶段将箱盖与底座分开加工,完成主要平面(对合面、底面)、连接孔、定位孔的加工,为箱体对合做准备;第二阶段先配合好箱体,然后完成两侧端面和轴承孔的加工。在两阶段之间,由钳工工序将箱盖和底座合成一体,并用销子定位。

② 主要表面及其精度要求　三对轴承孔的尺寸精度为 IT7,表面粗糙度 R_a 值为 1.6 μm,三对同轴轴承孔的同轴度公差为 ϕ0.073 mm(图 4 - 42),轴线间的平行度公差为 0.073 mm,各轴线对对合面的位置度公差为 0.3 mm。

③ 定位基准的选择　剖分式减速箱箱体的粗基准是指在加工箱盖和底座的对合面前划加工参照线所依据的基准。为了保证不加工的凸缘(12 mm)至对合面间的高度一致,应选择凸缘的上、下不加工表面为粗基准。底座的对合面粗加工后,就可作为加工底平面、连接孔、工艺孔等的精基准,而精加工对合面以及在箱盖、底座对合后加工两侧

端面和各对轴承孔时则以底平面为主要精基准,并以位于底面对角线上的两孔为辅助基准(两孔一面定位方式)。

2) 加工工艺过程

剖分式减速箱箱盖(图 4-42)加工工艺过程见表 4-24。

剖分式减速箱底座(图 4-43)加工工艺过程见表 4-25。

剖分式减速箱整体加工工艺过程见表 4-26。

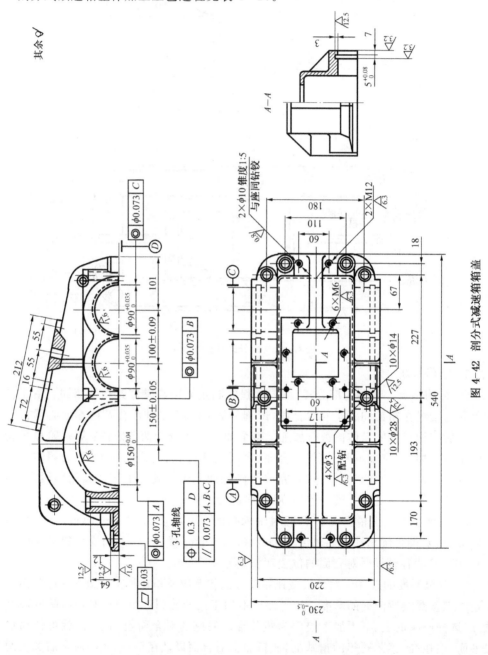

图 4-42 剖分式减速箱箱盖

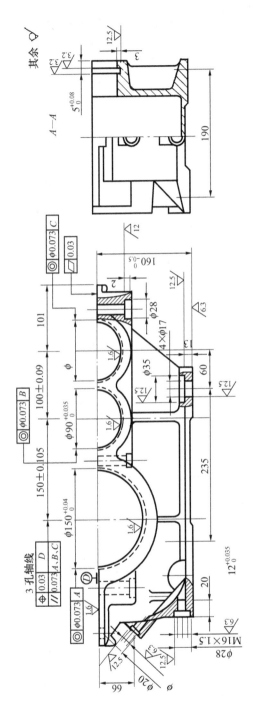

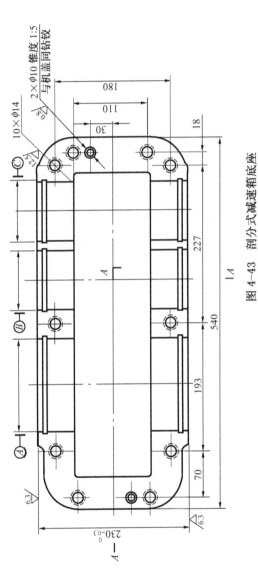

图 4-43　剖分式减速箱底座

表 4 - 24　减速箱箱盖的机械加工工艺过程

工序	工序名称	工 序 内 容	定 位 基 准
0	铸造	铸造毛坯,清砂	
1	热处理	人工时效涂红丹底漆	
2	油漆		
3	钳	划各平面加工线	凸缘上表面
4	刨	刨对合面,留余量 0.5 mm	按划线找正
5	刨	刨顶面至图样要求	对合面及侧面
6	磨(或精刨)	磨(或精刨)对合面,平面度公差 0.03 mm,R_a 1.6 μm	顶面及侧面
7	钻	钻 10 - ϕ14 mm 孔,锪 10 - ϕ28 mm 孔,钻 2 - M12 底孔并倒角,攻 2 - M12 螺孔	对合面
8	钻	钻 6 - M6 底孔并倒角,攻 6 - M6 螺孔	对合面
9	检验		

表 4 - 25　减速箱底座的机械加工工艺过程

工序	工序名称	工 序 内 容	定 位 基 准
0	铸造	铸造毛坯,清砂	
1	热处理	人工时效	
2	油漆	涂红丹底漆	
3	钳	划各平面加工线	凸缘下表面
4	刨	刨对合面,留余量 0.5 mm	按划线找正
5	刨	刨底面	对合面
6	钻	钻 4 - ϕ17 mm 孔,锪其中对角两孔至 $\phi17.5_0^{+0.018}$ mm(工艺用),锪 4 - ϕ35 mm 孔	对合面
7	钻	钻、铰 $\phi12_0^{+0.035}$ mm 量油孔至要求,锪 ϕ20 mm 孔	底面及两工艺孔
8	钻	钻 M16×1.5 放油螺孔底孔,锪 ϕ28 mm 孔,攻 M16×1.5 螺孔	底面及两工艺孔
9	磨(或精刨)	磨(或精刨)对合面,平面度公差 0.03 mm,R_a 1.6 μm	底面
10	检验		

表 4 – 26　减速箱整体加工的机械加工工艺过程

工序	工序名称	工 序 内 容	定 位 基 准
1	钳	将箱盖、底座对准合拢并夹紧,钻、铰 2-ϕ10 mm 锥销孔,打入锥销	
2	钻	钻 10-ϕ14 mm 孔,锪 10-ϕ28 mm 孔(配钻)	底面、顶面
3	钳	拆箱,分开箱盖与底座,清除对合面上的毛刺与切屑,再合拢箱体,打入锥销,拧紧 2×M12 螺栓	
4	铣	铣两端面,保证 $230^{0}_{-0.5}$ mm	底面及两工艺孔
5	镗	粗镗 3 对轴承孔,留精镗余量 1～1.5 mm	底面及两工艺孔
6	镗	精镗 3 对轴承孔至尺寸,镗 6 个卡簧槽 $5^{+0.08}_{0}$ mm	底面及两工艺孔
7	钳	拆开箱体,清除毛刺和切屑	
8	检验		

4.6.4　直齿圆柱齿轮加工

1. 概述

(1) 齿轮的主要加工面

齿轮的主要加工表面有齿面和齿轮基准表面,后者包括带孔齿轮的基准孔、连轴齿轮的基准轴、切齿加工时的安装端面,以及用以找正齿坯位置或测量齿厚时用作测量基准的齿顶圆柱面。

(2) 齿轮的材料和毛坯

常用的齿轮材料有 15 钢、45 钢等碳素结构钢;速度高、受力大、精度高的齿轮常用合金结构钢,如 20Cr,40Cr,38CrMoAl,20CrMnTiA 等。

齿轮的毛坯决定于齿轮的材料、结构形状、尺寸规格、使用条件及生产批量等因素,常用的有棒料、锻造毛坯、铸钢或铸铁毛坯等。

2. 直齿圆柱齿轮的主要技术要求

(1) 齿轮精度和齿侧间隙

GB 10095《渐开线圆柱齿轮精度》对齿轮及齿轮副规定了 12 个精度等级。其中,1～2 级为超精密等级;3～5 级为高精度等级;6～8 级为中等精度等级;9～12 级为低精度等级。机械中普遍应用的齿轮的等级为 7 级,通常用切齿工艺方法加工。按照齿轮各项误差的特性及它们对传动性能的主要影响,齿轮的各项公差和极限偏差分为三个公差组(见表 4 – 27)。根据齿轮使用要求不同,各公差组可以选用不同的精度等级。

表 4 - 27　圆柱齿轮的公差组

公差组	对传动性能的主要影响	公差与极限偏差项目
I	传递运动的准确性	F_i'，F_p，F_{pk}，F_i''，F_r，F_w
II	传递运动的平稳性	f_i'，f_i''，f_f，$\pm f_{pt}$，$\pm f_{pb}$，$f_{f\beta}$
III	载荷分布的均匀性	F_β，F_b，$\pm F_{px}$

齿轮副的侧隙是指齿轮副啮合时,两非工作齿面沿法线方向的距离(即法向侧隙),侧隙用以保证齿轮副的正常工作。加工齿轮时,用齿厚的极限偏差来控制和保证齿轮副侧隙的大小。

(2) 齿轮基准表面的精度

齿轮基准表面的尺寸误差和形状位置误差直接影响齿轮与齿轮副的精度。因此GB 10095 附录中对齿坯公差作了相应规定。对于精度等级为6～8级的齿轮,带孔齿轮基准孔的尺寸公差和形状公差为IT6～IT7,连轴齿轮基准轴的尺寸公差和形状公差为IT5～IT6,用作测量基准的齿顶圆直径公差为 IT8;基准面的径向和端面圆跳动公差在11～22 μm 之间(分度圆直径不大于 400 mm 的中小齿轮)。

(3) 表面粗糙度

齿轮齿面及齿坯基准面的表面粗糙度,对齿轮的寿命、传动中的噪声有一定的影响。6～8级精度的齿轮,齿面表面粗糙度 R_a 值一般为 0.8～3.2 μm,基准孔为 0.8～1.6μm,基准轴颈为 0.4～1.6μm,基准端面为 1.6～3.2μm,齿顶圆柱面为 3.2μm。

3. 直齿圆柱齿轮机械加工的主要工艺问题

(1) 定位基准

齿轮加工定位基准的选择应符合基准重合的原则,尽可能与装配基准、测量基准一致,同时在齿轮加工的整个过程中(如滚、剃、珩齿等)应选用同一定位基准,以保持基准统一。

连轴齿轮的齿坯和齿面加工与一般轴类零件加工相似。直径较小的连轴齿轮,一般采用两端中心孔作为定位基准;直径较大的连轴齿轮,由于自重及切削力较大,不宜用中心孔作定位基准,而应选用轴颈和端面圆跳动较小的端平面作为定位基准。

带孔齿轮或装配式齿轮的齿圈,常使用专用心轴,以齿坯内孔和端面作定位基准。这种方法定位精度高,生产率也高,适用于成批生产。单件小批生产时,则常用外圆和端面作定位基准,以省去心轴,但要求外圆对孔的径向圆跳动要小,这种方法生产率较低。

(2) 齿坯加工

齿坯加工主要包括带孔齿轮的孔和端面、连轴齿轮的中心孔及齿圈外圆和端面的加工。

1) 齿坯孔加工的主要方案如下:

① 钻孔—扩孔—铰孔—插键槽

② 钻孔—扩孔—拉孔—拉键槽—磨孔

③ 车孔或镗孔—拉或插键槽—磨孔

2）齿坯外圆和端面主要采用车削。大批、大量生产时,常采用高生产率机床加工齿坯,如多轴或多工位、多刀半自动机床;单件、小批生产时,一般采用通用车床,但必须注意内孔和基准端面的精加工应在一次安装内完成,并在基准端面作标记。

（3）齿面切削方法的选择

齿面切削方法的选择主要取决于齿轮的精度等级、生产批量、生产条件和热处理要求。7～8 级精度不淬硬的齿轮可用滚齿或插齿达到要求;6～7 级精度不淬硬的齿轮可用滚齿—剃齿达到要求;6～7 级精度淬硬的齿轮在生产批量较小时可采用滚齿（或插齿）—齿面热处理—磨齿的加工方案,生产批量大时可采用滚齿—剃齿—齿面热处理—珩齿的加工方案。

（4）圆柱齿轮的加工工艺过程

1）只需调质热处理的齿轮

毛坯制造—毛坯热处理（正火）—齿坯粗加工—调质—齿坯精加工—齿面粗加工—齿面精加工。

2）齿面须经表面淬火的中碳结构钢、合金结构钢齿轮

毛坯制造—正火—齿坯粗加工—调质—齿坯半精加工—齿面粗加工（半精加工）—齿面表面淬火—齿坯精加工—齿面精加工。

3）齿面必须经渗碳或渗氮的齿轮

毛坯制造—正火—齿坯粗加工—正火或调质—齿坯半精加工—齿面粗加工—齿面半精加工—渗碳淬火或渗氮—齿坯精加工—齿面精加工。

4. 直齿圆柱齿轮加工实例

图 4－44 所示为某主轴箱传动齿轮。

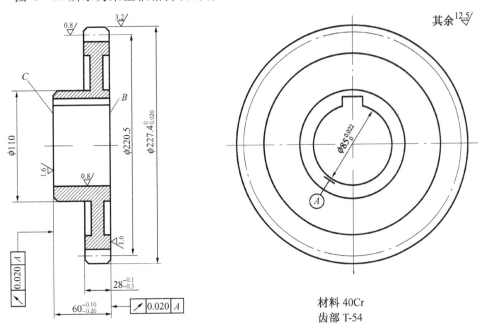

图 4－44　传动齿轮简图

185

（1）零件分析

该齿轮为模数 $m=3.5$ mm，齿数 $z=63$，齿形角 $\alpha=20°$ 的标准直齿圆柱齿轮。

1）主要技术要求

① 精度等级　第 I 公差组为 6 级精度，检测项目齿距累积误差 ΔF_p，公差 $F_p=0.063$ mm；第 II 公差组为 5 级精度，检测项目齿形误差 Δf_f 和基节偏差 Δf_{pb}，齿形公差 $f_f=0.007$ mm，基节极限偏差 $\pm f_{pb}=\pm0.006$ mm；第 III 公差组为 5 级精度，检测项目齿向误差 ΔF_β，公差 $\Delta F_\beta=0.007$ mm。公法线长度 $W_k=80.58^{-0.14}_{-0.22}$ mm，跨测齿 $k=8$。齿厚上偏差代号 M，$M=-20f_{pt}=-0.14$ mm，齿厚下偏差代号 P，$P=-32f_{pt}=-0.224$ mm（精度等级表示中，齿厚极限偏差用以控制侧隙，本例用代号 MP 表示 p）。

② 齿坯基准面精度　基准内孔 $\phi85^{+0.022}_{0}$ mm，精度 IT6；两端面对内孔轴线的端面圆跳动分别为 0.020 mm 和 0.025 mm。

③ 表面粗糙度 R_a 值　基准孔为 0.8 μm，两端面为 1.6 μm，齿面为 0.8 μm，齿顶圆柱面为 3.2 μm。

2）毛坯选择　采用锻造毛坯以改善材料的力学性能。小批生产时采用自由锻，大批大量生产时采用模锻。

3）主要表面加工方法的选择　该齿轮精度等级较高，各主要表面精加工的方法为

基准孔：磨削；

端　面：磨削；

齿　面：滚齿—表面淬火—磨齿。

（2）加工工艺过程

主轴箱传动齿轮加工工艺过程见表 4-28。

表 4-28　主轴箱传动齿轮机械加工工艺过程

工　序	工序名称	工　序　内　容	定位基准	加工机床
0	备料			
1	锻	自由锻毛坯		空气锤
2	热处理	正火		
3	车	粗车全部加工表面，均留余量 2 mm	外圆、端面	卧式车床
4	车	精车内孔至 $\phi84.8^{+0.035}_{0}$，总长及 B 面留余量 0.2 mm，其余量达图样规定尺寸	外圆、端面	卧式车床
5	滚齿	滚制齿面，留磨齿余量 $\pm0.2\sim0.3$ mm，达 R_a 1.6 μm	内孔、端面 B	滚齿机
6	钳	齿端面倒角并去毛刺		
7	热处理	齿部高频淬火，52～58HRC		

续　表

工　序	工序名称	工　序　内　容	定位基准	加工机床
8	磨	靠磨大端面 B	内孔	外圆磨床
9	磨	磨端面 C,总长至尺寸	大端面 B	平面磨床
10	插	插键槽至尺寸	大端面 B,内孔	插床
11	磨	磨内孔 $\phi85_0^{+0.022}$ 至要求,加工前找正内孔及大端面(允差 0.01 mm)	内孔、大端面 B	内圆磨床
12	磨齿	磨齿达图样规定尺寸	内孔、大端面 B	磨齿机
13	钳	去全部毛刺		
14	检验	按图样规定要求检查		

习　题

1. 什么是机械加工生产过程、工艺过程、工艺规程? 工艺规程在生产中起何作用?

2. 什么是基准? 基准如何分类?

3. 什么是定位基准? 定位基准分为哪两类?

4. 什么是粗基准? 如何选择粗基准?

5. 什么是精基准? 如何选择精基准?

6. 为什么选择定位基准应尽可能使它与设计基准重合? 如果不重合会产生什么问题?

7. 什么是经济精度? 某种加工方法的经济精度就是该加工方法能够达到的最高加工精度,这种说法对吗?

8. 零件的切削加工过程一般可分为哪几个阶段? 各加工阶段的主要任务是什么? 划分加工阶段有什么作用?

9. 什么是工序集中与工序分散? 各有什么优缺点?

10. 安排机械加工工艺顺序应遵循哪些原则?

11. 在机械加工工艺过程中,热处理工序的位置如何安排?

12. 什么情况下需要安排中间检验工序?

13. 常见的毛坯种类有哪些? 选择毛坯时应考虑哪些因素?

14. 什么是毛坯余量、工序余量和总余量? 为什么说加工余量是变化的?

15. 确定加工余量大小要考虑哪些因素?

16. 工序尺寸怎样确定?

17. 制定工艺规程需要哪些原始资料作为技术依据?

18. 试述制定工艺规程的步骤。

19. 制定工艺规程时,分析零件图样应弄清哪些问题?

20. 在制定工艺规程时,如何选择机床设备及刀、夹、量具?

21. 机械加工工艺规程的常用文件形式有哪几种? 有什么作用?

22. 轴类零件的主要功能是什么? 按结构形状可分为哪几类?

23. 怎样选择轴类零件的定位基准?

24. 试述轴类零件的典型加工工艺过程。

25. 套类零件的主要功用是什么? 按其功用可分为哪几类?

26. 套类零件加工时主要表面的相互位置精度如何保证?

27. 如何防止套类零件在加工时的变形?

28. 直齿圆柱齿轮的主要加工表面有哪些?

29. 齿面必须经表面淬火的齿轮,其工艺过程如何?

30. 箱体类零件的结构特点是什么? 整体式箱体与剖分式箱体的加工有什么不同?

31. 根据图 4-45 所示传动轴零件图样,按成批生产拟定其工艺过程。

32. 法兰盘零件如图 4-46 所示,按成批生产拟定其工艺过程。

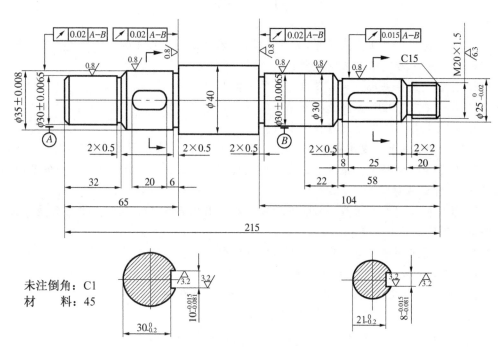

图 4-45 传动轴

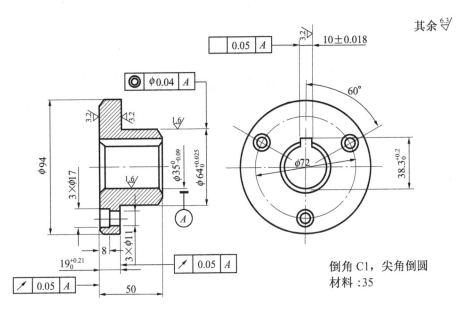

其余 $\sqrt{\dfrac{6.3}{}}$

倒角 C1，尖角倒圆
材料：35

图 4-46　法兰盘

第5章 机床夹具设计基础

5.1 机床夹具概述

5.1.1 机床夹具的分类

夹具是机械制造中的保证产品质量、加速工艺过程的一种工艺装备,在不同的工艺过程中所使用的夹具也不同,如机床夹具、焊接夹具、装配夹具、检验夹具等。其中用得最为广泛的是机床夹具。

各种切削机床上用于装夹工件的工艺装备称为机床夹具。机床夹具有多种分类方法,一般按适用工件的范围和特点分为通用夹具、专用夹具、组合夹具和可调夹具;按使用的机床分为车床夹具、铣床夹具、钻床夹具、镗床夹具等;按夹紧的动力源分为手动夹具、气动夹具、液压夹具等。

如图5-1所示,车床上使用的三爪卡盘、铣床上使用的平口虎钳、万能分度头等,都是通用夹具。

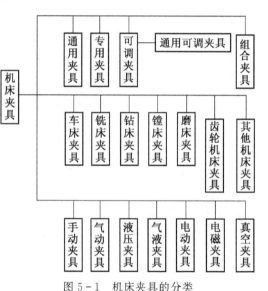

图5-1 机床夹具的分类

5.1.2 机床夹具的作用和组成

对工件进行机械加工时,为了保证加工表面相对于其他表面的尺寸和位置精度,首先要使工件相对于机床(或刀具)有正确的位置,并使这个位置在加工过程中不因外力的影响而变动。为此,在进行机械加工前要先将工件装夹好。工件的装夹方法有两种:一种是工件直接装夹在机床的工作台或花盘上。这种方法不需专门装备,但效率低,多用于单件或小批生产;另一种是工件装夹在夹具上,这种方法在成批和大量生产中被广泛采用。

在用夹具装夹时,工件相对于刀具(或机床)的位置由夹具保证,不需划线找正,装夹方便,基本上不受工人技术水平的影响,因而可减少辅助时间,改善操作者的劳动条件并减少劳动强度,提高劳动生产率,保证工件的加工精度。

使用夹具还可以扩大机床的使用范围。

机床夹具的种类和结构虽然繁多,但它们的组成均可概括为下面四个部分。

(1) 定位元件

定位元件的作用是使工件在夹具中占据正确的位置。

(2) 夹紧装置

夹紧装置的作用是将工件压紧、夹牢,保证工件在加工过程中当受到外力(切削力等)作用时不离开已经占据的正确位置。

(3) 夹具体

夹具体是机床夹具的基础件,通过它将夹具的所有元件连接成一个整体。

(4) 其他机构或元件

除了定位元件,夹紧机构和夹具体外,各种夹具还根据需要设置一些其他机构或元件。

1) 传动机构　在气压、液压等机械化产生力源的夹紧中传递并改变力的机构。

2) 分度机构　在加工过程中改变工件相对刀具位置的机构。

3) 对刀和导向元件　对刀元件的作用是确定夹具相对于刀具的正确位置,如铣床上的对刀块;导向元件则同时兼有引导工具进行加工的作用,如钻套和镗套。

5.2　工件在夹具中的定位

工件在夹具中定位的任务是使同一工序中的一批工件都能在夹具中占据正确的位置。一批工件逐个在夹具上定位时,各个工件在夹具中占据的位置不可能完全一致,也不必要求它们完全一致,但各个工件的位置变动量必须控制在加工要求所允许的范围之内。

5.2.1　工件定位的基本原理

1. 六点定位原理

任何一个尚未定位的工件,都可以看作三维空间中的一个自由刚体。如图 5-2 所示,它可以沿 X, Y, Z 轴移动,也可以绕它们转动。分别用 $\vec{X}$, $\vec{Y}$, $\vec{Z}$ 和 $\overset{\frown}{X}$, $\overset{\frown}{Y}$, $\overset{\frown}{Z}$ 表示沿坐标轴的移动和转动,称为工件的六个自由度。工件定位的实质就是要限制工件对加工有不良影响的自由度。需要空间有固定点与工件表面保持接触。这些用来限制工件自由度的固定点,称

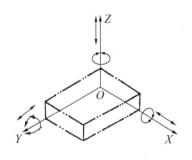

图 5-2　未定位工件的六个自由度

为定位支承点,简称支承点。无论工件的形状和结构怎么不同,它们的六个自由度都可以用六个支承点限制,只是六个支承点的分布不同罢了。

用适当分布的六个支承点限制工件六个自由度,简称六点定位原理。

用于实际生产时,起支承点作用的是一定形状的几何体,这些用来限制工件自由度的几何体称为定位元件。

表5-1所示为夹具中常用定位元件能限制的工件自由度。

表 5－1　各种定位元件所能限制的自由度

简图及名称	限制的自由度	简图及名称	限制的自由度
定位面 支承钉(光基准用)	1 $\vec{Z}$	定位面 长圆柱销	4 $\vec{Y},\vec{Z}$ $\overset{\curvearrowright}{Y},\overset{\curvearrowright}{Z}$
定位面 短圆柱销(与孔接触)	2 $\vec{X},\vec{Y}$	定位面 三个成一平面的支承钉	3 $\vec{Z}$ $\overset{\curvearrowright}{X},\overset{\curvearrowright}{Y}$
定位面 短V形块(与圆柱面接触)	2 $\vec{X},\vec{Z}$	定位面 浮动顶尖　后顶尖	4 $\vec{Y}$ $\vec{Z}$ $\overset{\curvearrowright}{Y},\overset{\curvearrowright}{Z}$
摇板	1 $\vec{Z}$	定位面 长衬套	4 $\vec{Y},\vec{Z}$ $\overset{\curvearrowright}{Y},\overset{\curvearrowright}{Z}$
定位面 短锥销　短锥套	3 $\vec{X},\vec{Y},\vec{Z}$	定位面 长圆锥销	5 $\vec{X},\vec{Y},\vec{Z}$ $\overset{\curvearrowright}{Y},\overset{\curvearrowright}{Z}$
长V形块(与圆柱面接触)	3 $\vec{X},\vec{Z}$ $\overset{\curvearrowright}{X},\overset{\curvearrowright}{Z}$	前死顶尖　后顶尖	5 $\vec{X},\vec{Y},\vec{Z}$ $\overset{\curvearrowright}{Y},\overset{\curvearrowright}{Z}$

2. 定位原理的应用

图5-2所示的长方体工件,按图5-3所示设置六个支承点,则长方体工件的六个自由

度用六个支承点被限制住,其中与长方体底面紧贴的三个支承点 1,2,3(它们应成三角形,三角形面积积越大,定位越稳),分别限制 $\vec{Z}$,$\widehat{X}$,$\widehat{Y}$ 三个自由度,侧面紧贴的 4,5 两个支承点(应呈水平布置,不能垂直布置)限制 $\vec{X}$,$\widehat{Z}$ 两个自由度,支承点 6 限制 $\vec{Y}$ 自由度。

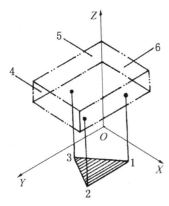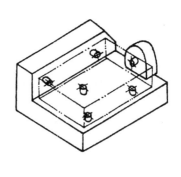

图 5-3　长方体定位时支承点的分布

六点定位原则也适合其他形状工件,只是定位点的分布不同而已。图 5-4 所示为盘形工件定位情况。底面上三个支承点限制 $\vec{Z}$,$\widehat{X}$,$\widehat{Y}$ 三个自由度,圆柱面紧贴的两个支承点(图上仅显示了一个)限制 $\vec{X}$,$\vec{Y}$ 自由度,若限制 $\widehat{Z}$ 要设置一个支承点在槽的侧面。

应该指出,在分析工件的定位问题时,六个支承点的分布应适当;支承点应始终与工件的定位基面接触;不应该考虑力的影响,注意分清定位和夹紧是两个不同的概念,不能混淆。

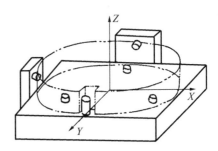

图 5-4　盘类工件的六点定位

3. 应用六点定位规则时应注意的问题

(1) 限制工件的自由度与加工要求的关系

按照加工要求确定限制工件的自由度是夹具设计中首先要解决的问题。影响加工要求的自由度,必须限制;不影响加工要求的自由度,可以不限制,限制与否,视夹具结构、装夹方便和切削力因素等具体要求而定。

1) 完全定位　工件在夹具中,工件的六个自由度都被限制了的定位,称为完全定位。图 5-3、图 5-4 所示的定位就是完全定位。

2) 不完全定位　工件被限制的自由度少于六个,但能保证加工要求的定位称为不完全定位。图 5-5 所示在工件上铣通槽,为保证槽底面与 A 面的平行度和尺寸 $60_{-0.2}^{0}$ mm 两项加工要求,必须限制 $\vec{Z}$,$\widehat{X}$,$\widehat{Y}$ 三个自由度。为保证槽侧面与 B 面的平行度及 30 ± 0.1 mm 尺寸两项加工要求,又必须限制 $\vec{X}$,$\widehat{Z}$ 两个自由度。至于 $\vec{Y}$,从加工要求的角度看,可以不限制。因为一批工件逐个在夹具上定位时,各个工件沿 Y 轴的位置即使不同,也不会影响加工要求。

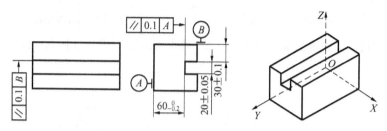

图 5-5 按照加工要求确定必须限制自由度

在满足加工要求的前提下,采用不完全定位是允许的。若在铣削力的相对方向上,增设一个挡销,虽限制了$\vec{Y}$的自由度,但其主要作用不是定位,而是承受部分切削力,使加工稳定,便于控制行程,这有时也是必要的。

3) 欠定位 按照加工要求应限制的自由度没有被限制的定位称为欠定位。欠定位是不能允许的,因为欠定位保证不了工件的加工精度。在图 5-5 中,如果$\vec{X}$没有限制,就不能保证 30±0.1 mm 的加工要求,$\vec{Z}$没有限制,就不能保证槽侧面与 B 面的平行度要求。

表 5-2 所列为满足工件的加工要求所必须限制的自由度。

表 5-2 满足加工要求所需限制的自由度

工 序 简 图	位 置 要 求		机床及刀 具	需要限制的自由度
加工面"宽 b 槽"	1. 尺寸 B 2. 尺寸 H 3. 槽侧面与 N 面平行 4. 槽底面与 M 面平行		立式铣床立铣刀	$\vec{X}, \vec{Z}$ $\widehat{X}, \widehat{Y}, \widehat{Z}$
加工面"宽 b 槽"	1. 尺寸 H 2. 尺寸 L 3. b 与轴线平行并对称		立式铣床立铣刀	$\vec{X}, \vec{Y}, \vec{Z}$ $\widehat{X}, \widehat{Z}$
加工面"圆孔"	通孔	1. 尺寸 B 2. 尺寸 L 3. 孔中心线垂直 M 面	立式钻床钻头	$\vec{X}, \vec{Y}$ $\widehat{X}, \widehat{Y}, \widehat{Z}$
	不通孔			$\vec{X}, \vec{Y}, \vec{Z}$ $\widehat{X}, \widehat{Y}, \widehat{Z}$
加工面"圆孔"	通孔	1. 尺寸 L 2. 加工孔中心与轴 D 的轴线垂直并相交	立式钻床钻头	$\vec{X}, \vec{Y}$ $\widehat{X}, \widehat{Z}$
	不通孔			$\vec{X}, \vec{Y}, \vec{Z}$ $\widehat{X}, \widehat{Z}$

续　表

工 序 简 图	位 置 要 求		机床及刀具	需要限制的自由度
加工面"圆孔"　　d　　Z　X　Z轴为基准　ϕD　(ϕD)的中心线　E	通孔	1. 尺寸 E 2. 对孔 d 的角度位置	立式钻床 钻头	$\vec{X}, \vec{Y}$ $\widehat{X}, \widehat{Y}, \widehat{Z}$
	不通孔	3. 圆孔与底面垂直		$\vec{X}, \vec{Y}, \vec{Z}$ $\widehat{X}, \widehat{Y}, \widehat{Z}$
加工面"外圆柱及凸肩"　L　ϕD　Z　X　Y　Y轴为基准　(ϕD)的中心线　d	1. 加工面 D 对 d 须同轴 2. 尺寸 L		车床	$\vec{X}, \vec{Y}, \vec{Z}$ $\widehat{X}, \widehat{Z}$

（2）正确处理重复定位

工件的一个或几个自由度被重复限制的定位称重复定位或过定位。

图 5-6 所示为插齿时常用的夹具。工件 3（齿坯）以内孔在心轴 1 上定位，限制工件 $\vec{X}, \vec{Y}, \widehat{X}, \widehat{Y}$ 四个自由度；又以端面在支承凸台 2 上定位，限制工件 $\vec{Z}, \widehat{X}, \widehat{Y}$ 三个自由度，其中 $\widehat{X}, \widehat{Y}$ 被重复限制，是重复定位。为了提高齿轮分度圆与齿轮内孔的同轴度，齿坯内孔与心轴的配合间隙往往很小，当齿坯内孔与端面的垂直度误差较大时，工件的定位将如图 5-7 所示，齿坯端面与凸台只有一点接触。夹紧后，不是心轴变形就是工件变形，影响加工精度，因此，这种重复定位（过定位）是不允许的。

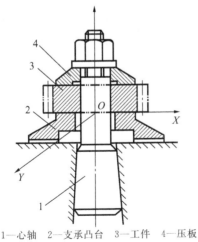

1—心轴　2—支承凸台　3—工件　4—压板

图 5-6　插齿夹具

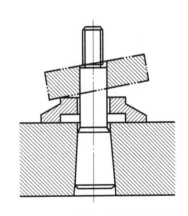

图 5-7　内孔与端面垂直度误差较大时齿坯的定位情况

防止出现上述情况的办法有如下两种：

1）改变定位装置结构

如图 5-8 所示，使用球面垫圈，去掉重复限制 $\overset{\frown}{X}$，$\overset{\frown}{Y}$ 的两个支承点，避免了重复定位。定位装置的结构改变后，即使齿坯内孔与端面垂直度误差较大，工件或心轴也不会在夹紧力的作用下变形。但增加球面垫圈后，夹具的结构变复杂了，刚度也会变差。

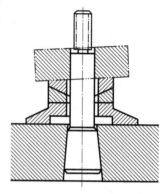

图 5-8　通过改变定位装置结构避免过定位

2）提高工件或夹具有关表面的位置精度

在图 5-6 所示的夹具中，如果齿坯内孔与端面的垂直度误差加上夹具心轴与凸台的垂直度误差之和小于或等于心轴与齿坯内孔之间的间隙，那么工件在夹具上定位时，就不会出现图 5-7 所示的情况。工件和夹具有关表面的位置精度提高后，虽然仍是重复定位，但工件和心轴不会在夹紧力的作用下变形，而且定位精度高，夹具刚度好，加工稳定，因此，这种重复定位是可取的。

由于齿坯内孔与端面可在同一次装夹中车出，垂直度误差很小，心轴的制造精度更高，所以，在插齿和滚齿夹具上，都还是采用图 5-6 所示的方法。

在夹具设计中，重复定位是允许的，但要注意避免或减少重复定位的有害影响。

（3）合理选择定位基准

定位基准要与工序基准重合，并尽可能与设计基准重合，以减少加工误差，获得较高的加工精度。在工件各加工工序中，力求采用统一基准，以避免因基准转换而降低工件各表面的位置精度。在选择定位元件时，要防止出现欠定位的原则性错误，慎重处理重复定位问题。并应选择工件上最大的平面、最长的圆柱面或圆柱轴线为定位基准，使定位稳定可靠，以提高定位精度。粗基准表面应尽可能光整，避开冒口、浇口或分型面等不平整部分。

（4）定位与夹紧符号的标注

在选定定位基准及确定了夹紧力的方向和作用点后，应在工序图上标注出定位符号、夹紧符号及限制的自由度数。JB/T5061—1991 规定的定位和夹紧符号见表 5-3。例如，在工序图中轮廓线上标入 ⌒3，其中 3 表示该面应限制 3 个自由度；在轮廓上标 ↓，表示在该处手动夹紧，其箭头方向与夹紧力同向。

表 5 - 3　定位夹紧符号

标注位置 分类		独　　立		联　　动	
		标注在视图 轮廓线上	标注在视图 正面上	标注在视图 轮廓线上	标注在视图 正面上
主要 定位点	固定式		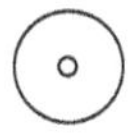	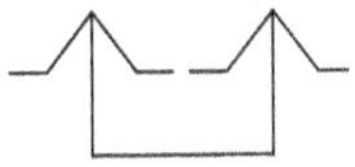	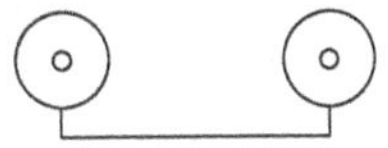
	活动式			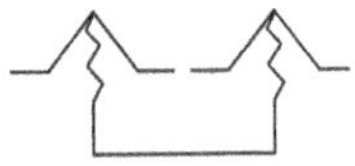	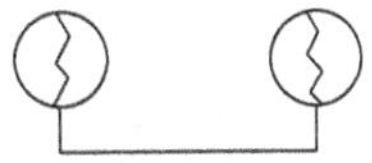
辅助定位点				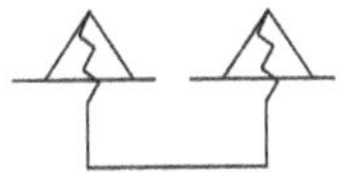	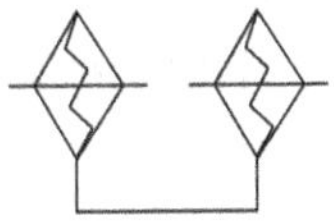
机械夹紧					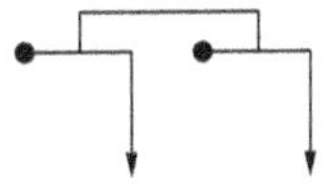
液压夹紧		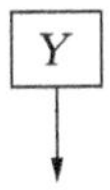 Y	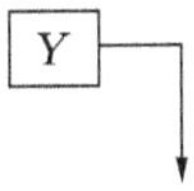 Y	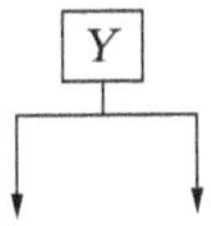 Y	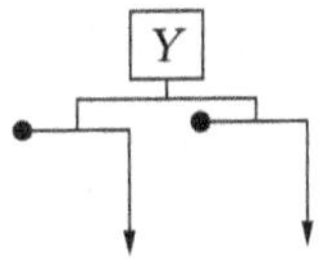 Y
气动夹紧		 Q	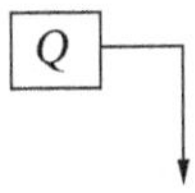 Q	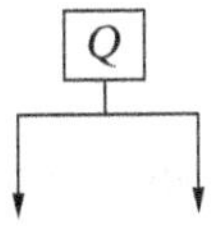 Q	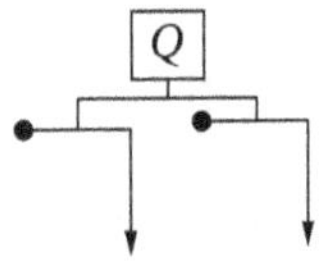 Q
电磁夹紧		 D	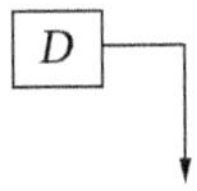 D	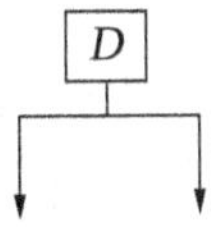 D	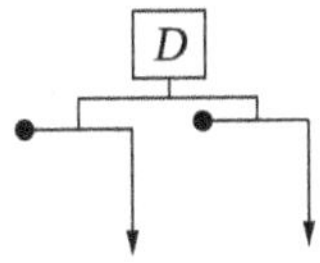 D

5.2.2　常用的定位方式及其所用定位元件

工件在夹具中位置的确定主要是通过各种类型的定位元件实现的,应根据工件的结构特点和工序加工精度要求选取的定位基准形式,采用不同的定位方式来实现定位。

（1）定位元件的基本要求和常用材料

为保证夹具能长期使用,工件不应与夹具体直接接触,而应放在定位元件上,与定位元件接触。定位元件应满足以下要求:

1）足够的精度

由于工件的定位是通过与定位元件的接触（或配合）实现的,定位元件上与工件接触的定位件表面的精度直接影响工件的定位精度,因此,定位元件的工作(接触)表面应有足够的精度,以适应工件的加工要求。

2）足够的强度和刚度

定位元件不仅限制工件的自由度,还有支承工件、承受夹紧力和切削力的作用,因此,应有足够的强度和刚度,以避免在使用中变形或损坏。

3）耐磨性好

工件的装卸会磨损定位元件的工作表面,导致定位精度下降。为了提高夹具的使用寿命,定位元件应有较好的耐磨性。

4）工艺性好

定位元件的结构应力求简单、合理,便于加工、装配和更换。

定位元件可选用 45,40Cr 等优质碳素结构钢或合金钢制造,或选用 T8,T10 等碳素工具钢制造,并经过淬火热处理,提高表面硬度及耐磨性。也可采用 20,20Cr 等低碳钢经渗碳淬火提高其耐磨性,渗碳层深度 0.8～1.2 mm,淬火硬度55～62 HRC。

定位元件的精度对工件的加工精度影响很大。对于定位元件与工件定位基面或夹具体接触或配合的表面,一般尺寸精度不低于IT8,常选IT7甚至IT6制造,定位元件工作表面的粗糙度,一般不应大于 R_a 1.6 μm,常选用 R_a 0.8 μm 和 R_a 0.4 μm,采用调整法和修配法提高装配精度。

（2）工件以平面定位时的定位元件

1）支承钉

图 5-9(a)所示为平头支承钉（A 型）,其主要用于精基准定位;图 5-9(b)所示为球头支承钉（B 型）,其能与粗基准面良好接触;图 5-9(c)所示为齿纹支承钉（C 型）,其可防止工件在加工时滑动,但不易清除切屑,常用于工件的侧面定位。

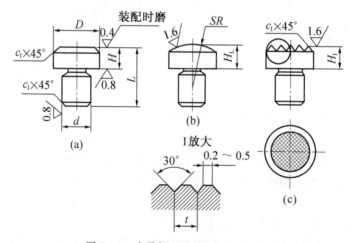

图 5-9　支承钉(GB/T2226—1991)

2）支承板

图 5-10 所示为支承板标准结构简图,多用于精基准平面定位。图 5-10(a)所示为 A 型光面支承板,结构简单,便于制造,但沉孔处积屑不易清除干净,适宜作侧面或顶面支承;图 5-10(b)所示为 B 型带斜槽的支承板,切屑容易清除,适宜作底面支承。

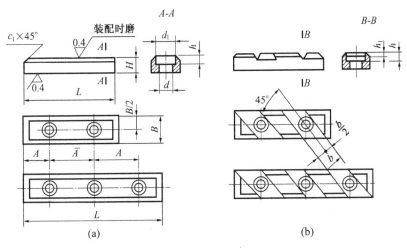

图 5-10　支承板

工件以平面定位时,常使用支承钉或支承板。当要求几个支承钉(板)等高时,可装配后一次磨削,以保证它们(限位基面)在同一平面内。

3）可调支承

在工件定位过程中,支承点的位置可调节的定位元件称为可调支承。可调支承主要用于工件的粗基准定位中。图 5-11 所示为可调支承的几种形式,并已标准化,可限制一个自由度。当调整到需要的高度时,必须锁紧螺母,此时就是一个固定支承。

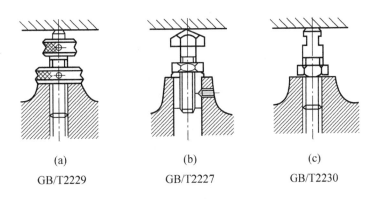

(a)　　　　　　　　　(b)　　　　　　　　　(c)
GB/T2229　　　　GB/T2227　　　　GB/T2230

图 5-11　各种可调支承

图 5-12 所示为可调支承的应用。图 5-12(a)所示为将可调支承用于箱体加工中调节支承高度,保证镗孔时的工序基准至毛坯孔中心的尺寸为 H_1 和 H_2,并使镗孔余量均匀。图 5-12(b)所示是利用同一夹具加工形状相同而尺寸不等的工件时所采用的可

调支承。即在轴上钻径向孔,只要调整支承钉的伸出长度,便可加工出孔至端面距离不等的几种工件。

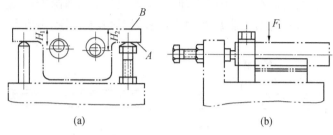

图 5 - 12　可调支承的应用

4) 自位支承

在工件定位过程中,能自动调节位置的支承称为自位支承或浮动支承。

自位支承与工件的支承点有多个,支承点的位置随工件定位基面的不同而自动调节,直到各点都与工件接触,从而提高工件的装夹刚度和稳定性。但其作用仍相当于一个固定支承,只限制 1 个自由度。图 5 - 13(b)所示为两点式自位支承,图 5 - 13(c)为三点式自位支承。

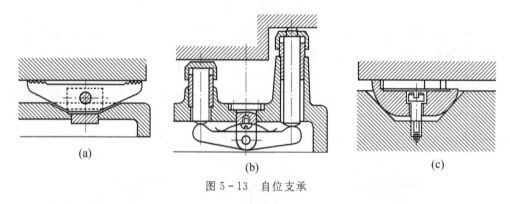

图 5 - 13　自位支承

5) 辅助支承

辅助支承用来提高工件的装夹刚度和稳定性,而不起定位作用,即不限制工件的自由度。辅助支承的结构形式很多,图 5 - 14 所示为常见的几种形式。

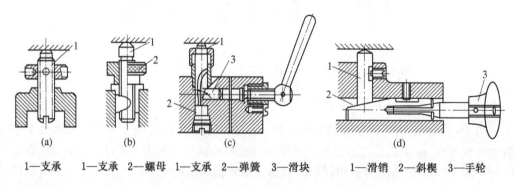

1—支承　　1—支承　2—螺母　1—支承　2—弹簧　3—滑块　　1—滑销　2—斜楔　3—手轮

图 5 - 14　辅助支承

① 螺旋式辅助支承　螺旋式辅助支承与可调支承相近,但操作过程不同。图 5－14(a)所示支承当调节时需要转动支承 1,这样可能会损伤工件定位面,甚至带动工件破坏定位;图 5－14(b)所示结构避免了这种缺点。

② 自位式辅助支承　如图 5－14(c)所示,弹簧 2 推动支承 1 与工件接触,用滑块 3 将工件锁紧。弹簧力应适中,能推动支承移动但不可顶起工件。

③ 推引式辅助支承　如图 5－14(d)所示,工件定位后,推动手轮 3 使销 1 与工件接触,然后转动手轮使斜楔 2 开槽部分张开而锁紧。

各种辅助支承在每次卸下工件后必须松开、退出,装上工件后再调整、锁紧。

(3) 工件以圆孔定位时的定位元件

1) 定位销(圆柱销)

定位销主要用于直径在 50 mm 以下的中小孔定位。如图 5－15 所示,(a)～(d)几种常用定位销的结构,限制两个自由度;图 5－15(e)为可换式定位销用于 $D>3～50$ mm 的定位孔,便于磨损后更换;图 5－15(f)和(g)为削边销,常用于组合定位,限制一个自由度。

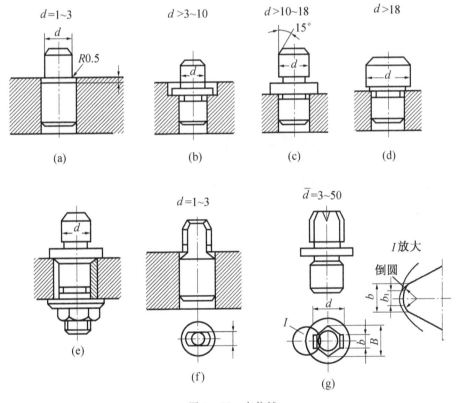

图 5－15　定位销

2) 圆锥销

圆锥销是与工件孔缘接触定位的,限制工件的三个自由度。图 5－16(a)所示结构

用于精定位基面;图 5 - 16(b)所示结构用于粗定
位基面。

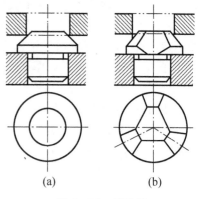

图 5 - 16　圆锥销

工件在单个圆锥销上定位容易倾斜,为此,圆
锥销一般与其他定位元件组合定位。图 5 - 17(a)
所示为圆锥—圆柱组合心轴,圆锥部分使工件准
确定心,圆柱部分可减少工件倾斜;图 5 - 17(b)
所示为以工件底面作主要定位基面,圆锥销是活
动的,即使工件的孔径变化量较大,也能准确定
位,避免了重复定位;图 5 - 17(c)所示为工件在双
圆锥销上定位。以上三种定位方式均限制了工件
5 个自由度。

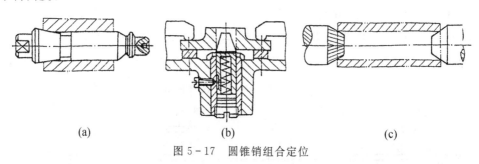

图 5 - 17　圆锥销组合定位

3) 圆柱心轴

在加工套类和盘类工件时,为保证外圆和端面与内孔轴心线间的位置精度,常以孔
作为定位基准,在心轴上定位加工外圆和端面等。

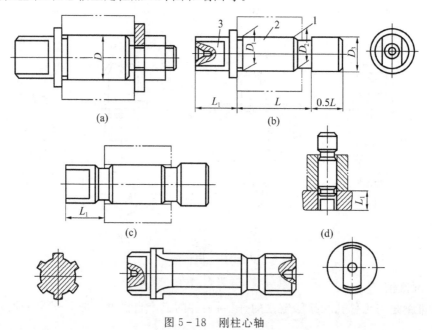

图 5 - 18　刚柱心轴

1—引导部分　2—定位部分　3—传动部分

图 5-18 为常用的刚性心轴的结构型式。图 5-18(a)所示的是间隙配合心轴,工件孔径为 D 时,心轴定位部分的直径以 D_{min} 为基本尺寸,按 h6,g8 或 f7 制造,装夹方便,但定心精度不高,常要求工件以孔和端面组合定位。夹紧螺母通过开口垫圈快速装卸工件。

图 5-18(b)和图 5-18(c)所示为过盈配合心轴。主要由引导部分 1、定位部分 2 和传动部分 3 组成。引导部分 D_3 以 D_{min} 为基本尺寸,按 e8 制造,定位部分为圆柱形,即 $D_1 = D_2$,并以孔的最大极限尺寸 D_{max} 为基本尺寸,按 r6 制造。当工件孔的长径比 $L/D > 1$ 时,定位部分应略呈锥度,此时 D_1 以 D_{max} 为基本尺寸,按 r6 制造,D_2 则以 D_{min} 为基本尺寸,且按 h6 制造。图 5-18(c)所示心轴可在一次安装中同时加工外圆和两端面。工件的轴向位置 L_1 可在压入工件时用定位套保证(如图 5-18(d)所示)。过盈心轴制造简单,定心精度高,能同时加工两端面,不用另设夹紧装置,但装卸工件不便,且易损伤工件定位孔,因此,多用于批量不大而定心精度要求高的较小工件。

图 5-18(e)所示为花键心轴,用于加工以花键孔定位的工件。当工件定位孔的长径比 $L/D > 1$ 时,工作部分可稍带锥度。设计花键心轴时,应根据工件的不同定心方式来确定定位心轴结构,其配合可参考上述两种心轴。

心轴在机床上的常用安装方式如图 5-19 所示。

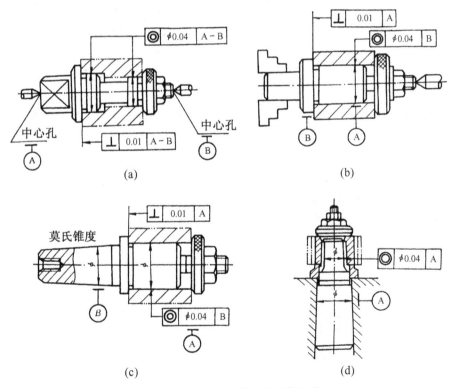

图 5-19　心轴在机床上的安装方式

为保证工件的同轴度要求,设计心轴时,夹具总图上应标注心轴各限位基面之间、限位圆柱面与顶尖孔或锥柄之间的位置精度要求,其同轴度可取工件相应同轴度的1/2～1/3。

4)锥度心轴

图 5-20 所示为工件在锥度心轴上定位,并靠工件定位圆孔与心轴限位圆柱面的弹性变形来夹紧工件。通常锥度取为 $k = \dfrac{1}{5000} \sim \dfrac{1}{1000}$。

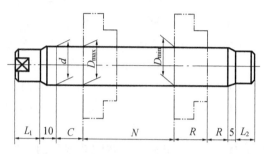

图 5-20 锥度心轴

这种定位方式的定心精度较高,可达 $\phi 0.02\ mm \sim \phi 0.01\ mm$。但工件的轴向位移误差较大,适用于工件定位孔精度不低于 IT7 的精车和磨削加工,不能加工端面。

锥度 k 值越小,定心精度越高,且夹紧越可靠。当工件的长径比 L/D 较小时,应取小的 k 值,以免因工件倾斜较大而降低加工精度。但随着 k 值的减小,会使工件在心轴上的轴向位置变动范围增长,且使心轴增长,刚性下降。所以一般心轴的长径比为 $L/D < 8$。当 L 过长时,可将工件孔按公差范围分成 2～3 组,每组设计一根心轴。

(4)工件以外圆柱面定位时的定位元件

1)V 形块 V 形块作为定位元件,不仅安装工件方便,而且定位对中性好。不论定位基准是完整的还是非完整或阶梯的圆柱表面,不论是粗基准还是精基准,都可采用 V 形块定位。V 形块既可用作主要定位,又可用作辅助定位。

图 5-21 所示为常用的 V 形块结构型式。图 5-21(a)用于较短的精定位基面;图 5-21(b)、图 5-21(c)用于较长的或阶梯轴定位面,前者用于粗定位基面,后者用于精定位基面;V 形块不必做成整体的钢件,可在铸铁底座上镶装淬硬支承板或硬质合金板,如图 5-21(d)所示。

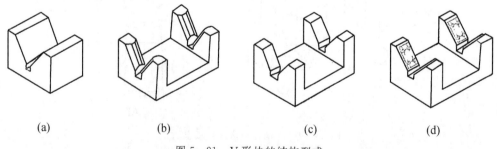

| (a) | (b) | (c) | (d) |

图 5-21 V 形块的结构型式

V 形块有固定式（GB/T2209—1991）、可调式（GB/T2210—1991）和活动式（GB/T2211—1991）之分。固定式 V 形块可限制工件 2 个（短）或 4 个（长）自由度。

V 形块两斜面间的夹角 α 一般选用 $60°$，$90°$，$120°$ 三种，其中以 $90°$ 应用最广。V 形块均已标准化，设计时可查看有关标准。

2）定位套

工件以外圆柱面在定位套中定位的情况与工件以孔在定位销上定位的情况相似。图 5-22 所示为常用的定位套。长套可限制工件 4 个自由度；短套可限制工件 2 个自由度。为了限制工件轴向的移动自由度，常与端面联合定位。

定位套结构简单，制造方便，但定心精度不高，只适用于精定位基面。

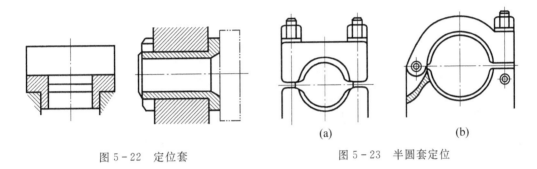

图 5-22　定位套　　　　　　　图 5-23　半圆套定位

3）半圆套

如图 5-23 所示，半圆套的下半部分是定位元件，装在夹具体上；上半部分制成可卸式（如图 5-23（a）所示）或铰链式（如图 5-23（b）所示）的半圆盖，仅起夹紧作用。半圆套的最小内径应取工件定位基面的最大直径，常用于大型轴类零件的精基准定位且不便于轴向装夹的场合。

5.3　定位误差的分析与计算

5.3.1　定位副

当工件以回转面（圆柱面、圆锥面）与定位元件接触（或配合）时，把工件上的回转面称为定位基面，其轴线称为定位基准。如图 5-24（a）所示，工件以圆孔在心轴上定位，工件的内孔表面称为定位基面，它的轴线称为定位基准。与此对应，心轴的圆柱面称为限位基面，心轴的轴线称为限位基准。同样工件以外圆在定位套上定位，工件外圆是定位基面，轴线为定位基准；定位套的内孔为限位基面，轴线为限位基准。

图 5-24（b）所示为工件以外圆在 V 形块上定位。工件的外圆柱面称为定位基面，

它的轴线称为定位基准。V 形块的两斜面称为限位基面,它的标准心轴在 V 形块上定位时的轴线称为限位基准。

图 5-24(c)所示为工件以平面在支承板上定位,工件上那个实际存在的面是定位基面,它的理想状态(平面度误差为零)是定位基准。如果该平面是精加工过的,形状误差很小,可认为定位基面就是定位基准,即工件上与定位元件接触的平面就是定位基准。同样,定位元件的限位基面,一般都经过精加工,所以可认为限位基面就是限位基准,即定位元件的工作平面就是限位基准。

工件的定位基面和定位元件的限位基面合称为定位副。

当工件有几个定位基面时,限制自由度最多的定位基面称为主要定位面,相应的限位基面称为主要限位面。

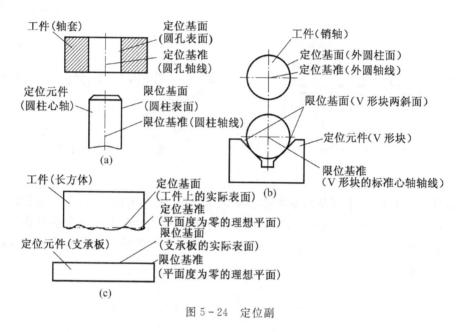

图 5-24　定位副

5.3.2　定位误差及其产生原因

一批工件逐个在夹具上定位时,各个工件所占据的位置不完全一致,加工后,各工件的加工尺寸必然大小不一,形成误差。这种只与工件定位有关的误差,称为定位误差,用 Δ_D 表示。

造成定位误差的原因:一是定位基准与工序基准不重合;二是定位基准与限位基准不重合。

（1）基准不重合误差

由于定位基准与工序基准不重合而造成的加工误差,称为基准不重合误差,用 Δ_B 表示。

图 5-25(a)为被加工零件的工序简图,在工件上铣缺口,加工尺寸为 A 和 B。图 5-25(b)是加工示意图,工件以底面和 E 面定位。调整好尺寸后,在一批工件的加工过

程中对刀尺寸 C 的大小是不变的。

　　加工尺寸 A 的工序基准是 F,定位基准是 E,两者不重合。当一批工件逐个在夹具上定位时,A 的尺寸受尺寸 $S\pm\delta_s/2$ 的影响,这个误差就是基准不重合误差。

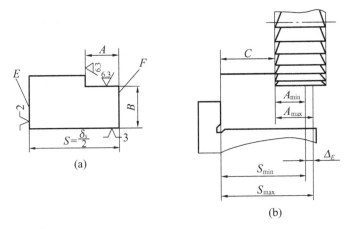

图 5-25　基准不重合误差

　　显然,基准不重合误差的大小应等于因定位基准与工序基准不重合而造成的加工尺寸的变动范围。由图 5-25(b)可知。

$$\Delta_B = A_{\max} - A_{\min} = S_{\max} - S_{\min} = \delta_s$$

　　S 是定位基准 E 与工序基准 F 间的距离尺寸,我们将这个尺寸取名为定位尺寸。这样,便可得到下面两个结果。

　　当工序基准的变动方向与加工尺寸的方向相同时,基准不重合误差等于定位尺寸的公差,即

$$\Delta_B = \delta_s \qquad\qquad (5-1)$$

　　当工序基准的变动方向与加工尺寸的方向不同,且成交角 α 时,基准不重合误差等于定位尺寸的公差与 α 角余弦的乘积,即

$$\Delta_B = \delta_s \cos\alpha \qquad\qquad (5-2)$$

　　式中:α 为工序基准的变动方向与加工尺寸方向间的夹角。

　　(2) 基准位移误差

　　工件在夹具中定位时,由于定位副的制造公差和最小配合间隙的影响,定位基准与限位基准不能重合,导致各个工件的位置不一致,从而给加工尺寸造成误差,这个误差称为基准位移误差,用 Δ_y 表示。

　　如图 5-26(a)所示的工序简图,在圆柱面上铣槽,加工尺寸为 A 和 B。图 5-26(b)是加工示意图,工件以内孔 D 在圆柱心轴上定位,O 是心轴轴线,C 是对刀尺寸。

　　尺寸 A 的工序基准是内孔轴线,定位基准也是内孔轴线,两者重合,$\Delta_B = 0$。但是,由于定位副(工件内孔表面与心轴圆柱面)有制造公差和最小配合间隙,使得定位基准(工件内孔轴线)与限位基准(心轴轴线)不能重合,定位基准相对于限位基准下移了一

段距离。定位基准的位置变动影响到工序尺寸 A 的大小,给 A 造成了误差,这个误差就是基准位移误差。

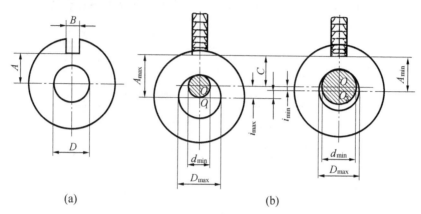

图 5 - 26 基准位移误差

基准位移误差的大小应等于因定位基准与限位基准不重合造成的加工尺寸的变动范围。由图 5 - 26(b)可知,当工件定位孔的直径为最大(D_{max}),定位销直径为最小(d_{min})时,定位基准的位移量最大($i_{max} = OO_1$),加工尺寸也最大(A_{max});当工件孔的直径为最小(D_{min}),定位销直径为最大(d_{max})时,定位基准的位移最小($i_{min} = OO_2$),加工尺寸也最小(A_{min})。因此

$$\delta_i = A_{max} - A_{min} = i_{max} - i_{min}$$

式中:i_{max},i_{min}——定位基准的位移量;

　　　δ_i——一批工件定位基准的变动范围。

当定位基准的变动方向与加工尺寸的方向相同时,基准位移误差等于定位基准的变动范围,即

$$\Delta_y = \delta_i \qquad (5 - 3)$$

当定位基准的变动方向与加工尺寸的方向不同时,基准位移误差等于定位基准的变动范围与 α 角余弦的乘积,即

$$\Delta_y = \delta_i \cos \alpha \qquad (5 - 4)$$

式中:α 为定位基准的变动方向与加工尺寸方向间的夹角。

5.3.3　常见定位方式的定位误差计算

定位误差由基准不重合误差和基准位移误差两项组合而成。计算时,先分别计算 Δ_B 和 Δ_y,Δ_B 在工序图上确定,Δ_y 由定位副间接触状态获得,然后将两者组合而得 Δ_D。其合成方法为:

如果工序基准不在定位基面上,则

$$\Delta_D = \Delta_B + \Delta_y \qquad (5 - 5)$$

如果工序基准在定位基面上,则

$$\Delta_D = \Delta_B \pm \Delta_y \qquad (5-6)$$

式中,"十"和"一"号确定方法如下:

(1) 定位基面与限位基面接触,分析定位基面直径由小变大(或由大变小)时,定位基准的变动方向。

(2) 定位基准的位置不动,当定位基面直径同样变化时,分析工序基准的变动方向。

(3) 两者的变动方向相同时取"十"号,相反时取"一"号。

1. 工件以平面定位时的定位误差计算

如图 5-27 所示,图(a)所示为工件工序简图,图(b)所示是工件在夹具中的加工简图。工件以 A 平面为主要定位基准,B 平面为导向基准,同时加工 D,C 平面。

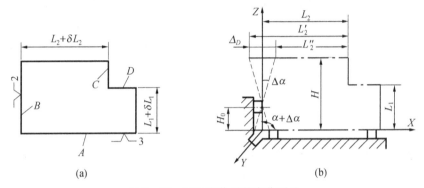

图 5-27　平面定位时的定位误差

加工时的调刀尺寸 L_1 和 L_2,由于 A 面既是加工 D 面的工序基准,又是定位基准,基准重合,$\Delta_B = 0$,平面定位不计形状误差 $\Delta_y = 0$,因此定位误差 $\Delta_D = 0$。B 平面是加工 C 面的工序基准,定位基准与工序基准重合,$\Delta_B = 0$。由于 B 面存在角度偏差 Δ_a,在夹具侧面的两个导向支承件定位时会发生位置偏移,其极限位置变动量 Δ_{ya},即为定位基准之间的角度误差所引起的基准位移误差,其值与支承安装高度 H_0 有关:

$$\Delta_{ya} = L' - L'' = 2(H - H_0)\tan\Delta_a$$

式中：H——工件的高度尺寸,mm;

$\qquad H_0$——导向支承在夹具中的安装高度,mm;

$\qquad \Delta_a$——工件侧面与底面间夹角偏差。

2. 工件和夹具间以圆孔、外圆柱面为定位副时的定位误差计算

工件以圆柱孔在心轴(或定位销)上定位与工件以外圆柱面在定位套上定位时所产生的基准位移误差的计算方法相同,应按圆孔与外圆柱面固定边接触和非固定边接触两种情况分别计算。

(1) 固定边接触

在前面的图 5-26 中,由于定位孔与心轴间存在配合间隙,若心轴水平设置时,工件会因自重使圆孔(定位基面)的上母线始终与心轴(限位基面)上母线保持接触(如图

5 - 26(b)所示)。工件的定位基准(定位孔轴线)与限位基准(心轴轴线)产生偏移,定位基准偏移的变动量

$$\Delta_i = OO_1 - OO_2$$

$$= \frac{D_{\max} - d_{\min}}{2} - \frac{D_{\min} - d_{\max}}{2}$$

$$= \frac{D_{\max} - D_{\min} + d_{\max} - d_{\min}}{2}$$

$$= \frac{T_D}{2} + \frac{T_d}{2}$$

(2) 非固定边接触

如图 5 - 28 所示,若心轴垂直布置而加工侧平面,工件定位孔与心轴母线间接触可以是任意的,定位基准 O 相对于限位基准(心轴轴线)的变动范围为图 5 - 28(b)中虚线圆内。因此基准位移最大变动量 δ_i 为虚圆直径 O_1O_2,所以

$$\Delta_i = O_1O_2$$

$$= D_{\max} - d_{\min}$$

$$= T_D - T_d - X_{\min}$$

$X_{\min}$ 为定位所需最小间隙,由设计时确定。

因此,当工件以圆孔、外圆柱面为定位副定位时,基准位移误差的变动量

$$\Delta_i = \frac{T_D}{2} + \frac{T_d}{2} \ (固定边接触) \tag{5 - 7}$$

$$\Delta_i = D_{\max} - d_{\min} = T_D + T_d + X_{\min}(非固定边接触) \tag{5 - 8}$$

当加工方向与基准位移方向一致时 $\Delta_y = \Delta_i$,否则 $\Delta_y = \Delta_i \cos \alpha$。

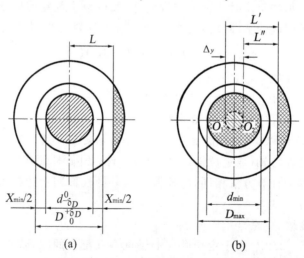

图 5 - 28 非固定边接触时的定位误差

例 5 - 1 钻铰如图 5 - 29(a)所示凸轮的两小孔 2 - $\phi16$,定位方式如图 5 - 29(b)所示。定位销直径为 $\phi22_{-0.021}^{0}$mm,求加工尺寸(100 ± 0.1)mm 的定位误差。

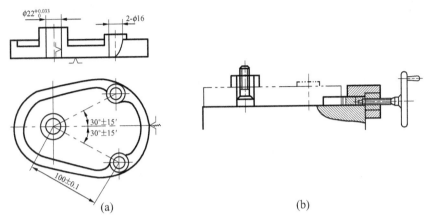

图 5 - 29 凸轮工序图及定位简图

解 (1) 分析

定位基准与工序基准重合,同为 $\phi22$ 轴线。定位基面与限位基面间有间隙,定位基准与限位基准不重合,$\Delta_y\neq0$。虽然定位销垂直布置,但定位时活动 V 形块将工件推向左边,使孔、销右边固定接触。定位基准移动方向与加工尺寸方向间的夹角 $\alpha=30°\pm15'$。

(2) 计算

$$\Delta_B = 0$$

$$\Delta_i = \frac{T_D}{2} + \frac{T_d}{2} = \frac{0.033+0.021}{2} = 0.027(\text{mm})$$

$$\Delta_y = \Delta_i\cos30° = 0.023(\text{mm})$$

$$\Delta_D = \Delta_B + \Delta_y = 0.023(\text{mm})$$

例 5 - 2 图 5 - 30 所示工件以 $\phi80\pm0.05$ mm 外圆柱面在定位元件的$\phi80_{+0.07}^{+0.1}$mm 止口中定位,加工宽 11 mm 的槽,求槽对称度的定位误差。

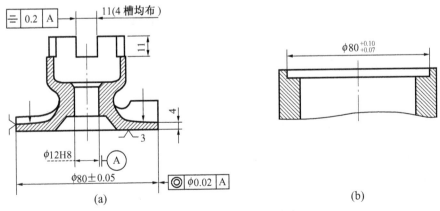

图 5 - 30 叶轮工序图及定位元件简图

解 (1)分析

对称度的工序基准为 $\phi12H8$ 的轴线,与定位基准 $\phi80\pm0.05$ mm 的轴线不重合,$\Delta_B\neq0$。定位基准与限位基准($\phi80^{+0.10}_{+0.07}$)不重合,$\Delta_y\neq0$。定位基准可任意方向移动。

(2)计算

$$\Delta_B=0.02 \text{ mm(同轴度误差)}$$

$$\Delta_y=T_D+T_d+X_{\min}$$

$$=0.03+0.10+0.02=0.15(\text{mm})$$

或

$$\Delta_y=D_{\max}-d_{\min}=80.10-79.95=0.15(\text{mm})$$

$$\Delta_D=\Delta_y+\Delta_B=0.15+0.02=0.17(\text{mm})$$

这种定位方式的定位误差太大,很难保证槽的对称度要求。其原因一方面是定位基准与工序基准不重合,另一方面是定位基面的公差太大。解决以上问题的措施是:改用 $\phi12H8$ 孔定位,使 $\Delta_B=0$。同时,由于 $\phi12H8$ 孔的公差较小,Δ_y 也将缩小。

提高定位基面的制造精度,缩小 Δ_y。如可将 $\phi80\pm0.05$ mm 提高到 $\phi80\pm0.02$ mm,限位基面直径改为 $\phi80^{+0.07}_{0.04}$ mm。

3. 工件用 V 型块定位时的定位误差计算

图 5-31 所示工件以外圆柱面在 V 形块上定位,由于圆柱面的加工误差,圆柱面尺寸最大时定位基准为 O_1,最小时为 O_2。定位基准的变动量

$$\Delta_i=O_1O_2=O_1O-O_2O$$

$$=\frac{d_{\max}}{2\sin\frac{\alpha}{2}}-\frac{d_{\min}}{2\sin\frac{\alpha}{2}}$$

$$=\frac{d_{\max}-d_{\min}}{2\sin\frac{\alpha}{2}}$$

即

$$\Delta_i=\frac{T_d}{2\sin\frac{\alpha}{2}}\text{(在 V 形块上定位)} \tag{5-9}$$

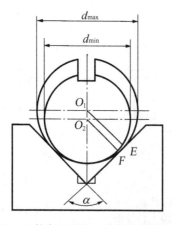

图 5-31 工件在 V 形块上定位的基准位移误差

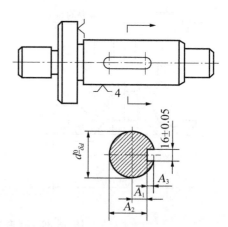

图 5-32 铣键槽工序简图

例 5 - 3　铣如图 5 - 32 所示工件上的键槽,以圆柱面 $\phi d^{0}_{-\delta_d}$ 在 $\alpha = 90°$ 的 V 形块上定位,求加工尺寸分别为 A_1,A_2,A_3 时的定位误差。

解　(1) 分析

定位基准是圆柱体轴线,A_1 尺寸的工序基准也是圆柱体轴线,基准重合;A_2 尺寸的工序基准是圆柱的下母线,在定位基面上,两者不重合,且定位基准的变动方向与工序基准变动方向相反;A_3 尺寸在定位基面上的上母线上,也不重合,工序基准变动方向与定位基准的变动方向相同。

(2) 计算

A_1 的定位误差:

$$\Delta_B = 0$$

$$\Delta_y = \Delta_i = \frac{\delta_d}{2\sin\frac{\alpha}{2}}$$

$$\Delta_D = \Delta_B + \Delta_y = \frac{\delta_d}{2\sin\frac{\alpha}{2}}$$

A_2 的定位误差:

$$\Delta_B = \frac{\delta_d}{2}$$

$$\Delta_y = \frac{\delta_d}{2\sin\frac{\alpha}{2}}$$

$$\Delta_D = \Delta_B - \Delta_y = \frac{\delta_d}{2} - \frac{\delta_d}{2\sin\frac{\alpha}{2}} = \frac{\delta_d}{2}\left(1 - \frac{1}{2\sin\frac{\alpha}{2}}\right)$$

A_3 的定位误差:

$$\Delta_B = \frac{\delta_d}{2}$$

$$\Delta_y = \frac{\delta_d}{2\sin\frac{\alpha}{2}}$$

$$\Delta_D = \Delta_B + \Delta_y = \frac{\delta_d}{2} + \frac{\delta_d}{2\sin\frac{\alpha}{2}} = \frac{\delta_d}{2}\left(1 + \frac{1}{2\sin\frac{\alpha}{2}}\right)$$

4. 工件以"一面两孔"定位时的定位误差计算

在箱体、盖板、连杆类零件加工时,工件常以"一面两孔"作为定位基准,夹具上则由支承平面和两销作为定位元件。定位中的主要问题是如何在保证加工精度的条件下,使工件两孔能顺利地装到两销上去。根据用于两定位圆孔的定位元件不同,解决的办法有下述两种方案。

（1）以两个圆柱销及平面支承定位

采用两个短圆柱销与两定位孔配合时，是重复定位，沿连心线方向的自由度被重复限制。当工件的孔间距 $\left(L\pm\dfrac{\delta_{LD}}{2}\right)$ 与夹具的销间距 $\left(L\pm\dfrac{\delta_{Ld}}{2}\right)$ 的公差之和大于工件两定位孔 (D_1,D_2) 与夹具两定位销 (d_1,d_2) 的配合间隙之和时，将妨碍部分工件的装入。

要使同一个工序中的所有工件都能顺利地装卸，必须满足下列条件：在工件两孔径为最小 $(D_{1\min},D_{2\min})$、夹具两销直径为最大 $(d_{1\max},d_{2\max})$ 的情况下，当孔间距为最大 $\left(L+\dfrac{\delta_{LD}}{2}\right)$、销间距为最小 $\left(L-\dfrac{\delta_{Ld}}{2}\right)$，或者孔间距为最小 $\left(L-\dfrac{\delta_{Ld}}{2}\right)$、销间距为最大 $\left(L+\dfrac{\delta_{Ld}}{2}\right)$ 时，D_1 与 d_1，D_2 与 d_2 之间仍有最小装配间隙 $X_{1\min}$，$X_{2\min}$ 存在，如图 5-33 所示。

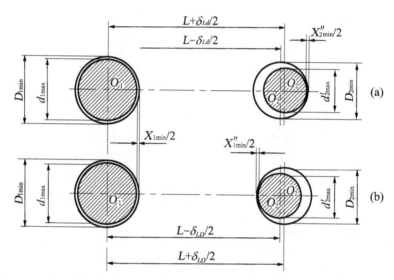

图 5-33　两圆柱销限位时工件顺利装卸的条件

这种缩小一个定位销直径的方法，虽然能实现工件的顺利装卸，但增大了工件的转角误差，因此，只能在加工要求不高时使用。所以，实际生产中常用削边（菱形）销代替减小直径的圆柱销。

（2）以一个圆柱销和一个削边销及平面支承定位

为了使工件能在极端情况下装到销子上，在不缩小定位销的直径的情况下可采用"削边"的方法来增大连线方向的间隙。如图 5-34 所示，削边量越大，连心线方向的间隙也越大。当间隙达到 $a=\dfrac{X'_{2\min}}{2}$ 时，便满足了工件顺利装卸的条件。由于这种方法只增大连心线方向的间隙，不增大工件的转角误差，因而定位精度较高。

由式（5-10）可得出

$$\alpha = \frac{X'_{2\min}}{2} = \frac{\delta_{LD} + X''_{2\min}}{2}$$

实际应用时,可取

$$\alpha = \frac{\delta_{LD} + \delta_{Ld}}{2} \qquad (5-11)$$

从图 5-34 可知

$$OA^2 - AC^2 = OB^2 - BC^2$$

而 $OA = \dfrac{D_{2\min}}{2}$, $AC = a + \dfrac{b}{2}$, $BC = \dfrac{b}{2}$, $OB = \dfrac{d_{2\min}}{2} = \dfrac{D_{2\min} - X_{2\min}}{2}$

代入上式得

$$\left(\frac{D_{2\min}}{2}\right)^2 - \left(a + \frac{b}{2}\right)^2 = \left(\frac{D_{2\min} - X_{2\min}}{2}\right)^2 - \left(\frac{b}{2}\right)^2$$

$$b = \frac{2D_{2\min} \cdot X_{2\min} - X_{2\min}^2 - 4a^2}{4a}$$

式中 b 为削边圆柱部分的宽度。

忽略二次项,则得

$$b = \frac{D_{2\min} - X_{2\min}}{2a}$$

或削边销与孔的最小配合间隙为

$$X_{2\min} = \frac{2ab}{D_{2\min}} \qquad (5-12)$$

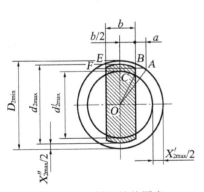

图 5-34　削边销的厚度

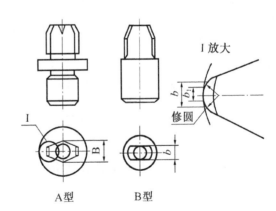

图 5-35　削边销的结构

削边销已标准化,有两种结构形式,如图 5-35 所示。B 型结构简单,易制造,但刚性较差。A 型应用广泛(又称菱形销),其尺寸列于表 5-4 之中,有关参数可查"夹具标准"等资料。

表 5 - 4　菱形销的尺寸(mm)

d	$>3\sim6$	$>6\sim8$	$>8\sim20$	$>20\sim24$	$>24\sim30$	$>30\sim40$	$>40\sim50$
B	$d-0.5$	$d-1$	$d-2$	$d-3$	$d-4$	$d-5$	$d-6$
b_1	1	2	3	3	3	4	5
b	2	3	4	5	5	6	8

注:d——菱形销限位基面直径;b——削边部分宽度;b_1——削边修圆后留下的圆柱部分宽度。

　　工件以一面两孔定位,夹具以一面两销限位时,由于两孔与销配合时的间隙,引起的沿连心线方向及与连心线垂直方向的位移误差。因为圆柱销限制上述两个方向的移动自由度,因此在连心线方向的定位基准和与连心线垂直方向的定位基准同为与圆柱销配套孔的中心。

　　1) 在连心线方向上的基准位移误差

　　由图 5 - 33 可见,在连心线方向,削边销与孔之间的间隙要求补偿两孔及两销中心距的公差,通常其间隙 $X_{2\max}$ 要比圆柱销与孔之间的间隙 $X_{1\max}$ 大,因此,在两销连心线方向基准(圆柱销孔中心)的变动,由圆柱销与孔的间隙决定。

单方向变动时
$$\Delta_{ix} = \frac{X_{1\max}}{2} \qquad\qquad (5-13)$$

双向变动时
$$\Delta_{ix} = X_{1\max} \qquad\qquad (5-14)$$

　　2) 在连心线垂直方向上的基准位移误差

　　这是由于两销孔间的间隙不同引起的,在实际定位过程中,主要有以下三种情况。

　　① 同向固定边(单边)接触

　　在加工盖板、连杆等零件时,两定位销水平布置且处于左右位置,由于零件的重力的作用,定位时,工件定位基面与限位基面在上母线接触。工件定位基准相对于夹具限位基准向下偏移,其偏移量在销孔处等于配合间隙的一半(如图 5 - 36(a)所示)。两销(孔)中心距为 L,圆柱销与定位孔的最大间隙为 $X_{1\max}$,削边销与定位孔的最大间隙为$X_{2\max}$,由于两者的间隙大小不同,引起的转角 α 有

$$\tan\alpha = \frac{\dfrac{X_{2\max}}{2} - \dfrac{X_{1\max}}{2}}{L} = \frac{X_{2\max} - X_{\min}}{2L} \qquad\qquad (5-15)$$

　　在距圆柱销孔距离为 x(以圆柱销指向削边销方向为正,反之为负)处,定位基准的变动量为

$$\Delta_y = \frac{X_{1\max}}{2} + x \cdot \tan\alpha \qquad\qquad (5-16)$$

　　② 反向固定边单边接触

　　两销水平布置,可处于上下位置,由于工件的重力作用线不从两销之间通过,工件产生旋转。其中一销、孔在上母线接触而另一销、孔在下母线接触,图 5 - 36(b)所示的

定位方式引起的转角误差、定位基准变动量分别为

$$\tan\beta = \frac{X_{1\max} + X_{2\max}}{2L} \qquad (5-17)$$

$$\Delta_y = \left| \frac{X_{1\max}}{2} - x \cdot \tan\beta \right| \qquad (5-18)$$

③ 任意边接触

在加工箱体零件，两定位销垂直布置，定位销与定位孔的接触是任意的。

引起定位基准变动最大的情况是：同向两边接触，基准变动量在 l_1 与 l_1' 之间；反向两边接触，定位基准变动量在 l_2 与 l_2' 之间。由图 5-36(c)可见，x 在两孔之间，前者大于后者，在两孔之外，后者大于前者，因此

$$\Delta_y = X_{1\max} + 2x \cdot \tan\alpha \quad（两销之间） \qquad (5-19)$$

$$\Delta_y = \left| X_{1\max} - 2x \cdot \tan\beta \right| \quad（两销之外） \qquad (5-20)$$

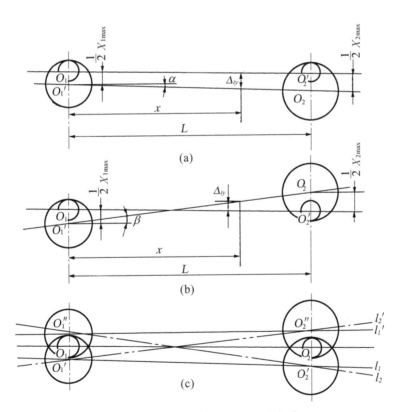

图 5-36　一面二孔定位时的基准位移

例 5-4　如图 5-37 所示，要钻连杆盖上的四个定位销孔。按加工要求，用平面 A 及 $2-\phi12_0^{+0.027}$ 两螺栓孔定位。试设计两销，并计算定位误差。

解 (1)确定两定位销的中心距

两定位销的中心距的基本尺寸等于工件两定位孔中心距的平均尺寸,其公差一般为

$$\delta_{Ld} = \left(\frac{1}{3} \sim \frac{1}{5}\right)\delta_{LD}$$

因　　$L_D = 59 \pm 0.1$ mm

取　　$L_d = 59 \pm 0.02$ mm

(2)确定圆柱销直径

圆柱销直径的基本尺寸应等于与之配合的工件孔的最小极限尺寸,其公差带一般取 g6 或 h7。

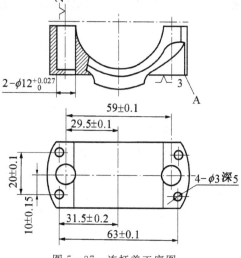

图 5-37　连杆盖工序图

因连杆盖孔的直径为 $\phi12_0^{+0.027}$ mm,取圆柱销的直径 $d_1 = \phi12g6 = \phi12_{-0.017}^{-0.006}$ mm。

(3)确定菱形销的尺寸 b

查表 5-4 得,$b = 4$ mm。

(4)确定菱形销的直径

① 按式(5-11)计算 X_{2min}

因为　　　　　　$a = \dfrac{\delta_{LD} + \delta_{Ld}}{2} = 0.1 + 0.02 = 0.12$(mm)

$$b = 4 \text{ mm}, \quad D_2 = \phi12_0^{+0.027} \text{ mm}$$

所以　　　　　　$X_{2min} = \dfrac{2ab}{D_{2min}} = \dfrac{2 \times 0.12 \times 4}{12} = 0.08$(mm)

采用修圆菱形销时,应以 b_1 代替 b 进行计算。

② 按式 $d_{2max} = D_{2min} - X_{2min}$ 算出菱形销的最大直径

$$d_{2max} = 12 - 0.08 = 11.92 \text{(mm)}$$

③ 确定菱形销的公差等级

一般取 IT6 或 IT7。

因为 IT6 = 0.011,所以 $d_2 = \phi12_{-0.091}^{-0.08}$ mm。

(5)计算定位误差

1)分析

连杆盖本工序的加工尺寸较多,除了四孔的直径和深度外,还有 63 ± 0.1 mm,20 ± 0.1 mm,31.5 ± 0.2 mm 和 10 ± 0.15 mm。其中,63 ± 0.1 mm 和 20 ± 0.1 mm 没有定位误差,因为它们的大小主要取决于钻模加工时钻套间的距离,与工件定位无关。而

31.5±0.2 mm 和 10±0.15 mm 均受工件定位的影响,有定位误差。钻削时定位销垂直放置。

尺寸 31.5±0.2 mm 的方向与两定位孔连心线平行,定位基准为左边 $\phi12$ 孔,工序基准为工件对称面,不重合。

尺寸 10±0.15 mm 的定位基准与工序基准重合,方向与两定位孔连心线垂直。

2) 计算

① 加工尺寸 31.5±0.2 mm 的定位误差

$$\Delta_B = 0.2 \text{ mm}$$

$$\Delta_y = X_{1max} = 0.027 + 0.017 = 0.044 (\text{mm})$$

$$\Delta_D = \Delta_B + \Delta_y = 0.244 (\text{mm})$$

② 加工尺寸 10±0.15 mm 的定位误差

$$\Delta_B = 0$$

$$\tan\beta = \frac{X_{1max} + X_{2max}}{2L} = \frac{0.04 + 0.118}{2 \times 59} = 0.00138$$

$$\Delta_{y左} = | X_{1max} - 2x_{左} \tan\beta | = | 0.044 - 2 \times (-2) \times 0.00138 | = 0.05 (\text{mm})$$

$$\Delta_{y右} = | X_{1max} - 2x_{右} \tan\beta | = | 0.044 - 2 \times (2 + 59) \times 0.00138 | = 0.124 (\text{mm})$$

由于 10±0.15 mm 是对四小孔的统一要求,因此,其定位误差为

$$\Delta_D = \Delta_y = 0.124 \text{ mm}$$

5.4　工件在夹具中的夹紧

5.4.1　夹紧装置的组成及基本要求

工件夹紧的目的是保持工件在切削力、离心力等外力作用下仍能保持定位时所占据的位置不变。工件的夹紧是通过力源和夹紧机构来实现的。力源的作用是产生夹紧力。常用的力源有人力和气压、液压、电动等动力装置。夹紧机构的功能是在夹紧过程中传递力,根据需要改变力的大小、方向和作用点。

工件夹紧的方式多种多样,夹紧装置也种类繁多,无论采用何种夹紧方式和夹紧装置,在设计上都必须满足以下基本要求:

1) 要保证加工质量,夹紧时不能破坏工件定位时所获得的位置。

2) 夹紧应可靠适当,既要使工件在加工过程中不产生移动或振动,又不能使工件产生不允许的变形和损伤。

3）夹紧装置应与工件的生产纲领相适应，夹紧动作要迅速，安全可靠，改善工人劳动条件和减轻劳动强度，夹紧装置的复杂程度要与生产纲领相适应，如果生产批量大，允许设计复杂但效率高的夹紧装置。

4）具有良好的结构工艺性，结构力求简单紧凑，制造维修方便。

5.4.2 夹紧力的确定

夹紧力包括大小、方向、作用点三个要素，它们的确定是夹紧机构设计中首先要解决的问题。

1. 夹紧力的方向

（1）夹紧力的方向应朝向主要限位面，以保证工件的定位精度

如图5-38所示，在直角支座零件上镗孔，要求保证孔与端面垂直度。根据加工要求，以 A 面为主要限位面，夹紧力 F_{j1} 的方向朝向 A 面，这样能保证定位可靠，满足上述垂直度要求。若要求保证被加工孔轴线与支座底面平行，则应以 B 面为主要限位面，此时夹紧力 F_{j1} 的方向应朝向 B 面 F_{j2}。否则，由于 A 面与 B 面的垂直度误差，不能保证被加工孔轴线与指定平面的位置精度。

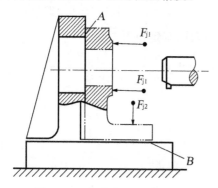

图5-38 夹紧力方向的选择

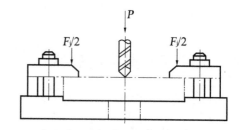

图5-39 夹紧力与切削力、重力的方向

（2）夹紧力的方向应有利于减小夹紧力

如图5-39所示，在工件上钻孔，夹紧力与钻削时的轴向力、工件重力同向。切削力、重力由夹具的固定支承承受，切削扭矩由夹紧力所产生的摩擦力矩平衡，轴向力和重力所产生的摩擦力矩有利于减少所需的夹紧力，故所需夹紧力可最小。

2. 夹紧力的作用点

（1）夹紧力作用点应正对定位元件或落在定位元件的支承范围内，以保证工件的定位不变

如图5-40所示，夹紧力作用点落到了定位元件支承范围外，夹紧时会产生使工件翻转的力矩，从而破坏工件的定位。

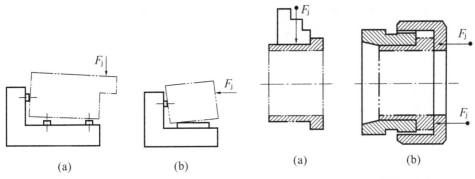

(a)	(b)	(a)	(b)

图 5－40　夹紧力作用点设置　　　　图 5－41　薄壁套筒的夹紧

（2）夹紧力的作用点应处在工件刚性较好部位，以减小夹紧变形

这一原则对刚性较差的工件尤为重要。图 5－41 所示的薄壁套筒工件，它的轴向刚度比径向刚度大，如果用三爪卡盘径向夹紧套筒，将使工件产生较大变形（如图 5－41(a)所示）。若改用螺母轴向夹紧工作（如图 5－41(b)所示），变形将减小。

又如图 5－42 所示，夹紧薄壁箱体时，若夹紧力作用在箱体顶面，会使工件产生较大变形（如图 5－42(a)所示）。若改为图 5－42(b)所示的方式，夹紧力作用在刚性较好的凸缘处，工件的夹紧变形就很小。

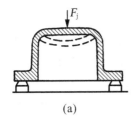
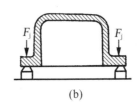

(a)	(b)

图 5－42　薄壁箱体的夹紧

（3）夹紧力应尽可能靠近加工表面

该原则可使切削力对此夹紧点的力矩较小，防止工件产生振动。若主要夹紧力的作用点距加工表面较远，可在靠近加工表面处设置辅助支承并施加夹紧力，以减小切削过程中的振动和变形（如图 5－43所示）。

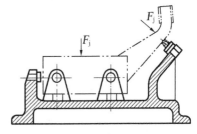

3. 夹紧力的大小

图 5－43　夹紧力作用点设置

夹紧力的大小对工件安装的可靠性、工件和夹具的变形、夹紧机构的复杂程度和传动装置的选择有很大影响。

夹紧力大小的计算涉及到复杂的动态平衡问题，故一般只作粗略计算。计算时以主切削力为依据与夹紧力建立静平衡方程式，解此方程来求夹紧力大小。考虑到切削力在加工过程中由于工件材质不均匀、刀具磨损等因素影响是变化的，再考虑到工件在实际加工中还会受到惯性力和工件自重等外力作用。故对按静力平衡求得的夹紧力大小必须乘以安全系数 k 加以修正,才能作为实际所需要的夹紧力数值。即

$$F_j = k F_{j0} \qquad\qquad (5-21)$$

式中: F_j ——实际所需的夹紧力,N;

F_{j0} ——理论上的夹紧力,N;

k —— 安全系数,通常 $k = 1.5 \sim 3$,粗加工时 $k = 2.5 \sim 3$,精加工时 $k = 1.5 \sim 2$。

例如车削加工轴类工件时用三爪卡盘夹紧,根据静力平衡条件并考虑安全系数,可求出每一卡爪实际产生的夹紧力为

$$F_j = \frac{k \cdot F_z \cdot D_0}{f \cdot n \cdot D} \qquad\qquad (5-22)$$

式中: F_j ——每个卡爪产生的夹紧力,N;

F_z ——主切削力,N;

f ——卡爪和工件间的摩擦系数;

n ——卡爪数, $n = 3$;

D_0 ——加工处的工件直径,mm;

D ——夹紧处的工件直径,mm;

k ——安全系数。

当工件的悬伸长 L 与夹持直径 d 之比 $L/d > 0.5$ 时,切削力和的分力 F_y 对夹紧的影响不能忽略,可将计算得出的 F_j 值再乘以修正系数 k_1,其值可由表 5-5 查得。

表 5-5　螺杆端部的当量摩擦半径

形　式	Ⅰ	Ⅱ	Ⅲ	Ⅳ
	点接触	平面接触	圆周线接触	圆环面接触
简　图				
r'	0	$\dfrac{1}{3}d_0$	$R\cot\dfrac{\beta_1}{2}$	$\dfrac{1}{3}\dfrac{D^3 - D_0^3}{D^2 - D_0^2}$

表 5-5　夹紧力修正系数

L/D	0.5	1.0	1.5	2.0
k_1	1.0	1.5	2.5	4.0

5.4.3　典型夹紧机构

1. 基本夹紧机构

在夹紧机构中,多数夹紧机构是以斜楔夹紧机构、螺旋夹紧机构以及偏心夹紧机构为基础构成的。这三种夹紧机构合称为基本夹紧机构。

(1) 斜楔夹紧机构

1) 工作原理

图 5－44 所示为几种斜楔夹紧机构的结构型式。图 5－44(a)中的工件需在两个互相垂直的侧面上钻 $\phi 8$ mm,$\phi 5$ mm 两个小孔。工件装入夹具后,锤击斜楔大头,将工件夹紧,加工完毕后,锤击斜楔小头,松开工件。由于用斜楔直接夹紧工件的夹紧力较小,且操作费时,所以实际生产中常将斜楔与其他机构联合起来使用。图 5－44(b)所示是斜楔、滑柱、压板(杠杆)组合的夹紧机构,既可手动也可气、液驱动;图 5－44(c)所示为利用端面斜楔与压板组合而成的夹紧机构。

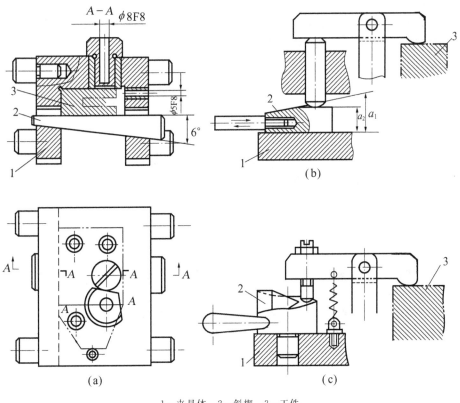

1—夹具体　2—斜楔　3—工件

图 5－44　斜楔夹紧机构

直接采用斜楔时产生的夹紧力为

$$F_{\mathrm{j}} = \frac{F_Q}{\tan\varphi_1 + \tan(\alpha + \varphi_2)} \qquad (5-23)$$

式中：F_{j}——斜楔对工件的夹紧力，N；

F_Q——作用在斜楔上的原始力，N；

φ_1——斜楔与工件之间的摩擦角，°；

φ_2——斜楔与夹具体间的摩擦角，°；

α——斜楔升角，°。

2）工作特点

① 斜楔可具有自锁性。一般对夹具的夹紧机构应要求具有自锁性能，即当原始力 F_Q 一旦消失或撤除后，夹紧机构在纯摩擦力的作用下，仍应保持其处于夹紧的可靠性。

斜楔的自锁条件为

$$\alpha \leqslant \varphi_1 + \varphi_2 \qquad (5-24)$$

为了保证自锁可靠，手动夹紧机构一般取 $\alpha = 6° \sim 8°$；用气压或液压装置驱动的斜楔不需要自销，取 $\alpha = 15° \sim 30°$。

② 斜楔具有改变夹紧作用力方向的特点。如图 5-44 所示，斜楔在水平作用力 F_Q 作用下，产生一个与 F_Q 力方向垂直的夹紧力 F_Q。

③ 斜楔具有增力作用。夹紧力 F_{j} 与原始作用力 F_Q 之比 i 称为增力系数或扩力比，由式（5-23）可知

$$i = \frac{1}{\tan\varphi_1 + \tan(\alpha + \varphi_2)} \qquad (5-25)$$

若取 $\alpha = 7°$，$\varphi_1 = \varphi_2 = 6°$ 代入上式，得 $i = 3$。由此可见，当外加一定的作用力 F_Q 时，工件能获得一个比 F_Q 大 3 倍的夹紧力 F_{j}。

④ 斜楔夹紧行程小。如图 5-45 所示，工件要求在夹紧行程 h 和斜楔夹紧工件过程中移动的距离 s 有如下关系：

$$h = s \cdot \tan\alpha$$

由于 s 受斜楔长度限制，要增大夹紧行程 h，就得增大斜楔升角 α。但 α 越大，则自锁性能越差。当机械既要求自锁，又要求有较大的夹紧行程时，可采用双斜面斜楔（如图 5-44(b)所示），斜楔上大楔角的一段使滑柱迅速上升，小楔角一段保证自锁。

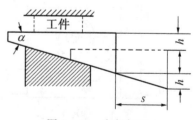

图 5-45 夹紧行程

3）适用场合

斜楔夹紧结构简单，具有增力和自锁性能好等特点。但由于增力比、行程大小和自锁条件是相互制约着的，故在确定斜楔升角 α 时，应兼顾三者在不同工作条件下的实际需要。单一斜楔夹紧机构夹紧力和增力比均较小且操作不便，夹紧行程也难满足实际

需要,因此很少使用,通常用于机动夹紧或组合夹紧机构中。

4) 斜楔材料与热处理

斜楔一般用 20 钢渗碳淬火达到 HRC58～62,有时也用 45 钢淬硬至 HRC42～46。

(2) 螺旋夹紧机构

利用螺旋副夹紧工件的机构称为螺旋夹紧机构。图 5－46(a)所示为螺钉夹紧;图 5－46(b)所示为螺母夹紧,它们都为单个螺旋夹紧机构。在图 5－46(a)中,螺钉头部直接与工件表面接触,螺钉转动时,容易损伤工件表面或带动工件旋转而破坏定位。为此常在螺钉头部装上图5－47所示的摆动压块。螺旋夹紧机构结构简单、夹紧可靠,很适用于手动夹紧,但夹紧动作较慢。克服这一缺点的方法很多,图5－48给出几种常见的快速螺旋夹紧机构。

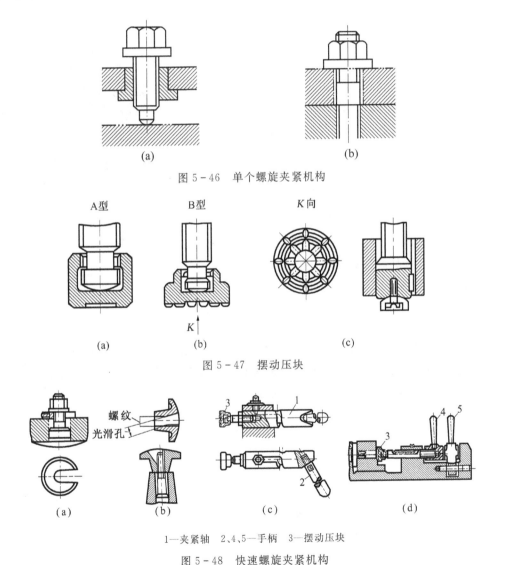

图 5－46　单个螺旋夹紧机构

图 5－47　摆动压块

1—夹紧轴　2、4、5—手柄　3—摆动压块

图 5－48　快速螺旋夹紧机构

1) 螺旋夹紧力计算

图 5-49 所示为夹紧状态下螺杆的受力示意图。施加在手柄上的原始力矩 $M = F_Q L$，工件对螺杆产生反作用力 F_j'（其值即等于夹紧力）和摩擦力 F_2。F_2 分布在整个接触面上，计算时可看成集中作用于当量摩擦半径 r' 的圆周上，r' 的大小与端面接触形式有关，其计算方法列于表 5-5 之中。螺母对螺杆的反作用力有垂直于螺旋面的正压力 F_N 及螺旋上的摩擦力 F_1，其合力为 F_{R1}，此力分布于整个螺旋接触面上，计算时认为其作用于螺旋中径处。为了便于计算，将 F_{R1} 分解为水平方向分力 F_{Rt} 和垂直方向分力 F_j（其值与 F_j' 相等）。

根据力矩平衡条件得

$$F_Q L = F_2 r' + F_{Rt} \frac{d_0}{2}$$

因为

$$F_2 = F_j \tan\varphi_2$$

$$F_{Rt} = F_j \tan(\alpha + \varphi_1)$$

代入上式得

$$F_j = \frac{F_Q L}{\dfrac{d_0}{2}\tan(\alpha + \varphi_1) + r'\tan\varphi_2} \qquad (5-26)$$

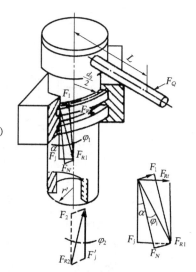

图 5-49 螺杆的受力示意图

式中：F_j——夹紧力，N；

F_Q——作用力，N；

L——作用力臂，mm；

d_0——螺纹中径，mm；

α——螺纹升角，°；

φ_1——螺纹处摩擦角，°；

φ_2——螺杆端部与工件间的摩擦角，°；

r'——螺杆端部与工件间的当量摩擦半径，mm。

2) 螺旋夹紧的自锁性能及传力系数

由于螺旋可以看作是绕在圆柱体上的斜楔，因此，式 (5-24) 所示的斜楔夹紧机构的自锁条件同样适用于螺旋夹紧机构。若考虑当量摩擦半径 r' 及螺纹牙型半角 β 的影响，螺旋夹紧机构的自锁条件可由下式确定

$$r'\tan\varphi_1 \geqslant \frac{d}{2}\tan(\alpha + \varphi_2) \qquad (5-27)$$

对于三角形螺纹有

$$\varphi_2 = \arctan\frac{f_1}{\cos\beta}$$

因此三角形螺纹具有较好的自锁性能。

螺旋夹紧机构的传力系数可以由式 (5-26) 得扩力比

$$i = \frac{F_j}{F_Q} = \frac{L}{\dfrac{d_0}{2}\tan(\alpha + \varphi_2) + r'\tan\varphi_1}$$

由于手柄长度 L 的影响,螺旋机构的扩大力比很大,常取 $i \approx 65 \sim 140$。

（3）螺旋压板夹紧机构

在夹紧机构中,结构型式变化最多的是螺旋压板机构。图 5-50 所示为螺旋压板机构的四种典型结构。图 5-50(a),(b)所示为移动压板,图 5-50(c),(d)所示为回转压板。图 5-51 所示的是螺旋钩形压板机构,其特点是结构紧凑,使用方便。当钩形压板妨碍工件装卸时,可采用图 5-52 所示的自动回转钩形压板,它避免了用手转动钩形压板的麻烦。

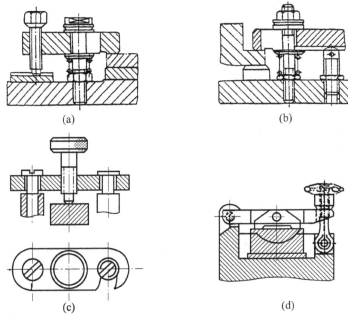

图 5-50　螺旋压板机构

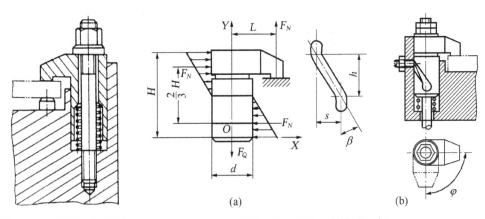

图 5-51　螺旋钩形压板　　　　图 5-52　自动回转钩形压板

钩形压板回转时的行程和升程可按下面的公式计算

$$s = \frac{\pi d \varphi}{360} \qquad (5-29)$$

$$h = \frac{s}{\tan \beta} = \frac{\pi d \varphi}{360 \tan \beta} \qquad (5-30)$$

式中：s——压板回转时沿圆柱转过的弧长（行程），mm；

　　　h——压板回转时的升程，mm；

　　　φ——压板的回转角度，°；

　　　β——压板螺旋槽的螺旋角，°，一般取 $\beta = 30° \sim 40°$；

　　　d——压板导向圆柱的直径，mm。

螺旋钩形压板产生的夹紧力为

$$F_j = \frac{F_Q}{1 + \dfrac{3Lf}{H}} \qquad (5-31)$$

式中：F_Q——作用力，N；

　　　H——钩形压板的高度，mm；

　　　L——压板轴线至夹紧点的距离，mm；

　　　f——摩擦系数，一般取 $f = 0.1 \sim 0.15$。

（4）偏心夹紧机构

用偏心件直接或间接夹紧工件的机构，称为偏心夹紧机构。偏心件有圆偏心和曲线偏心两种类型。常用的偏心件是圆偏心轮和偏心轴，图 5-53 所示为偏心夹紧机构的应用实例。图 5-53(a),(b)用的是圆偏心轮，图 5-53(c)用的是偏心轴，图 5-33(d)用的是偏心叉。

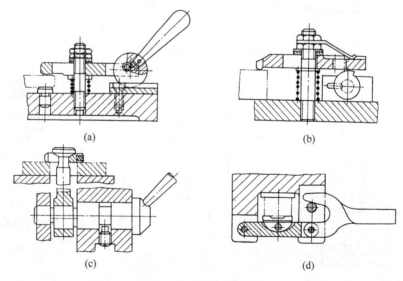

(a)　　　　　　　　　　　　(b)

(c)　　　　　　　　　　　　(d)

图 5-53　偏心夹紧机构

偏心夹紧机构操作方便,夹紧迅速,缺点是夹紧力和夹紧行程都较小。一般用于切削力不大、振动小、没有离心力影响的加工中。

1) 圆偏心轮的工作原理

图 5-54 所示为圆偏心轮直接夹紧工件的原理图。图中 O_1 是圆偏心轮的几何中心,R 是它的几何半径,O_2 是偏心轮的回转中心,O_1O_2 是偏心距。

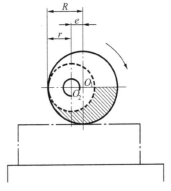

若以 O_2 为圆心、r 为半径画圆(虚线圆),便把偏心轮分成了三个部分。其中虚线部分是个"基圆盘",半径 $r=R-e$。另两部分是两个相同的弧形楔。当偏心轮绕回转中心 O_2 顺时针方向转动时,相当于一个弧形楔逐渐楔入"基圆盘"与工件之间,从而夹紧工件。

2) 圆偏心轮的夹紧行程及工作段

图 5-54　圆偏心轮的工作原理

如图 5-55(a)所示,当圆偏心轮绕回转中心 O_2 转动时,设轮周上任意点 x 的回转角为 ϕ_x,回转半径为 r_x。在接触点 x 处的升角 α 等于 x 与 O_1O_2 连线的夹角 $\angle O_1 x O_2$。在 $\triangle O_1 x O_2$ 中有

$$\frac{e}{\sin\alpha} = \frac{R}{\sin(180°-\phi_x)} = \frac{r_x}{\sin(\phi_x-\alpha)}$$

$$r_x = \frac{R}{\sin\phi_x} \cdot \sin(\phi_x-\alpha) = \frac{R}{\sin\phi_x}(\sin\phi_x\cos\alpha - \cos\phi_x\sin\alpha)$$

注意到　　　　　　　$$\frac{\sin\alpha}{\sin\phi_x} = \frac{e}{R}, \quad R = \frac{D}{2}$$

所以　　　　　$$r_x = R\left[\sqrt{1-\left(\frac{e}{R}\sin\phi_x\right)^2} - \frac{e}{R}\cos\phi_x\right] \qquad (5-32)$$

$$\sin\alpha = \frac{e}{R}\sin\phi_x$$

$$\sin\alpha_{max} = \frac{e}{R} = \frac{2e}{D} \qquad (5-33)$$

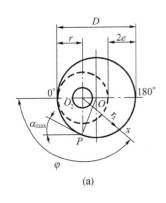

(a)

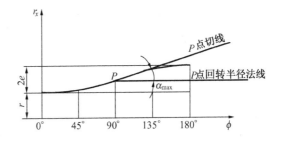

(b)

图 5-55　弧形楔展开图

以 r_x 与 ϕ_x 的关系在图上绘出,即得图 5-55(b)所示的弧形楔。

圆偏心轮的工作转角一般小于 90°。因为如果转角太大,不仅操作费时,也不安全。工作转角范围内的那段轮周称为圆偏心的工作段。常用的工作段是 $\phi_x = 45° \sim 135°$ 或 $\phi_x = 90° \sim 180°$。在 $\phi_x = 45° \sim 135°$ 范围内,升角大,夹紧力较小,但夹紧行程大($h = \sqrt{2}e$)。在 $\phi_x = 90° \sim 180°$ 范围内,升角由大到小,夹紧力逐渐增大,但夹紧行程较小($h = e$)。

3)圆偏心轮的自锁条件

由于圆偏心轮夹紧工件的实质是弧形楔夹紧工件,因此,圆偏心轮的自锁条件应与斜楔的自锁条件相同,即

$$\alpha_{max} \leqslant \varphi_1 + \varphi_2$$

式中:α_{max}——圆偏心轮的最大升角;

φ_1——圆偏心轮与工件间的摩擦角;

φ_2——圆偏心轮与回转销之间的摩擦角。

由于回转销的直径较小,圆偏心轮与回转销之间的摩擦力矩不大,为使自锁可靠,将其忽略不计,上式便简化为

$$\alpha_{max} \leqslant \varphi_1$$

因 α_{max} 很小,$\tan \alpha_{max} \approx \sin \alpha_{max}$,$\tan \varphi_1 = f$

代入上式 $$\sin \alpha_{max} \leqslant f$$

而 $$\sin \alpha_{max} = \frac{2e}{D}$$

所以,圆偏心轮的自锁条件是 $\quad \dfrac{2e}{D} \leqslant f \qquad\qquad (5-34)$

当 $f = 0.1$ 时,$\dfrac{D}{e} \geqslant 20$;当 $f = 0.15$ 时,$\dfrac{D}{e} \geqslant 14$。

圆偏心轮的结构参数只有 D 和 e,设计时先由装夹要求确定夹紧行程 h,然后由工作段确定 e,最后由自锁要求确定 D。

4)圆偏心轮的夹紧力和传力系数

图 5-56 所示为任意点 x 处夹紧工件时圆偏心轮的受力情况。圆偏心轮夹紧工件时,不仅受到力矩 $F_Q L$,还受到工件对偏心轮的夹紧反力 F_j 和回转销对偏心轮的反作用力 F_N。F_2 作用在夹紧点 x 与回转中心 O_2 的连线上,由于 α_x 很小,可设 $F_N \approx F_j$,回转销对偏心轮的摩擦力 $F_1 = F_N f_1 \approx F_j f_1$,工件对偏心轮的摩擦力 $F_2 = F_j f_2$。

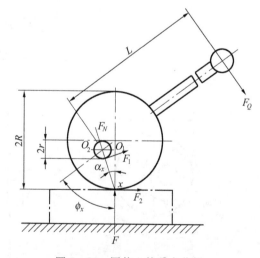

图 5-56 圆偏心轮受力分析

根据静力平衡原理有

$$F_Q L = F_1 r + F_j e \sin\phi_x + F_2(R - e\cos\phi_x)$$
$$= F_j f_1 r + F_j e \sin\phi_x + F_j f_2(R - e\cos\phi_x)$$

式中：ϕ_x——夹紧点 x 与偏心轮的几何中心 O_1 及回转中心 O_2 连线间的夹角；

　　　f_1——回转轴与偏心轮之间的摩擦系数；

　　　f_2——工件与偏心轮之间的摩擦系数。

设　　　　　　　　　　　　$f_1 = f_2 = f$

则　　　　　　$F_Q L = F_j f r + F_j e \sin\phi_x + F_j f(R - e\cos\phi_x)$
$$= F_j [f(R + r) + e(\sin\phi_x - f\cos\phi_x)]$$

$$F_j = \frac{F_Q L}{f(R + r) + e(\sin\phi_x - f\cos\phi_x)} \qquad (5-35)$$

传力系数　　　　$i = \dfrac{F_j}{F_Q} = \dfrac{L}{f(R + r) + e(\sin\phi_x - f\cos\phi_x)} \qquad (5-36)$

2. 定心夹紧机构

当工件被加工面以中心要素（轴线、中心平面等）为工序基准时，为使基准重合，减少定位误差，需采用定心夹紧机构。定心夹紧机构具有定心（对中）和夹紧两种功能。定心夹紧机构按其定心作用原理有两种类型。

（1）定心夹紧元件作等速移动的定心夹紧机构

1）螺旋定心夹紧机构

如图 5-57 所示，通过转动具有螺距相等的左、右螺纹的螺杆带动两个 V 形块同步向中心移近、离开，从而实现对工件的定心夹紧或松开。其特点是结构简单、工作行程大、通用性好。但由于螺旋副制造误差及调整误差的影响，定心精度低。适用于粗加工或半精加工的场合。

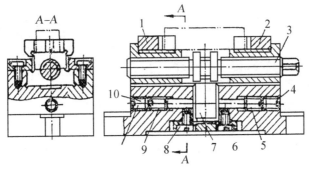

1,2—V 形块　3—螺杆　4,5,6—螺钉　7—叉形件　8,9,10—螺钉

图 5-57　螺旋定心夹紧机构

2）斜楔定心夹紧机构

如图 5-58 所示，拧动螺母时，靠其斜面作用把两组卡爪同时等距离外伸，直至每

组三个卡爪与工件孔壁接触,使工件自动定心夹紧。反向拧动螺母,在卡爪槽中的弹性卡环使卡爪缩回,工件被松开。该定心夹紧机构常用于工件以内表面定心的场合。

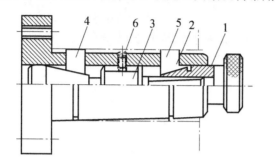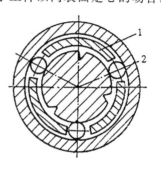

1— 螺纹套 2—卡爪 3—螺纹杆
4—卡爪 5—卡环 6—止动销

图 5-58 斜楔—滑栓定心夹紧机构

1—轴体 2—滚柱

图 5-59 偏心式定心夹紧机构

3) 偏心式定心夹紧机构

如图 5-59 所示,利用带有偏心圆柱面的轴体 1,在旋转时将定位件滚柱 2 移近或分开,从而夹紧或松开工件。该机构在加工时,靠切削力实现自动定心。切削力越大,则夹紧力越大。其特点是装卸工件迅速,定心夹紧可靠,适用于孔表面已加工或具有较大孔径的工件。

(2) 定心夹紧元件本身作均匀弹性变形的定心夹紧机构

此类机构是利用薄壁弹性元件受力后的均匀弹性变形使工件定心并被夹紧,定心精度高,适用于精加工或半精加工场合。

1) 弹性夹头与弹簧心轴

图 5-60 所示为用于装夹工件以外圆柱面定位的弹性夹头结构。主要元件是一个带锥面的弹性套筒。它由三部分组成:一是卡爪 A,二是弹性部分 B,三是导向部分 C。拧紧螺母,在斜面作用下,卡爪收缩,将工件定心夹紧。松开螺母,卡爪弹性恢复,工件松开。

弹性夹头结构简单,定心精度高,但弹性筒套变形量不大,故对工件定位基面有一定精度要求,其公差应控制在0.5 mm以内。

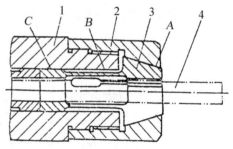

1—夹具体 2—螺母 3—弹性套筒 4—工件

图 5-60 弹性夹头

图 5-61 所示为弹性心轴结构,用于工件内孔定位,原理与弹性夹头类似。

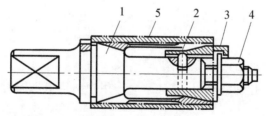

1—心轴体 2—弹性套筒 3—锥套 4—螺母 5—工件

图 5-61 弹性心轴

2）弹性膜片定心夹紧机构

该机构是利用一个具有弹性的薄片圆板（膜片），在轴向力作用下，发生弹性变形，使卡爪式定位表面张开或收缩，对工件进行定心夹紧。

图 5-62 所示为两种弹性膜片定心夹紧机构。其中图 5-62(a)用于夹持工件内孔，图 5-62(b)用于夹持工件外圆。

弹性膜片定心夹紧机构定心精度高，制造装配容易，但工件尺寸不能太大，承受的切削扭矩不能过大，常用于短工件的磨削加工或有色金属的车削加工，定心精度在 0.01 mm 以内。

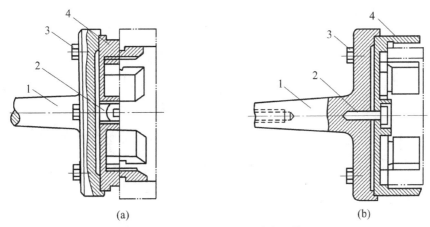

(a)   (b)

图 5-62 弹性膜片定心夹紧机构

3）碟形弹簧定心夹紧机构

图 5-63 所示为碟形弹簧定心夹紧机构。图 5-63(a)是由碟形弹簧片叠加在一起组成的弹性心轴，施加轴向力后，弹簧片径向涨大，将工件定心夹紧。图 5-63(b)为碟形弹簧片结构图，为增加其变形量，开有许多内外交错的径向槽。

这种夹紧机构定心精度高（0.01 mm 之内），承载能力大，夹紧迅速可靠，结构简单，但易损坏工件定位表面，适用于定位基面公差较大的场合。

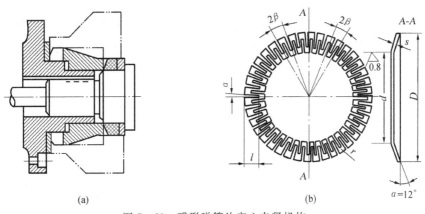

(a)   (b)

图 5-63 碟形弹簧片定心夹紧机构

4）液性塑料定心夹紧机构

图 5-64 所示为液性塑料定心夹紧机构。它的基本原理是利用薄壁套筒在液性塑料的压力下，产生均匀的径向变形，使工件准确定心和夹紧。

该机构的主要元件是薄壁套筒，它装在夹具体上，在夹具体与套筒之间空腔内注满液性塑料，拧紧加压螺钉，使柱塞对密封腔内的液性塑料施加压力，迫使薄壁套筒产生均匀弹性变形，从而使工件准确定心夹紧；松开加压螺钉，腔内压力减小，薄壁套筒靠弹性恢复原状，而使工件松开。

该机构夹紧可靠，定心精度高，但薄壁套筒弹性变形不能过大，适用于定位孔精度较高的车、磨、齿轮加工等精加工工序。

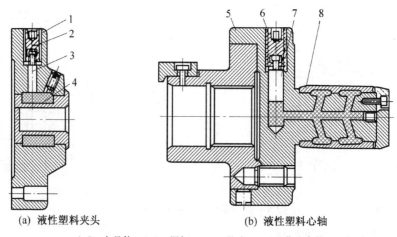

(a) 液性塑料夹头　　　　　　　　(b) 液性塑料心轴

1,5—夹具体　2,6—螺钉　3,7—柱塞　4,8—薄壁套筒

图 5-64　液性塑料定心夹紧机构

5.5　典型机床夹具设计

机床夹具一般由定位元件、夹紧机构、夹具体及其他装置或元件组成。由于被加工工件的形状、工艺要求、加工方法等原因，常常需要设计适用的专用夹具，以满足生产的需要。本节在掌握定位、夹紧的基础上，对典型机床夹具进行剖析，以便掌握专用夹具设计特点。

5.5.1　车床夹具

车床主要用来加工各种回转表面，对于形状简单的零件可以用卡盘、顶尖或设计心轴类定心夹具。当在车床上加工的零件形状比较复杂，如壳体、支座等，上述夹具不能满足要求时，需要设计专用夹具。

1. 角铁式车床夹具

这类夹具一般具有类似角铁的夹具体,常用于加工壳体、支座、杠杆、接头等零件的圆柱面及端面。

图 5-65 所示为一角铁式车床夹具。工件以底面和两孔定位,用两个钩形压板 3 夹紧,镗孔中心线与零件底面之间的 8°夹角由弯板的角度来保证。为了控制端面尺寸,在夹具上设置了供测量用的测量基准(圆柱棒端面),同时设置了一个供检验和校正夹具用的工艺孔。由于工件偏置,夹具质心偏离中心线很多,加工时产生振动,影响加工质量,同时会使夹紧松动,造成事故。因此,在这类夹具上配置平衡块 1 和防护罩 2。

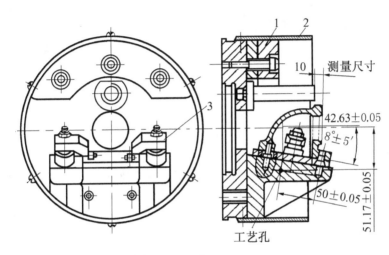

1—平衡块　2—防护罩　3—钩形压板

图 5-65　角铁式车床夹具

2. 花盘式车床夹具

这类夹具的夹具体为一个圆盘形零件,加工的工件一般形状较复杂,但工件有一个较大的端面作为主要定位面定位,辅之 V 形块、定位销等定位元件。工件一般沿轴向(指向主要定位面)夹紧。

图 5-66 所示为用花盘式车床夹具来加工两个 $\phi40$ 的平行孔。工件以端面和两销孔为定位基准,在支承环 2 和两定位销上定位,采用钩形压板夹紧工件。为保证工件中心距尺寸,支承环 2 与夹具体 1 有 17.05±0.05 的偏心量。该夹具也是一个分度式夹具。支承环与夹具体间用转轴和对定销确定位置,两个 T 型螺钉锁紧,加工一个孔后将支承环旋转 180°再加工另一个孔。

这类夹具也常进行平衡,必要时还需设置防护罩。

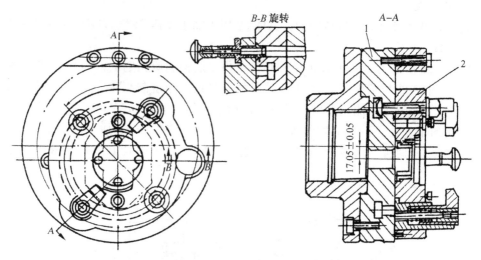

图 5-66　花盘式车床夹具

3. 车床夹具设计要求

(1) 车床夹具在机床主轴上的安装方式

车床夹具与机床主轴的配合表面之间必须有一定的同轴度和可靠的连接。

夹具通过主轴锥孔与机床主轴连接,并用螺栓拉紧(如图 5-67(a)所示)。这种安装方式的安装误差小,定心精度高,适用于小型夹具。对于 $D < 140$ mm 或 $D < (2 \sim 3)d$,径向尺寸较大的夹具,一般用过渡盘安装。图 5-67(b)所示的过渡盘以内孔在主轴前端的定心轴颈上定位(采用 H7/h6 或 H7/js6 配合),用螺纹紧固;图 5-67(c)所示的过渡盘以锥孔和端面在主轴前端的短圆锥面或端面上定位。

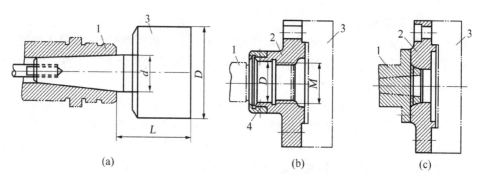

(a)　　　　　　　　(b)　　　　　　　　(c)

1—主轴　2—过渡盘　3—专用夹具　4—压块

图 5-67　车床夹具与机床主轴的连接

(2) 定位元件的设置

设置定位元件时应考虑使工件加工表面的轴线与主轴轴线重合。各定位元件的限位表面应与机床主轴旋转中心具有正确的尺寸和位置关系。

（3）夹紧装置的设置

车床夹具的夹紧装置必须安全可靠。夹紧力必须克服切削力、离心力等外力的作用，且自锁可靠。确保工件在回转切削过程中不会松动。

（4）夹具的平衡

角铁式、花盘式等结构不对称的车床夹具，设计时应采取平衡措施，以减少由离心力产生的振动和主轴轴承的磨损。

（5）夹具的结构要求

车床夹具的夹具体应制成圆形，结构要紧凑，悬伸长度要短，重量尽可能轻，便于安装、测量和切屑清除，必要时加设防护罩，保证安全。

5.5.2 铣床夹具

铣床夹具主要用于加工零件上的平面、键槽、缺口及成型表面等。由于铣削时切削力较大，且为断续切削，设计铣床夹具时，应注意工件的装夹刚性和夹具的安装稳定性。

1. 铣床夹具的类型

由于铣削过程中多数情况是夹具和工作台一起作进给运动，而铣床夹具的整体结构又常常取决于铣削加工的进给方式，因此，按不同的进给方式将铣床夹具分为直线进给式、圆周进给式和仿形进给式三种类型。

（1）直线进给式铣床夹具

这种夹具用得最多。根据夹具上同时安装工件的数量，又可分为单件铣夹具和多件铣夹具。图 5-68 所示为单件铣夹具；图 5-69 所示为多件铣夹具，可一次安装 4 个工件同时进行加工。为了提高生产率，夹具上采用了联动夹紧机构。

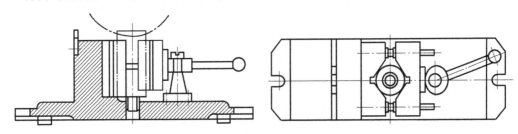

图 5-68 单件铣夹具

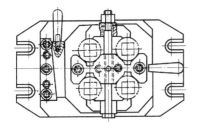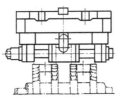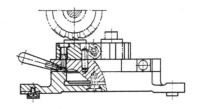

图 5-69 多件铣夹具

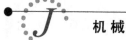

（2）圆周进给铣床夹具

圆周式进给铣床夹具通常用在具有回转工作台的铣床上，一般均采用连续进给，生产率高。图 5-70 所示的回转工作台带动工件（拨叉）作圆周连续进给运动，将工件依次送入切削区，以实现连续切削。在非切削区内，可装卸工件。这种加工方法使机动时间与辅助时间相重合，提高生产率。

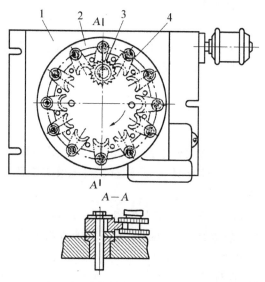

1—夹具　2—回转工作台　3—铣刀　4—工件

图 5-70　圆周进给式铣夹具

（3）仿形铣床夹具

图 5-71(a)所示为直线进给式仿形铣夹具的工作原理图。靠模板 2 和工件 4 分别

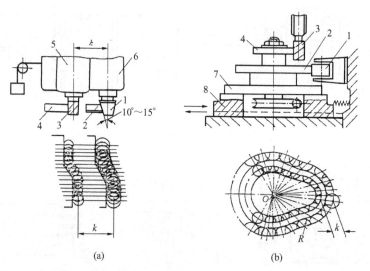

1—滚柱　2—靠模板　3—铣刀　4—工件　5—铣刀滑柱　6—滚柱滑座　7—回转台　8—滑板

图 5-71　仿形铣夹具

装在机床工作台上的夹具中,滚柱滑座 6 和铣刀滑柱 5 刚性连接并严格保证两垂直轴线间的距离 k 始终不变。这个滑柱组合体在重锤或弹簧力 W 的作用下,使滚柱始终压在靠模板上。当工作台纵向直线进给时,滑座组合体即获得一横向辅助运动,从而铣刀按靠模曲线轨迹在工件上铣出所需要的曲面轮廓。

图 5-71(b)所示为装在普通立式铣床上的圆周进给式仿形夹具。靠模板 2 和工件 4 装在回转工作台 7 上,工作台作等速圆周进给运动。在弹簧力的作用下,滑板 8 便带动工件相对刀具作所需的仿形运动,加工出与靠模相仿的成形面。

2. 铣夹具的安装

铣夹具通常通过定位键和铣床工作台 T 形槽的配合来确定夹具在机床上的位置。图 5-72 所示为定位键结构。定位键用沉头螺钉固定在夹具体底面的纵向槽中,一般使用两个,两定位键的距离越远,定向精度越好。定位键与夹具体的配合为 H7/h6。为提高夹具安装精度,定位键的下部(工作台 T 形槽配合部分)可留有余量进行修配,或在安装夹具时使定位键一侧与工作台 T 形槽靠紧,以消除间隙的影响。

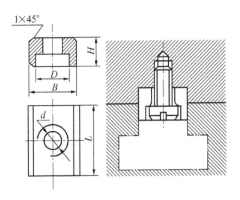

图 5-72　定位键

铣床夹具的夹具体大多设计有耳座,并通过螺栓将夹具牢固地紧固在机床工作台的 T 形槽中。耳座的间距要与 T 槽的间距尺寸一致。

3. 对刀装置

在大批量生产中,需要快速而准确地确定夹具与刀具的相对位置,故铣床夹具常有对刀装置,它主要由对刀块和塞尺构成。图 5-73(a)为高度对刀块,用于铣平面时对刀;图 5-73(b)为直角对刀块,用于加工键槽或台阶面对刀;图 5-73(c),(d)为成形对刀块,用于加工成形表面时对刀;塞尺用于检查刀具与对刀块之间的间隙,以避免刀具与对刀具直接接触,损坏刀刃或造成对刀块过早磨损。

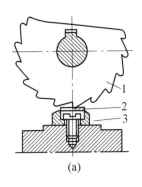

(a)

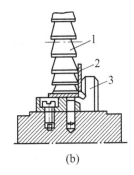

(b)

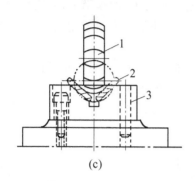

(c)

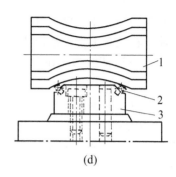

(d)

1—铣刀　2—塞尺　3—对刀块

图 5 - 73　对刀块

5.5.3　钻床夹具

钻床夹具,习惯上一般称为钻模,是在钻床上用来钻孔、扩孔、铰孔的机床夹具。

用钻模加工时,借助于钻套确定刀具的位置和刀具导向,被加工孔的尺寸精度由刀具本身精度保证,位置精度则由钻模板确定。

1. 钻模的构造和种类

钻模的结构形式很多,可分为固定式、移动式、翻转式、盖板式和滑柱式等主要类型。

(1) 固定式钻模

在加工中钻模和工件相对机床的位置保持不变的钻模称为固定式钻模。这类钻模多用在立式钻床、摇臂钻床和多轴钻床上。夹具体上常设置凸缘或耳座以便将其固定在钻床工作台上。图 5 - 74 所示为固定式钻模,用于加工连杆零件上的锁紧孔。

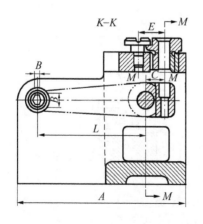

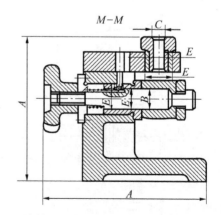

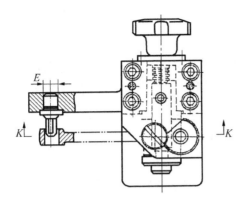

图 5-74　固定式钻模

（2）回转式钻模

图 5-75 所示为回转式钻模，用来加工扇形工件上 3 个有角度关系的径向孔。拧紧螺母 4，通过开口垫圈 3 将工件夹紧。转动手柄 9，可将分度盘 8 松开；将对定销 1 从分度套 2 中拨出，使分度盘连同工件回转 20°，定位销重新插入分度套，进行分度，将其锁紧后即可进行加工。

回转式钻模中的某些分度装置已标准化，设计时可查阅有关手册。

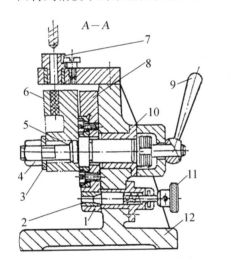

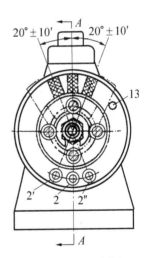

1—对定销　2—分度套　3—开口垫圈　4—螺母　5—定位销　6—工件　7—钻套　　8—分度盘
9—手柄　10—衬套　11—捏手　12—夹具体　13—挡销
图 5-75　回转式钻模

（3）翻转式钻模

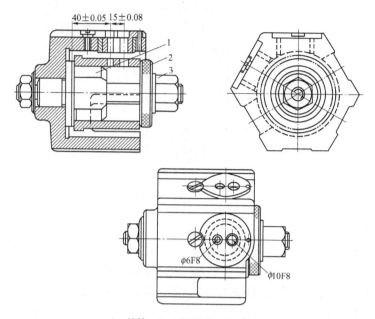

1—销轴　2—开口垫圈　3—螺母

图 5-76　钻套筒四径向孔 60°翻转式钻模

图 5-76 所示为翻转式钻模,用于加工套筒上 4 个径向孔。工件以孔及端面在台阶销 1 上定位,用开口垫圈 2 和螺母 3 夹紧。钻完一面上的孔后,翻转 60°,再钻另外几面的孔。其夹具结构简单,但由于加工中需人力翻转,故夹具加上工件的总重量一般不大于 10 kg。

（4）盖板式钻模

盖板式钻模是最简单的一种钻模,它没有夹具体,只有一块钻模板。一般情况下,还装有定位元件和夹紧装置。加工时,将它覆盖在工件上即可加工。常用于箱体等大型工件加工,钻模重量一般不大于 15 kg。

图 5-77 所示为加工车床溜板箱上多个小孔用的盖板式钻模,它用圆柱销 1 和菱形销 3 在工件两孔中定位,并通过 3 个支承钉 4 安放在工件上。

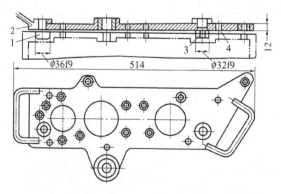

1—圆柱销　2—钻模板　3—菱形销　4—支承钉

图 5-77　盖板式钻模

（5）滑柱式钻模

滑柱式钻模属可调夹具，它由夹具体、滑柱、升降模板和锁紧机构等几部分组成。图 5-78 为手动滑柱式钻模，升降钻模板 3 由螺母紧固在齿条轴 2 和滑柱 7 上，转动手柄 8 使斜齿轮轴 1 转动，带动齿条 2 及升降模板上下滑动，实现夹紧、松开工件。同时斜齿轮将模板上的夹紧力和自重转为轴向力，通过齿轮轴 1 上的双锥面 A 实现自锁。

2. 钻套的结构和尺寸

钻套是钻床夹具的特殊元件，其作用是用来确定被加工工件上孔的位置，引导刀具，保证孔的位置精度，提高刀具的刚性，防止振动。有关的钻套结构尺寸、材料、热处理等已标准化，可参阅有关国标。

（1）钻套结构

1）固定钻套

图 5-79 所示为固定钻套的两种结构，它直接压入钻模板或夹具体的孔中，位置精度高，但磨损后不易更换，故多用于中、小批量生产。

2）可换钻套

图 5-80 所示为标准可换钻套结构，它以间隙配合安装在衬套中，衬套则压入钻模板或夹具体中，为防止钻套在衬套中转动，用螺钉固定。可换钻套磨损后可更换，故多用于大批生产。

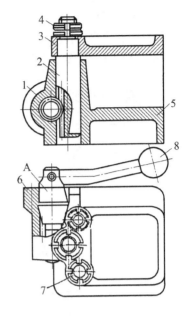

1—轴齿轮　2—齿条轴　3—钻模板
4—螺母　5—夹具体　6—锥套
7—滑柱　8—操纵手柄

图 5-78　手动滑柱式钻模

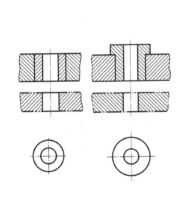

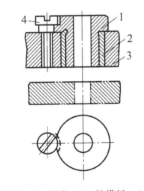

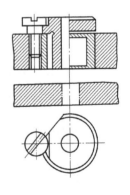

1—钻套　2—衬套　3—钻模板　4—螺钉

图 5-79　固定钻套　　　图 5-80　可换钻套　　　图 5-81　快换钻套

3）快换钻套

当工件在一次装夹中，需要进行多工步（钻、扩、铰等）加工时，采用图 5-81 所示的快换钻套结构，以便迅速更换不同内径的钻套。更换钻套时，不需拧动螺钉，只要将钻套转过一个角度，使螺钉头部对准钻套缺口，即可取下钻套。

4）特殊钻套

由于工件结构 、形状和位置特殊,标准钻套不能满足使用要求时,需要设计特殊钻套。图 5-82 所示的是钻多个小间距孔、在凹陷处钻孔及在斜面上钻孔的几种特殊钻套。

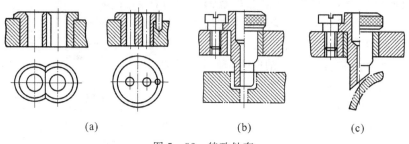

(a)　　　　　　　　　　(b)　　　　　　(c)

图 5-82　特殊钻套

（2）钻套的尺寸及其精度

1）钻套内径与刀具之间取间隙配合,钻套孔径的基本尺寸取刀具的最大尺寸,尺寸精度当工件加工孔的精度低于 IT8 时,取 F8 或 G7;高于 IT8 时,按 H7 或 G6 制造。

钻套内孔与外径的同轴度不大于 0.01 mm。

2）钻套高度 H 直接影响钻套的导向性能和刀具与钻套磨损(如图 5-83 所示),通常取 $H = (1 \sim 2.5)d$。加工精度要求较高,加工孔径较小、刀具刚性较差时应取大值,反之取小值。

3）钻套与工件间一般应有排屑间隙 h(图 5-83),一般取 $h = (0.3 \sim 1.2)d$,加工铸铁和黄铜等脆性材料时取较小值,钢等韧性材料时取较大值。当孔的位置精度要求很高时,刃角应该在钻套内才能起到良好的导向作用,这时就允许取 $h = 0$。

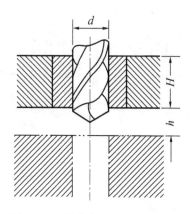

图 5-83　钻套高度与容屑间隙

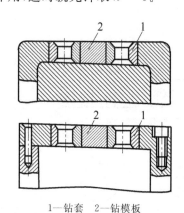

1—钻套　2—钻模板

图 5-84　固定式钻模板

3. 钻模板

（1）固定式钻模板

这种钻模板是直接固定在夹具体上,可在装配时调整位置,图 5-84 所示。其结构简单,钻孔精度高。

（2）铰链式钻模板

钻模板与夹具体之间为铰链取接，如图 5-85 所示，钻模板 4 用铰链轴 8 与夹具体 3 连接在一起，钻模板 4 可绕铰链轴 8 翻转，并用菱形螺母 1 压紧钻模板。

使用铰链式钻模板，装卸工件较方便，对于钻孔后需要攻丝的情况尤为适宜。但铰链处必然有间隙存在，因而加工孔的位置精度比固定式钻模板低，结构也较为复杂。

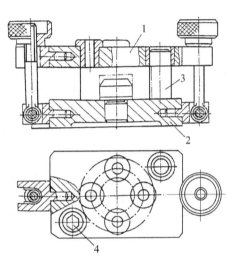

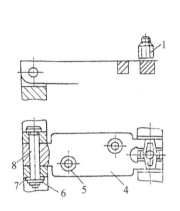

1—菱形螺母　2—活节螺栓　3—夹具体　4—钻模板
5—固定钻套　6—开口销　7—垫圈　8—铰链轴
图 5-85　铰链式钻模板

1—钻模板　2—夹具体　3—圆柱销　4—削边销
图 5-86　可卸式钻模板

（3）可卸式钻模板

如果装卸工件必须将钻模板取下，则采用可卸式钻模板，如图 5-86 所示。钻模板 1 以两孔在夹具体 2 上的一个圆柱销 3 和削边销 4 上定位，并用铰链螺栓将钻模板和工件一起夹紧。

4. 工艺孔的应用和钻套位置尺寸的计算

在钻斜孔、铣斜槽等夹具上，为了便于加工、检验那些位置精度要求高的斜孔或斜面等，而在夹具的某些特定部位设置一个精确的圆柱孔作为基准，这个孔叫工艺孔。图 5-87 为在斜孔钻模上设置了工艺孔来确定钻套位置尺寸 X 的简图。利用几何关系，可求得工艺孔到钻套轴线的距离

$$X = L\sin\alpha - \frac{D}{2}\cos\alpha + H\sin\alpha$$

工艺孔的设置应注意以下几点：

（1）工艺孔的位置必须便于加工和测量，一般

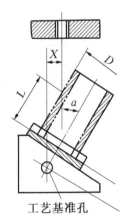

图 5-87　用工艺孔确定钻套的位置

设置在夹具体的暴露面上。

（2）工艺孔的位置必须便于计算，一般设置在定位元件轴线上或钻套轴线上，在两者交点上更好。

（3）工艺孔尺寸应选用标准心棒尺寸。

5.5.4　镗床夹具

镗床夹具主要用于加工箱体、支座类零件上的孔和孔系。它不仅在各类镗床上使用，也可在组合机床、车床及摇臂钻床上使用。镗床夹具又称为镗模，与钻模相似，一般用镗套作为导向元件引导镗孔刀具或镗杆进行镗孔，但由于箱体孔系的加工精度较高，因此镗模本身的制造精度就比钻模的高得多。

1. 镗模的主要类型

镗模的结构类型主要决定于镗套的布置方式，可分为单支承引导、双支承引导、无支承引导等三种基体类型。

（1）单支承引导

镗模中只有一个镗套做导向元件的称为单支承引导镗模。如图 5-88 所示，镗杆与机床主轴刚性联接，并应保证镗套中心线与主轴轴线相重合。机床主轴旋转精度会影响镗孔精度，因此这种镗模适于加工短孔和小孔。

图 5-88(a)所示为单支承前引导，适用于加工孔的直径 $D > 60 \text{ mm}$，$\dfrac{l}{D} < 1$ 的通孔，特别适合于镗平面工序中。图 5-88(b)为单支承后引导，主要用于加工孔的直径 $D < 60 \text{ mm}$ 的通孔或盲孔。

h 值的大小应根据更换刀具、装卸和测量工件及排屑是否方便来确定，一般取 $h = (0.5 \sim 1)D$，大约取 $h = 20 \sim 30 \text{ mm}$。

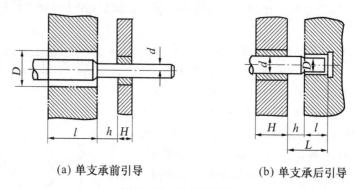

(a) 单支承前引导　　　　　　(b) 单支承后引导

图 5-88　单支承引导

（2）双支承引导

图 5-89 所示为双支承引导结构，分为两种布置形式，图 5-89(a)前后引导的双支承镗模，工件处于两个镗套的中间；图(b)为后引导的双支承镗模，在刀具的后方布

置两个镗套。无论何种形式,镗杆与机床主轴均为浮动连接,且两镗套必须严格同轴。因此,所镗孔的位置精度完全决定于镗模上镗套的位置精度,而与机床精度无关。

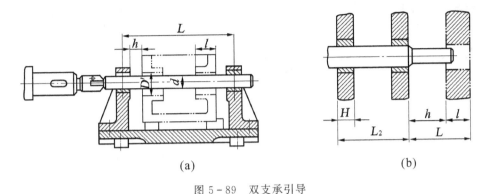

(a)　　　　　　　　　　(b)

图 5-89　双支承引导

图 5-90 所示为支架壳体镗床夹具,为前后双支承引导,镗套 4,5 安装在支架 2,7 上,支架用螺钉紧固在夹具体 1 上。

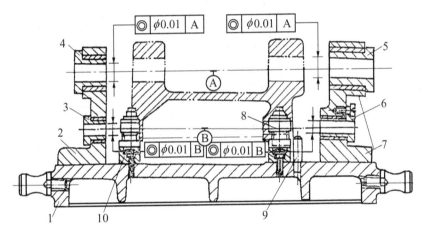

1—夹具体　2—导向支架　3、6—钻套　4、5—镗套　8—压板　9—定位钉　10—支承板

图 5-90　支架壳体镗床夹具

(3) 无支承引导

夹具上不设置镗杆支承,被加工孔的尺寸精度和位置精度完全由镗床精度保证

2. 镗套的选择与设计

镗套的结构有固定式和回转式两种。

(1) 固定式镗套

固定式镗套是指镗孔时不随镗杆一起转动的镗套,如图 5-91 所示。其结构与钻套相似,A 型无润滑装置,依靠镗杆上滴油润滑;B 型则带有润滑油杯和油槽,润滑充分。这类镗套结构简单,外形尺寸小,精度高,镗杆与镗套有相对移动和相对转动,易磨

损,常用于 $v < 0.3\ \text{mm/s}$ 的低速镗孔场合。

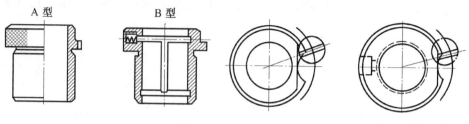

图 5-91　固定式镗套

（2）回转式镗套

回转式镗套在镗孔过程中随镗杆一起转动。图 5-92(a)所示为滑动式回转镗套，它结构简单，径向尺寸小，回转精度高，但必须充分润滑。图 5-92(b)所示为滚动式回转镗套，它的径向尺寸大，回转精度低，适用于粗加工和半精加工。图 5-92(c)所示为立式镗孔用的回转镗套，因工作条件差，采用圆锥滚子轴承并设置防护罩。

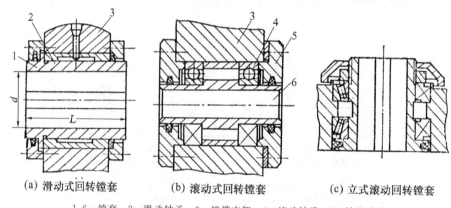

(a) 滑动式回转镗套　　　(b) 滚动式回转镗套　　　(c) 立式滚动回转镗套

1,6—镗套　2—滑动轴承　3—镗模支架　4—滚动轴承　5—轴承端盖

图 5-92　回转式镗套

回转式镗套中间开有键槽，镗杆上的键通过键槽带动镗套回转，有时也在镗套上设置尖头键带动镗套回转（如图 5-93 所示）。当被加工孔径大于镗套孔径时，需在镗套上开引刀槽，使装好镗刀的镗杆能顺利进入。

（3）镗套的尺寸及其公差

镗套长度直接影响导向性能，一般镗杆的长度取导向部分直径的 2.5~3.5 倍。镗套与镗杆以及衬套等配合，根据加工精度要求，按表 5-6所列选取。

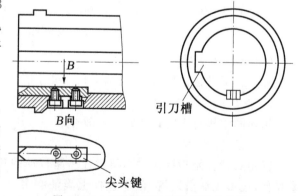

图 5-93　回转镗套的引导槽及尖头键

表 5 - 6　常用镗杆与镗套的配合公差

配合表面	镗杆与镗套	镗套与衬套	衬套与支架
配合性质	$\dfrac{H7}{g6}\left(\dfrac{H7}{h6}\dfrac{H6}{g5}\left(\dfrac{H6}{h5}\right)\right.$	$\dfrac{H7}{g6}\left(\dfrac{H7}{js6}\right)\dfrac{H6}{h5}\left(\dfrac{H6}{j5}\right)$	$\dfrac{H7}{h6}\dfrac{H6}{h5}$

镗套内孔与外圆的同轴度一般为 $\phi 0.01$ mm，内孔的圆度、圆柱度一般为 $0.01 \sim$ 0.002 mm，粗糙度 R_a 为 $0.4 \sim 0.2\,\mu m$，外圆粗糙度 R_a 为 $0.8 \sim 0.4\,\mu m$。

镗套的材料可选取用铸铁、青铜、粉末冶金或钢等，其硬度一般应低于镗杆的硬度。

3. 镗杆的设计

图 5 - 94 所示为用于固定式镗套的镗杆导向部分结构。当导向部分直径 $d <$ 50 mm 时采用整体式结构，其中图 5 - 94(a)所示为开油槽镗杆，刚性和强度好，磨损大；图 9 - 94(b)，(c)所示为有较深直槽和螺旋槽，摩擦小但刚性差。当镗杆导向部分直径 $d > 50$ mm 时采用图 9 - 94(d)所示的镶条式结构，采用不同材料的组合减少磨损，磨损后可加垫片修复继续使用。

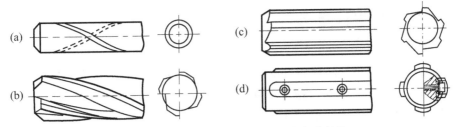

图 5 - 94　用于固定镗套的镗杆导向部分结构

图 5 - 95 所示为回转式镗套的镗杆的引进结构。图 5 - 95(a)所示结构的前端设置平键，适用于开有键槽的镗套；图 5 - 95(b)所示的镗杆上开有键槽，其头部有小于 45°的螺旋引导结构，与装有尖头键的镗套配合使用。

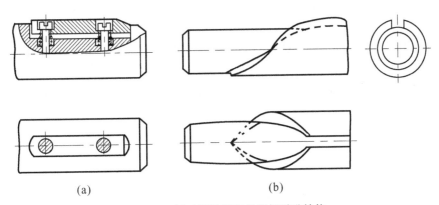

(a)　　　　　　　　　(b)

图 5 - 95　用于回转镗套的镗杆引进结构

镗杆的直径和长度对镗杆的刚性影响很大。直径虽然受到加工孔径的限制，但在可能的情况下，应尽量地取大些，一般取 $d = (0.7 \sim 0.8)D$（D 值为镗孔直径）。也可参考表 5 - 7 中的数值选取。

表 5 - 7　镗孔直径 D,镗杆直径 d 和镗刀截面之间的尺寸关系(mm)

D	30～40	40～50	50～70	70～90	90～140	140～190
d	20～30	30～40	40～50	50～65	65～80	80～120
镗刀截面 $B×B$	8×8	10×10	12×12	16×16	16×16 20×20	20×20 25×25
圆形刀头直径 ϕ	$\phi8$	$\phi10$	$\phi12$	$\phi16$	$\phi20$	$\phi24$

镗杆的制造精度对其回转精度有很大影响。故直径的尺寸精度应比加工孔的精度高二级,圆度及圆柱度不应超过直径公差的 $\frac{1}{2}$。镗杆的弯曲在长 500 mm 内应小于0.01 mm。

镗杆的材料一般采用 45 钢或 40Cr 钢,硬度为 HRC40～45;也可用 20 钢渗碳淬火,渗碳层厚度为 0.8～1.2 mm,硬度为 HRC61～63。

5.6　专用夹具设计方法

夹具设计是工艺设计的重要组成部分,直接影响加工工件的精度和生产率。本节总结和归纳专用夹具设计的一些基本规律和方法,着重阐述专用夹具的设计程序、要求、步骤、公差和技术要求的选用,以及工件在夹具中加工的精度校核,举例介绍车夹具(非旋转体工件在车床上镗孔)设计过程和方法。

5.6.1　专用夹具设计的基本要求和步骤

1. 对专用夹具的基本要求
(1)保证工件的加工精度
专用夹具应有合理的定位方案,合适的尺寸、公差和技术要求,并进行必要的精度分析。
(2)提高生产率
在适应工件生产纲领的条件下,应尽量采用可靠、快速、高效的夹紧机构与传动方式,以缩短辅助时间。
(3)工艺性好
专用夹具的结构应简单、合理,便于加工、装配、检修。
(4)使用性好
夹具操作应简单、省力、安全可靠,维护方便。
(5)经济性好
除专用夹具本身结构简单、标准化程度高、成本低廉外,还应根据生产纲领对夹具方案进行必要的经济分析,以达到最佳效益。

2. 专用夹具设计步骤

在专用夹具的设计过程中,必须充分地收集设计资料,明确设计任务,优化设计方案。整个设计过程,大体分为以下几个阶段进行。

(1) 设计准备

这一阶段主要是收集原始资料,并根据设计任务对资料进行分析。其内容有:

1) 研究被加工零件,明确夹具设计任务,包括分析零件在整个产品中的作用、零件本身的形状和结构特点、材料、技术要求和毛坯的获得方法。

2) 分析零件的加工工艺过程,特别要了解零件进入本工序时的状态,包括尺寸和形状精度、材质、加工余量、加工要求、定位基准、夹紧表面等。

3) 了解所用的机床的性能、规格和运动情况,特别要掌握与所设计夹具联接部分的结构和联系尺寸。

4) 了解所使用的刀具和量具的结构和规格,以及测量和对刀调整方法。

5) 了解零件的投产批量和生产纲领等情况。

6) 收集有关设计资料,包括机械零件、夹具设计等国家标准、部颁标准以及其他有关夹具设计的典型结构、手册等资料。

(2) 总体设计

夹具的总体设计阶段包括从拟订夹具结构方案,绘制夹具草图,必要的分析计算,到总装配图设计的全部过程。具体分以下几个步骤:

1) 选择定位方案,设计定位装置。在选择定位方案时,要从分析工序图,保证加工要求出发,按工件的基本定位原理,对不同的方案进行分析对比,从中确定结构简单可行、经济合理的方案。

2) 选择工件夹紧方案,设计夹紧装置。设计时要特别注意夹紧力的方向、作用点的选择,防止工件变形,减少辅助时间。

3) 其他装置及元件的选择。必要时作对刀装置、导向装置或分度装置的选择。

4) 设计夹具的结构形式。设计夹具体时,应保证夹具体有足够的整体刚度和强度,同时还要尽量使其结构简单、重量较轻。多数情况下夹具体采用铸件,这样可以根据需要做出不同形状的加强筋等。在设计夹具体的同时,还要确定整个夹具在机床上的安装方式。

5) 绘制夹具草图。夹具草图的绘制是夹具设计的一个重要环节,是绘制夹具装配总图的基础。在夹具草图上要正确地画出工件的定位和夹紧结构,外形轮廓尺寸,重要的联系尺寸、配合尺寸与公差等,还要提出相应的技术要求。

6) 进行必要的分析计算。对有动力夹紧装置的夹具,要进行夹紧力的计算;要进行技术经济分析,选择技术经济效益较好的方案。

7) 方案审查与改进设计。在夹具草图画出后,要征求有关技术人员的意见并送有关部门审查,根据他们的合理意见对夹具设计方案进行改进设计。

8) 绘制夹具装配总图。装配总图图样的绘制要严格执行国家制图标准,尽量采用1:1 的比例。主视图应按操作者实际工作时的位置绘制,应清楚地表示出夹具工作原理和结构及各种装置之间的位置关系。

绘制夹具总图时,一般将工件视为透明体。

装配总图绘制的大体顺序是:

① 首先用双点划线将工件的外形轮廓、夹紧表面、定位基面及加工表面绘制在各个视图的相应位置上。

② 绘出定位装置、夹紧装置、夹具体和其他装置。

③ 标注轮廓尺寸、必要的装配尺寸、检验尺寸及其公差和技术要求等。

④ 编制夹具标题栏和明细表。

(2) 零件设计

夹具中的非标准零件要分别绘制零件图。零件图要表达出实际零件的全部结构、标注出全部尺寸、表面粗糙度、尺寸公差和形位公差、材料及热处理和技术要求。

5.6.2　工件在夹具上加工的精度校核

1. 影响加工精度的因素

用夹具装夹工件进行机械加工时,其工艺系统中影响工件加工精度的因素很多。与夹具有关的因素如图 5-96 所示,有定位误差 Δ_D、对刀误差 Δ_T、夹具在机床上的安装误差 Δ_A 和夹具制造误差 Δ_Z。在机械加工工艺系统中,影响加工精度的其他因素综合称为加工方法误差 Δ_G。上述各项误差均导致刀具相对工件的位置不精确,而形成总的加工误差 $\sum \Delta_\Sigma$。

以上各项误差中,与夹具直接有关的误差为 $\Delta_D, \Delta_T, \Delta_A, \Delta_Z$ 四项。加工方法误差 Δ_G 具有很大的偶然性并很难精确计算,所以常根据经验为它留出工件公差 δ_k 的 1/3。计算时可设

$$\Delta_G = \frac{\delta_k}{3} \qquad (5-37)$$

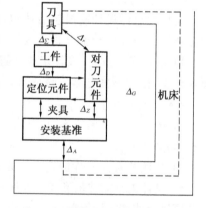

图 5-96　工件在夹具中加工时影响加工精度的主要因素

2. 保证加工精度的条件

工件在夹具中加工时,总加工误差 $\sum \Delta_\Sigma$ 为上述各项误差之和,由于上述误差均为独立随机变量,应将各误差用概率法叠加。因比保证工件加工精度的条件是

$$\Delta_\Sigma = \sqrt{\Delta_D^2 + \Delta_T^2 + \Delta_A^2 + \Delta_Z^2 + \Delta_G^2} \leqslant \delta_k \qquad (5-38)$$

即工件的总加工误差 Δ_Σ 应不大于工件的加工尺寸公差 δ_k。

为保证夹具有一定的使用寿命,防止夹具因磨损而过早报废,在分析计算工件加工精度时,需留出一定的精度储备量 J_c。因此将上式改写为

$$\sum \Delta_\Sigma \leqslant \delta_k - J_c$$

或
$$J_c = \delta_k - \Delta_\Sigma \geqslant 0 \qquad (5-39)$$

当 $J_c > 0$ 时,夹具能满足工件的加工要求,这是夹具设计必须要满足的基本条件。J_c 值的大小还表示了夹具使用寿命的长短和夹具总图上各项公差值 δ_j 的确定是否合理。

5.6.3　夹具设计实例——泵体零件在车床上镗孔

图 5 - 97 所示为加工泵体上 $2 - \phi 40.4_0^{+0.027}$ 孔的工序图,按中批生产设计所需的车床夹具。

根据工艺规程,在本工序加工之前,工件端面及 $2 - \phi 12_0^{+0.019}$ 孔已加工好。本工序的加工要求有:镗两个 $\phi 40.4_0^{+0.027}$ 孔之孔径,该两孔中心距尺寸为 $34_0^{+0.08}$;两孔中心线加工要求为对 B 面的垂直度允差为 0.22/100,两孔中心线平行度允差为 0.01,保证两孔中心线平面对 $2 - \phi 12_0^{+0.019}$ 中心线连线平面的对称度和两孔中心线连线的垂直对称中心面对 $2 - \phi 12_0^{+0.019}$ 孔中心线连线的垂直对称中心面的对称度。其中,第一项要求与夹具无关,最后两项要求未注公差,要求较低。

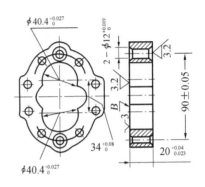

(1) $\phi 40.4_0^{+0.027}$ 两孔中心线对 B 面垂直度允差 0.02/100;
(2) $\phi 40.4_0^{+0.027}$ 两孔中心线平行度允差 0.01。

工件材料:HT150

图 5 - 97　泵体加工两孔 $\phi 40.4_0^{+0.027}$ 工序图

根据加工要求,可设计成如图 5 - 98 所示的花盘式车床夹具。

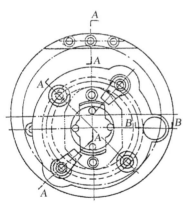

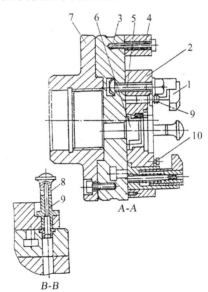

A-A

B-B

技术条件:
1. 中心线 α 与定位面 A 之垂直度允差为 0.01/100;
2. 过渡盘与夹具体 3 未拧紧连接螺钉前用千分表校正 C 面;
3. 工件安装后调整静平衡。

1—钩形压板　2—定位板　3—夹具体　4—平衡块　5—T 形螺钉
6—定位心轴　7—过渡盘　8—对定销　9—弹簧　10—定位销

图 5 - 98　加工泵体两孔的车床夹具

1. 确定定位方案,设计定位装置

根据加工要求和基准重合原则,采用 B 面和 $2 - \phi 12_0^{+0.019}$ 孔为定位基面(基准)。定位元件"一面两销"。定位孔与定位销的主要尺寸如图 5-99 所示。

(1) 两孔中心距 L_D 和两销中心距 L_d

已知两孔中心距 $L_D = 90 \pm 0.05$ mm。

按两销中心距基本尺寸等于两孔中心距平均尺寸,其公差取两孔中心距公差的 1/3~1/5,其公差带对称分布,得两销中心距基本尺寸及其公差

$$L_d = 90 \pm 0.02 \text{ mm}$$

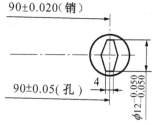

图 5-99 定位孔与定位销尺寸

(2) 圆柱销直径尺寸取 $\phi 12 g6 = \phi 12_{-0.014}^{-0.005}$ mm。

(3) 查菱形销尺寸(表 5-4),取菱形销尺寸 $b = 4$ mm。

(4) 查菱形销直径尺寸,先计算在两孔连线方向上,销、孔配合单边最小间隙

$$a = \frac{\delta L_D + \delta L_d}{2} = \frac{0.10 + 0.04}{2} = 0.07 (\text{mm})$$

再计算销、孔配合最小间隙

$$x_{2\min} = \frac{2ab}{D_{2\min}} = \frac{2 \times 4 \times 0.07}{12} \approx 0.05 (\text{mm})$$

所以,菱形销最大直径 $d_{2\max} = D_{2\min} - x_{2\min} = 12 - 0.05 = 11.95 (\text{mm})$

菱形销直径的公差取 IT6 为 0.009 mm,得菱形销直尺寸为 $\phi 12_{-0.059}^{-0.050}$ mm。

2. 确定夹紧方式,设计夹紧装置

因系中批生产,无需采用复杂的动力装置。为使夹紧可靠和结构紧凑,采用两副钩形压板压在工件右端面的两端,如图 5-98 所示

3. 夹具在车床主轴上的安装

工件上有两孔,呈圆周(或直线)分布,要在工件一次装夹中加工完毕,所以需设计圆周(或直线)分度装置。如图 5-98 所示,夹具体(花盘)3 是固定部分,转动部分是定位板 2。夹具体与定位板之间以端面接触,用定位心轴 6 对定位板径向定位,用两副 T 形螺钉及螺母锁紧。由于对称度要求不高,采用手拉式圆柱对定销 8 即可。

4. 夹具在车床主轴上的安装

由于本工序在 C620 型车床上加工,过渡盘 7 采用圆柱孔 $\phi 95H7$ 及其端面在车床主轴上定位,用内螺纹 $M90 \times 6$ 与主轴上的外螺纹紧固。花盘上的止口与过渡盘上的凸缘的配合为 $\dfrac{H7}{h6}$。花盘外圆可用为找正圆 C。

5. 夹具总图上尺寸

(1) 最大外形轮廓尺寸:直径 $\phi 254$ 和长度 200。

(2) 影响工件定位精度的尺寸和公差:两定位销的中心距 90 ± 0.02 mm,圆柱销的直径 $\phi 12g6_{-0.0014}^{-0.005}$ mm 与菱形销的直径 $\phi 12_{-0.059}^{-0.050}$ mm。

（3）影响夹具精度的尺寸和公差：定位心轴 6 的轴线至找正圆 C（花盘）的轴线的装配尺寸 $17^{+0.008}_{+0.002}$，定位心轴 6 与定位板 2 中的衬套孔的配合尺寸 $\phi30\dfrac{H7}{f6}$；对定销与导向孔的配合尺寸和对定销与对定套的配合尺寸均为 $\phi10\dfrac{H7}{g6}$，C 面的轴线 a 与 A 面的垂直度公差 0.01/100。

（4）影响夹具在机床上安装精度的尺寸和公差：夹具安装定位孔尺寸 $\phi92H7$，夹具体与过渡盘的配合尺寸 $\phi126\dfrac{H7}{g6}$。

（5）其他重要配合尺寸和公差：定位心轴 6 的外圆与夹具体 3 上内孔的配合尺寸 $\phi24\dfrac{H7}{g6}$。

6. 加工精度分析

（1）定位误差 Δ_D

工件以一面两孔定位，工序基准是 $2-\phi12^{+0.009}_{0}$ 的对称面，定位基面是与圆柱销配合的孔，限位基面是圆柱销，因

$$\Delta_B = \frac{\delta L_D}{2} = 0.05(\text{mm})$$

$$\Delta_y = x_{1\max} = 0.033\ \text{mm}$$

但在加工尺寸 $34^{+0.08}_{0}$ 时，是在一次装夹中完成，定位误差对加工尺寸没有影响，所以

$$\Delta_D = 0$$

（2）夹具制造误差 Δ_Z

夹具制造误差主要由两部分组成。一是定位板 2 中心相对花盘找正圆 C 中心的装配尺寸 $17^{+0.008}_{+0.002}$ 的误差，其值为两倍的尺寸公差，即

$$\Delta_{Z1} = 2 \times 0.006 = 0.012(\text{mm})$$

另一是分度引起的误差。分度误差可按一面两销定位误差来计算，心轴与衬套的配合尺寸为 $\phi30\dfrac{H7\binom{+0.025}{0}}{f6\binom{-0.020}{-0.039}}$，影响 $34^{+0.08}_{0}$ 尺寸的误差是连心线方向的定位误差，转角引起的误差可以忽略，因此

$$\Delta_{Z2} = X_{1\max} = 0.064\ \text{mm}$$

（3）夹具安装误差 Δ_A

该误差反映为花盘轴线相对于车床主轴的同轴度。在安装过程中花盘通过止口与过渡凸缘以 $\phi126\dfrac{H7}{h6}$ 配合，过渡盘以 $\phi92H7$ 与主轴配合，误差计算可以采用内外圆柱面定位时非固定边接触公式。但本夹具安装时采用花盘外圆找正，理论上保证与主轴的

同轴度,实际上存在着找正误差,设其值为 0.01,即

$$\Delta_A = 0.01 \text{ mm}$$

（4）加工方法误差

该值难以计算,常取工件加工公差的 1/3,所以

$$\Delta_G = 0.027 \text{ mm}$$

（5）按概率法计算总加工误差

$$\sum \Delta_\Sigma = \sqrt{\Delta_D^2 + \Delta_Z^2 + \Delta_A^2 + \Delta_G^2}$$

$$= \sqrt{0^2 + 0.012^2 + 0.064^2 + 0.01^2 + 0.027^2}$$

$$= 0.071 \text{(mm)}$$

（6）精度储备量

$$J_C = 0.08 - 0.071 = 0.009 \text{(mm)}$$

由计算可知,此夹具方案可以采用。

习　题

1. 机床夹具由哪些部分组成? 各部分的作用是什么?

2. 工件在夹具中定位、夹紧的任务是什么?

3. 什么是欠定位? 为什么不能采用欠定位? 试举例说明。

4. 根据六点定位原理,试分析图 5-100(a)～(l)的各定位方案中定位元件所限制的自由度。有无重复定位现象? 是否合理? 如何改正?

5. 试分析图 5-101 中各工件需要限制的自由度、工序基准,选择定位基准(并用定位符号在图上表示)及各定位基准限制哪些自由度。

6. 造成定位误差的原因是什么?

7. 用图 5-102 所表示的定位方式铣削连杆的两个侧面,计算加工尺寸 $12_0^{+0.3}$ mm 的定位误差。

8. 用图 5-103 所示的定位方式在阶梯轴上铣槽,V 形块的 V 形角 $\alpha = 90°$,试计算加工尺寸 74 ± 0.1 mm 的定位误差。

9. 工件定位如图 5-104 所示,采用一面两孔定位,两定位销垂直放置。现欲在工件上钻两孔 O_3 及 O_4,保证尺寸 $50_0^{+0.5}$,$40_0^{+0.2}$ 及 $70_0^{+0.3}$,若定位误差只能占工件公差的 1/2。试计算确定能否满足两孔 O_3 及 O_4 的位置精度要求? 若不能满足要求,应采取何措施?

10. 试分析图 5-105 中夹紧力的作用点与方向是否合理,为什么? 如何改进?

11. 分析三种基本夹紧机构的优缺点。

12. 车床夹具与车床主轴的连接方式有哪几种?

13. 何谓定心夹紧机构? 它有什么特点?

14. 在图 5-106 所示的接头上铣槽,其他表面均已加工好。试对工件进行工艺分析,设

计所需的铣床夹具(只画草图),标注尺寸、公差及技术要求,并进行加工精度分析。

15. 需在图 5-107 所示支架上加工 $\phi 9H7$ 孔,工件的其他表面均已加工好。试对工件进行工艺分析,设计钻模(画出草图),标注尺寸并进行精度分析。

16. 镗床夹具可分为几类? 各有何特点? 其应用场合是什么?

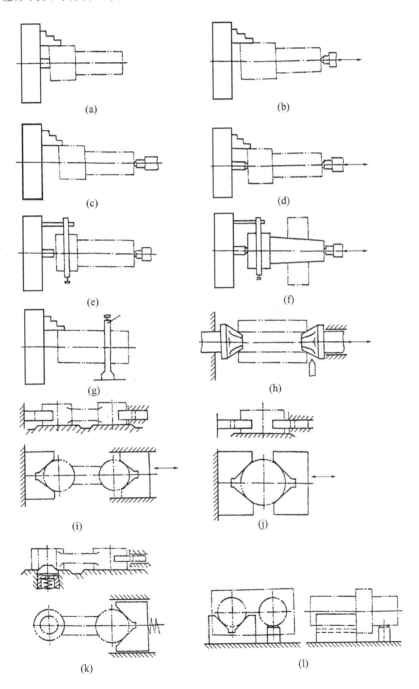

图 5-100

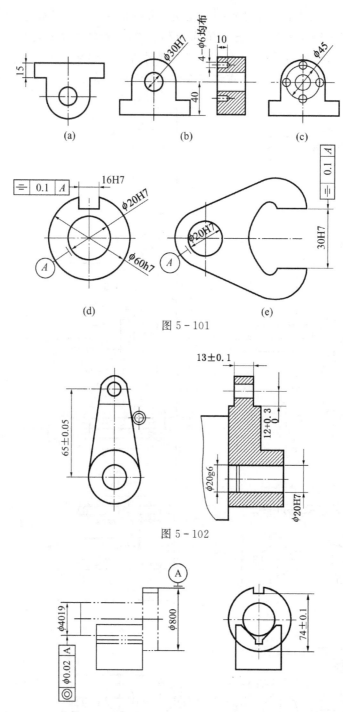

图 5 - 101

图 5 - 102

图 5 - 103

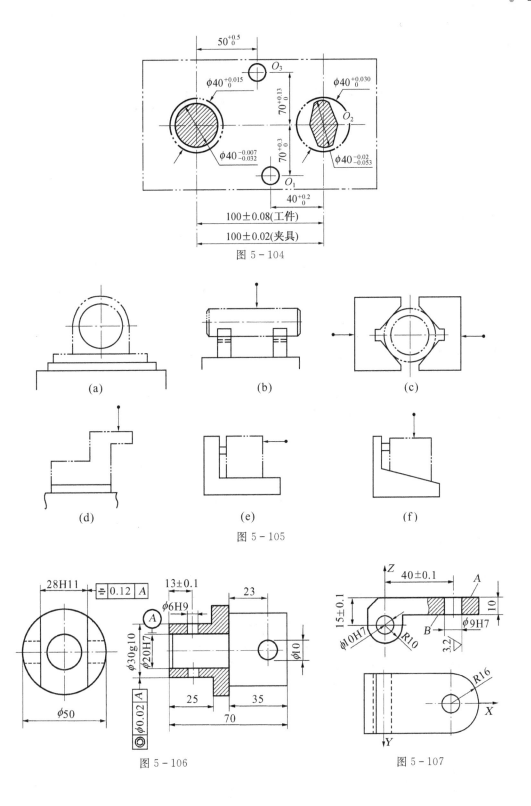

图 5-104

(a)　　　　　(b)　　　　　(c)

(d)　　　　　(e)　　　　　(f)

图 5-105

图 5-106　　　　　图 5-107

第6章 装配工艺

6.1 概述

  装配是整个机械制造过程的后期工作。各种零部件需经过正确的装配,才能形成最终产品。如何把零件装配成机器,如何处理零件的精度和产品精度的关系,以及达到装配精度的方法如何,这些都是装配工艺所要解决的问题。

6.1.1 装配的概念

  零件是构成机器(或产品)的最小单元。若干个零件结合成机器的某一部分,无论其结合形式和方法如何,都称为部件。

  把零件装配成部件的方法称为部件装配,简称部装。

  把零件和部件装配成机器(或产品)的过程称为总装配,简称总装。

  装配时(无论是部装或总装)必须有基准零件或基准部件,它们是装配工作的基础,其作用是连接需要装在一起的零件或部件,并决定这些零部件之间的正确位置。

6.1.2 装配内容

  装配工作通常有以下几项基本内容:

  1. 清洗

  为了保证产品的装配质量和延长产品的使用寿命,特别是对于像轴承、密封件,精密零件以及有特殊清洗要求的零件,装配前要进行清洗,其目的是去除零件表面的油污及机械杂质。清洗的方法有浸洗、擦洗、喷洗和超声波清洗等。清洗液主要有煤油、汽油等石油溶剂、碱液和各种化学清洗液。零部件适用的各种清洗方法必须配用相适应的清洗液,才能充分发挥效用。

  2. 联接

  装配工作的完成要依靠大量的联接,联接方式一般有以下两种:

  (1) 可拆卸联接

  可拆卸联接是指相互联接的零件拆卸时不受任何损坏,而且拆卸后还能重新装在一起,如螺纹联接、键联接和销钉联接等,其中以螺纹联接的应用最为广泛。

(2) 不可拆卸联接

不可拆卸联接是指相互联接的零件在使用过程中不拆卸,若拆卸将损坏某些零件,如焊接、铆接及过盈联接等。过盈联接大多应用于轴、孔的配合,可使用压入配合法、热胀配合法和冷缩配合法实现过盈联接。

3. 校正、调整与配作

为了保证部装和总装的精度,在批量不大的情况下,常需进行校正、调整与配作工作。

校正是指产品中相关零部件相互位置的找正、找平,并通过各种调整方法以保证达到装配精度。校正与装配一样有基准问题,校正的基准面力求与加工和装配基准面相一致。

调整是指相关零部件相互位置的具体调节工作。通过相关零部件位置的调整来保证其位置精度或某些运动副的间隙。

配作是指装配过程中附加的一些钳工和机械加工工艺,如配钻、配铰、配刮及配磨等。配钻用于螺纹联接;配铰多用于定位销孔加工;而配刮、配磨则多用于运动副的接合表面。配作和校正调整工作是结合进行的,在装配过程中,为了消除加工和装配时产生和累积的误差,只有在利用校正工艺进行测量和调整之后,才能进行配作。

4. 平衡

为了防止运转平稳性要求较高的机器在使用中出现振动,在其装配过程中需对有关旋转零部件(有时包括整机)进行平衡作业。部件和整机的平衡均以旋转体零件的平衡为基础。

在生产中常用静平衡法和动平衡法来消除由于质量分布不均匀所造成的旋转体的不平衡。对于直径较大且长度较短的零件(如飞轮和带轮等)一般采用静平衡法消除静力不平衡。而对于长度较长的零件(如电动机转子和机床主轴等),为消除质量分布不匀所引起的力偶不平衡和可能共存的静力不平衡,则需采用动平衡法。

对旋转体内的不平衡可以采用以下方法进行校正:

(1) 用补焊、铆接、胶接或螺纹联接等方法加配质量;

(2) 用钻、铣、磨或锉等方法去除质量;

(3) 在预制的平衡槽内改变平衡块的位置和数量(如砂轮静平衡即常用此方法)。

5. 验收试验

机械产品装配完成后,应根据有关技术标准的规定,对产品进行较全面的验收和试验工作,合格后才能出厂。各类产品检验和试验工作的内容、项目是不相同的,其验收试验工作的方法也不相同。

此外,装配工作的基本内容还包括涂装、包装等工作。

6.2 装配方法

根据生产纲领和现有生产条件,应综合考虑加工和装配间的关系,确定装配方法,使整个产品获得最佳技术经济效果。

这里所指的装配方法,其含义包含两个方面:一方面是指手工装配还是机械装配;另一方面是指保证装配精度的工艺方法和装配尺寸链的计算方法。对前者的选择,主要取决于生产纲领和产品的装配工艺性,但也要考虑产品尺寸和质量的大小以及结构的复杂程度;对后者的选择则主要取决于生产纲领和装配精度,但也与装配尺寸链中组成环数的多少有关。

6.2.1 装配精度

1. 装配精度

因为产品的精度最终是在装配时达到的,所以装配精度的高低是保证机器工作性能、质量和寿命的重要因素。国家有关部门对各类通用机械产品还制订了相应的精度标准。以通用机床为例,总装后应符合国家标准 GB4020—1983 要求,具体可参阅该标准的有关部分。

产品装配精度一般包括零部件间的距离尺寸精度、相互位置精度、相对运动精度和接触精度。

(1)距离尺寸精度

距离尺寸精度是指零部件间的距离尺寸精度和配合精度。距离尺寸精度是零部件之间的相对距离尺寸要求,如卧式车床床头和尾座两顶尖中心的等高度属此项精度。配合精度是轴与孔的配合要求。

(2)相互位置精度

相互位置精度包括相关零部件间的平行度、垂直度、同轴度及各种跳动等。如卧式车床主轴轴线对床身导轨的平行度等,就属于相互位置精度。

(3)相对运动精度

相对运动精度是指有相对运动零部件间在运动方向和运动位置上的精度。运动方向上的精度是指零部件间相对运动的直线度、平行度、垂直度等。例如,卧式车床床鞍移动在水平面内的直线度要求。运动位置上的精度是指传动精度,即始末两端传动元件相对运动(转角)的精度,例如,滚齿机滚刀主轴与工作台的相对运动精度和车床车削螺纹时的主轴与刀架移动的相对运动精度。

(4)接触精度

接触精度是指两配合表面、接触表面和连接表面间达到规定的接触面积大小与接触点的分布情况。它主要影响接触刚度和配合质量的稳定性,同时对相互位置和相对运动精度的保证也有一定的影响。如锥体配合、齿轮啮合等均有接触精度要求。

2. 装配精度和零件精度间的关系

机器的精度最终是在装配时达到的。保证零件的精度特别是关键零件的加工精度,其目的最终还在于保证机器的装配精度,因此机器的装配精度与零件精度密切相关。

例如,在车床精度标准中,第 4 项是尾座移动对溜板移动的平行度要求,该项精度主要取决于床身导轨 A 和 B 的平行度(图 6-1),当然也与导轨面间的配合质量有关。

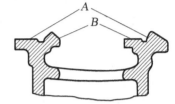

A—溜板移动导轨　B—尾座移动导轨

图 6-1　床身导轨简图

值得注意的是,若装配方法不当,即使有了精度合格的零件,也可能装配不出合格的机器。另外,对某些装配精度项目(详见后述)而言,若完全由相关零件的制造精度来直接保证,则由于零件的制造精度要求将很高,从而会给加工带来很大困难。这时可按经济加工精度来确定零件的精度要求,使之易于加工,然后在装配时采取一定的工艺措施(如修配、调节等)来保证装配精度。这样做虽然增加了劳动量和装配成本,但从整个产品制造来说,仍是经济可行的。

6.2.2　装配尺寸链的建立

1. 装配尺寸链的基本概念

图 6-2 所示为轴和孔的配合关系。装配精度为轴和孔的配合精度——配合间隙 A_0,$A_0 = A_1 - A_2$。A_1,A_2,A_0 组成最简单的装配尺寸链。由此可知,所谓装配尺寸链即在装配关系中由相关零件的尺寸(表面或轴线距离)或相互位置关系(同轴度、平行度、垂直度等)所组成的尺寸链,其基本特征是呈封闭图形。其中组成环由相关零件的尺寸或相互位置关系所组成,可分为增环和减环,封闭环为装配过程最后形成的一环,即装配后获得的精度或技术要求。这种要求是通过把零、部件装配好后才最终形成和保证的。

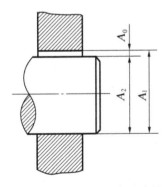

图 6-2　轴和孔的配合尺寸链

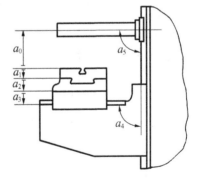

图 6-3　卧式升降台铣床装配精度的角度尺寸链

和工艺尺寸链一样,装配尺寸链中也有线性尺寸链和角度尺寸链之分,图 6-2 属前者;图 6-3 属后者,其组成环由平行度和垂直度等组成。

2. 装配尺寸链的建立

装配尺寸链的建立是在产品或部件装配图上进行的,首先要正确确定封闭环。一般来说产品或部件的装配精度就是封闭环。为了迅速而正确地查明各组成环,还必须分析产品或部件。查找时以封闭环两端为起点,沿装配精度要求的方向,取相关零件联接面为尺寸界限,查找影响装配精度的每个零件,直至找到同一零件的同一联接面为止。

例如,图 6-4 所示是一个传动箱的一部分。齿轮轴在两个滑动轴承中转动,因此两个轴承的端面处应留有间隙。为了保证获得规定的轴间间隙,在齿轮轴上装有一个垫圈(为了便于检查将间隙均推向右侧)。

这是一个线性装配尺寸链,它的建立一般可按下列步骤进行。

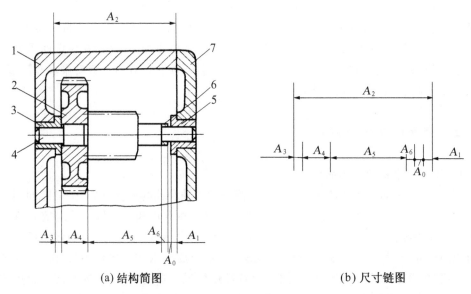

(a) 结构简图　　　　　　　　　　　　(b) 尺寸链图

1—传动箱体　2—大齿轮　3—左轴承　4—齿轮轴　5—右轴承　6—垫圈　7—箱盖

图 6-4　传动轴轴向装配尺寸链的建立

(1) 判别封闭环

如前所述,装配精度即封闭环。为了正确地确定封闭环,必须深入了解机器的使用要求及各部件的作用,明确设计人员对整机及部件所提出的装配技术要求。图示传动机构要求有一定的轴向间隙,但转动轴本身并不能决定该间隙的大小,而是要由其他零件的尺寸来决定的。因此轴向间隙是装配精度所要求的项目,即封闭环,在此处用 A_0 表示。

(2) 判别组成环

装配尺寸链的组成环是对机器或部件装配精度有直接影响的环节。一般查找方法是取封闭环两端为起点,沿着相邻零件由近及远地查找与封闭环有关的零件,直至找到同一个基准零件或同一基准表面为止。这样,所有相关零件上直接影响封闭环大小的尺寸或位置关系,便是装配尺寸链的全部组成环,并且整个尺寸链系统要正确封闭。如图 6-4(a)所示的传动箱中,沿间隙 A_0 的两端可以找到相关的六个零件(传动箱由七个零件组成,其中箱盖与封闭环无关),影响封闭环大小的相关尺寸为 A_1,A_2,A_3,A_4,A_5,A_6。

(3) 画出尺寸链图

图 6-4(b)即为尺寸链图,从中可清楚地判别出增环和减环,便于进行求解。

在封闭环精度一定时,尺寸链的组成环数越少,则每个环分配到的公差越大,这有利于减小加工的难度和成本的降低。因此,在建立装配尺寸链时,要遵循最短路线(环数最少)原则,即应使每一相关零件仅有一个组成环列入尺寸链。

3. 装配尺寸链的计算

装配尺寸链计算方法极值法和概率法有两种。

(1) 极值法

极值法是各组成环误差处于极值的情况下来确定封闭环与组成环关系的一种计算方法。这方法的特点是简单可靠,但在封闭环要求高,组成环数目多的情况下,组成环公差过于严格,且组成环误差同时出现极值的情况很少,所以此方法保守,会造成零件的加工困难。

极值法的解算公式与工艺尺寸链中相同,在此不详述。

(2) 概率法

由于极值法是在各组成环误差处于极值的情况下进行计算的,根据概率理论,这种组成环尺寸处于极限情况的机会是很少的,尤其在大批大量生产条件下,这种极端情况的出现机会已小到无考虑的必要。当装配精度高,而组成环数目又较多时,应按概率论的原理来计算尺寸链,即概率法。

根据概率论的原理,各独立随机变量(装配尺寸链的组成环)的标准差 σ_0 与这些随机变量之和(装配尺寸链的封闭环)的标准差 σ_0 之间的关系为

$$\sigma_0 = \sqrt{\sum_{i=1}^{m} \sigma_i^2} \tag{6-1}$$

式中:m——组成环的环数。

但由于在解算尺寸链时是以误差量或公差量之间的关系来计算的,所以上述公式还需转化成所需要的形式。

根据误差统计分析可知,当加工误差呈正态分布时,其误差量(尺寸分散带)ω 与标准差 σ 间的关系为

$$\omega = 6\sigma$$

即

$$\sigma = \frac{1}{6}\omega$$

所以,当尺寸链各环呈正态分布时,各组成环的尺寸分散带 $\omega = 6\sigma_i$,封闭环的尺寸分散带 $\omega = 6\sigma_0$,即 $\sigma_i = \frac{1}{6}\omega_i$,$\sigma_0 = \frac{1}{6}\omega_0$。将 σ_i 和 σ_0 代入式(6-1),可得

$$\omega_0 = \sqrt{\sum_{i=1}^{m} \omega_i^2} \qquad (6-2)$$

在取各环的误差量 ω_i 及 ω_0 等于公差值 T_i 和 T_0 的条件下,式(6-2)可改写为

$$T_0 = \sqrt{\sum_{i=1}^{m} T_i^2} \qquad (6-3)$$

上式表明,当各组成环呈正态分布时,封闭环公差等于组成环公差平方和的平方根。当组成环非正态分布时,σ_i 和 ω_i 有下列关系:

$$\sigma_i = \frac{K_i}{6} \omega_i \qquad (6-4)$$

式中:K_i 称为相对分布系数,它表明各种分布曲线的不同分布性质。

在装配尺寸链中,只要组成环数目足够多,不论各组成环呈何种分布,封闭环总趋于正态分布,因此,可得到封闭环公差概率解法的一般公式

$$T_0 = \sqrt{\sum_{i=1}^{m} K_i^2 T_i^2} \qquad (6-5)$$

若组成环的公差带都相等,即 $T_i = T_{av}$,则可得各组成环平均公差 T_{av} 为

$$T_{av} = \frac{T_0}{\sqrt{m}} = \frac{\sqrt{m}}{m} T_0 \qquad (6-6)$$

将上式与极值法的 $T_{av} = T_0/m$ 相比,可明显看出,概率法可将组成环的平均公差扩大 $\sqrt{m}$ 倍,m 愈大,T_{av} 愈大。可见概率法适用于环数较多的尺寸链。

应当指出,用概率法计算之所以能扩大公差,是因为我们确定封闭环正态分布的尺寸分散带为 $\omega_0 = 6\sigma_0$,而这时部件装配后在 $T_0 = 6\sigma_0$ 范围内的数量可占总数的99.73%,只有 0.27% 的部件装配后不合格,这个不合格率常常可忽略不计,只有在必要时才通过调换个别组件或零件来解决废品问题。

6.2.3 保证装配精度的工艺方法

机器装配首先应当保证装配精度和提高制造的经济效益,而构成机器的相关零件的制造误差必然要累积到封闭环,构成封闭环的误差。因此,机器的装配精度要求愈高,则对零件的精度要求也愈高,这是不经济的,有时制造也是不可能的,所以对不同的生产条件,在不过高提高零件制造精度的情况下,来保证装配精度,是装配工艺要解决的首要任务。

在长期生产实践中,人们根据不同的机器、不同的生产类型,创造出许多行之有效的装配方法。归纳有互换法、选配法、修配法和调整法四大类。表 6-1 列出了各种装配方法的适用范围,并举出一些实例。

表 6-1　各种装配方法适用范围和应用实例

装配方法	适　用　范　围	应　用　举　例
完全互换法	适用于零件数较少、批量很大、零件可用经济精度加工时	汽车、拖拉机、缝纫机及小型电机的部分部件
不完全互换法	适用于零件数稍多、批量大、零件加工精度需适当放宽时	机床、仪器仪表中某些部件
分组法	适用于成批或大量生产中,装配精度很高,零件数很少,又不便于采用调整装置时	中小型柴油机的活塞与缸套、活塞与活塞销、滚动轴承的内外圈与滚子
修配法	单件小批生产中,装配精度要求高且零件数较多的场合	车床尾座垫板、滚齿机分度蜗轮与工作台装配后精加工齿形、平面磨床砂轮(架)对工作台台面自磨
调整法	除必须采用分组法选配的精密配件外,调整法可用于各种装配场合	机床导轨的楔形镶条、内燃机气门间隙的调整螺钉、滚动轴承调整间隙的间隔套、垫圈,锥齿轮调整间隙的垫片

6.3　装配工艺规程设计

装配工艺规程不仅是指导生产的主要技术文件,而且是工厂组织生产、计划管理及新建、扩建装配车间的主要依据。装配工艺规程对于保证装配质量,提高装配生产效率,缩短装配周期,减轻工人的劳动强度,缩小占地面积和降低生产成本都有重要影响。

6.3.1　装配工艺规程制订的原则

(1) 保证产品装配质量
合理选择装配方法,力求装配工件达到最佳效果。
(2) 提高生产率
合理安排装配顺序和工序,尽量减少钳工装配的工作量,缩短装配周期。
(3) 降低装配成本
要减少装配生产面积,减少工人的数量和降低对工人技术等级的要求,尽量采用通用装备,减少装配投资等。

6.3.2　制订装配工艺时所需的原始资料

(1) 产品的总装配图、部件装配图和重要的零件图。
(2) 产品的验收标准。它规定产品主要技术性能的检验、试验工作的内容及方法。它是装配工艺制订工作的主要依据之一。

（3）产品的生产纲领。产品的生产纲领不同，生产类型也不同，相应地其装配工作的特点也不同，表6-2所示为各种生产类型装配工作的特点。

表6-2 各种生产类型装配工作的特点

生产类型 装配工作特点	大批大量生产	成批生产	单件小批生产
装配产品的特点	产品固定，生产活动长期重复，生产周期一般较短	产品在系列化范围内变动，分批交替投产或多品种同时投产，生产活动在一定时期内重复	产品经常变换，不定期重复生产，生产周期一般较长
组织形式	多采用流水装配线，有连续移动、间歇移动及可变节奏移动等方式，可采用自动装配或自动装配线	产品笨重批量不大时，多采用固定流水装配，批量较大时采用流水装配，多品种平行投产时用多种变节奏流水装配	以修配法及调整法为主，互换件比例较少
工艺过程	工艺过程划分很细，力求达到高度的均衡性	工艺过程的划分必须适合于批量的大小，尽量使生产均衡	一般不订详细的工艺文件，工序可适当调整，工艺也可灵活掌握
工艺装备	专业化程度高，宜采用专用高效工艺装备，易于实现机械化自动化	通用设备较多，但也采用一定数量的专用工、夹、量具，以保证装配质量和提高工效	一般为通用设备及通用工、夹、量具
手工操作要求	手工操作比重小，熟练程度容易提高，便于培养新工人	手工操作比重较大，技术水平要求较高	手工操作比重大，技术工人应有高的技术水平和多方面的工艺知识
应用实例	汽车、拖拉机、内燃机、滚动轴承、手表、缝纫机、电气开关行业	机床、机车车辆、中小型锅炉、矿山采掘机械行业	重型机床、重型机器、汽轮机、大型内燃机、大型锅炉行业

（4）现有的生产条件，主要包括现有的装配工艺条件、车间的作业面积、工人的技术水平以及时间定额标准等。

6.3.3 制订装配工艺规程的方法与步骤

1. 研究产品装配图和验收技术标准

制订装配工艺时，要仔细地研究产品的装配图及验收技术标准。通过对它们的研究,要深入了解产品及部件的具体结构、装配技术要求和检查验收的内容及方法,审查产品的结构工艺性。

2. 确定装配方法

装配方法主要取决于生产纲领和产品的装配工艺性、装配精度等,具体的方法可参见表 6-1。

3. 确定装配组织形式

装配的组织形式又分为固定式和移动式两种。

(1) 固定式装配

固定式装配是指全部装配工作在一固定地点完成。装配过程中产品位置不变,装配所需零部件都汇集在工作地附近。这种方式多用于单件小批生产中,或用于重量大、体积大而不便移动产品的批量生产中,以及用于因机体刚性差,移动会影响装配精度的情况下。

(2) 移动式装配

移动式装配是将零部件用输送带或小车按装配顺序从一个装配地点移动到下一个装配地点,各装配地点分别完成一部分装配工作,用各装配地点工作总和来完成产品的全部装配工作。根据零部件移动方式的不同又可分为连续移动、间歇移动和变节奏移动三种方式。多用于大批大量生产中,以组成装配流水作业线和自动作业线。

4. 划分装配单元,确定装配顺序

(1) 划分装配单元

将产品划分为若干个装配单元是制订工艺规程中最重要的一个步骤,这对于大批大量生产以及对于结构复杂的产品尤为重要。只有合理地将产品分解为可进行独立装配的单元后才能合理安排装配顺序和划分装配工序,以便组织装配工作的平行、流水作业。

一般来说单独进行装配的部件都称为装配单元,而装配单元则要根据产品的生产纲领、装配方法、组织形式、现场条件等来划分。

(2) 选择装配基准件

无论哪一级的装配单元都要选定某一零件或比它低一级的组件作为装配基准件。装配基准件通常应为产品的基体或主干零部件。基准件应有较大的体积和重量,有足够的支承面,以满足陆续装入零件或部件时的作业要求和稳定性要求。例如:床身零件是床身组件的装配基准零件;床身组件是机床产品的装配基准组件。

(3) 确定装配顺序,绘制装配系统图

装配顺序是由产品结构和组织形式决定的。产品的装配总是从基准开始,从零件到部件,由内到外,由上到下,以不影响下道工序为原则,有秩序进行,并以装配系统图的形式表示出来。

对于结构比较简单、组成的零部件较少的产品,可以只绘制产品装配系统图。对于结构复杂而组成的零部件多的产品,则分别绘制各装配单元的装配系统图。装配单元系统图如图 6-5 所示。

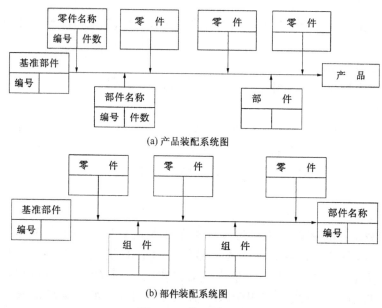

(a) 产品装配系统图

(b) 部件装配系统图

图 6-5　装配系统图

5. 划分装配工序

装配顺序确定后,还要将装配工艺过程划分为若干工序,并确定工序内容、设备、工装及时间定额,制定各工序装配操作范围和规范(如过盈配合的压入方法、变温装配的温度值、紧固螺栓联接的预紧扭矩、配作要求等),制定各工序装配质量要求及检测方法、检测项目等。

6. 制订装配工艺卡或装配工序卡

单件小批生产时,通常不制订装配工艺卡,工人按装配图和装配系统图进行装配。成批生产时,通常制订部件及总装的装配工艺卡。在工艺卡上只写明工序次序、简要工序内容、所需设备、工夹具名称及编号、工人技术等级及时间定额即可。

大批大量生产时,不仅要制订装配工艺卡,还要为每一工序单独制订装配工序卡,详细说明工序的工艺内容,直接指导工人进行装配。成批生产的关键工序也需制订相应的装配工序卡。

习　　题

1. 何为装配精度? 包括哪些内容? 装配精度与零件精度有什么关系?

2. 什么叫装配? 装配的基本内容有哪些?

3. 极值法与解装配尺寸链和概率法解装配尺寸链有什么不同? 各适用于哪种情况?

4. 图 6 - 6 所示为键槽与键的装配尺寸结构,其尺寸是:$A_1 = 20$ mm,$A_2 = 20$ mm,$A_3 = 0^{+0.15}_{+0.05}$ mm。

(1) 当大批生产时,采用完全互换法装配,试求各组成零件尺寸的上下偏差。

(2) 当小批生产时,采用修配法装配,试确定修配的零件并求出各有关零件尺寸的公差。

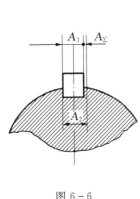

图 6 - 6

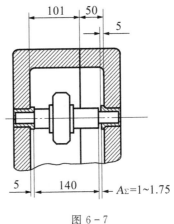

图 6 - 7

5. 图 6 - 7 所示的齿轮箱部件,根据使用要求齿轮轴肩与轴承端面间的轴向间隙应在 1~1.75 mm 范围内,若已知各零件的基本尺寸,为 $A_1 = 101$ mm,$A_2 = 50$ mm,$A_3 = A_5 = 5$ mm,$A_4 = 140$ mm,试确定这些尺寸的公差及偏差。

6. 装配组织形式可分为哪几种?

7. 什么叫装配工艺规程? 它包括的内容是什么? 有什么作用?

8. 保证产品精度的装配工艺方法有哪几种? 各用在什么情况下?

第7章　先进制造技术

7.1　先进制造技术概论

7.1.1　先进制造技术的内涵和体系结构

先进制造技术的概念是在 20 世纪 80 年代末被提出来的。一般来说，比较被人们接受的定义是："先进制造技术是以人为主体，以计算机为重要工具，不断吸收机械、光学、电子、信息(计算机和通信、控制理论、人工智能等)、材料、环保、生物以及现代系统管理等最新科技成果，涵盖产品生产的整个生命周期的各个环节的先进工程技术的总称。"它面向包括机械制造、电子产品制造、材料制造、石油、化工、冶金以及民用消费品制造等在内的"大制造业"，以提高对动态多变的产品市场的适应竞争能力为中心，以实现优质、灵活、高效、清洁生产和提供优质、快捷服务，取得理想经济效益为目标。

由此定义我们可以得出如下几个要点。

1. 强调学科交叉和技术融合

与信息(计算机与通信、控制理论、人工智能等)技术的集成是制造技术发展成为先进制造技术的最核心、最关键的一环。信息作为物质的一种属性，作为对物质有序度的一种映射，已深入制造过程的各个方面。物质、能量和信息是构成制造产业的三要素，而信息是最活跃的驱动因素。

从某种意义上讲，现代制造系统正在发展成为一种信息系统，它由信息驱动，以提高产品的信息含量为目的。而信息的主要来源之一是制造系统中各类人员的知识。制造系统对信息的依赖也是对知识的依赖。制造中的知识包括设计和工艺人员的经验、技能、诀窍、知识，其获取、表示、传递、变换和保真的研究是制造信息学的重要内容。另一方面，制造过程中所需接收和处理的各种信息正在爆炸性地增长，大量制造信息的规范、存储、管理及制造信息网络的问题也是制造信息学研究中的关键问题。这些关键问题在先进制造技术领域内，无一例外地都在不同程度上与信息科学和技术进行了融合与集成。

这一集成造成的影响是深刻的，它已引起了传统制造工艺、设计概念和方法、设备结构和机构以及制造系统管理模式的变化，有的已形成全新的设计概念和管理模式。

许多熟悉传统制造技术的管理和技术人员应充分认识到这一形势,努力接受新思想新技术,并在先进制造技术领域内有所作为。

2. 与生物医学相结合

虽然目前与生物医学这种结合同信息—制造的融合相比从广度和深度上还较逊色,但在21世纪生物与信息在先进制造技术领域内的作用必将并驾齐驱。今后以制造技术为核心,将信息、生物和制造三方面融合起来必然是制造领域的主流技术。

3. 材料的转变是最根本的特征

无论如何发展,如何与新技术相结合,从制造技术的科学价值和社会价值上来说,将材料"转变"为有用的物品的工艺过程始终是第一性。如何仿真模拟、如何虚拟现实、如何网络制造等等都是第二性的,不能颠倒过来。当然,并不是说这些第二性的过程不重要,它是促进第一性发展的,使第一性现代化的,但它始终不能取代第一性的过程,第二性的过程应放在适当的位置,否则难过市场验收关,先进制造技术的发展便成了炒概念。

4. 先进制造技术的内涵扩大

先进制造技术涵盖产品生产的整个生命周期的各个环节,最重要的特征是包括了生产体系和经营策略。也可以说这一点是传统制造技术与先进制造技术显著区别之一。制造技术发展各主要阶段的生产模式和经营策略见表7-1。

表7-1　制造技术发展各主要阶段的生产模式和经营策略

发展阶段	年代	生产模式	制造策略	制造装备和技术特点	生产组织和管理特点
1	1910—1940年	福特生产模式	制定合理工序和科学工时定额(泰勒管理方式)	机械化制造装备	建立设计、工艺和生产等功能专业化部门
2	1940—1950年	大批量生产自动化	生产过程动态统计	组合机床和刚性自动线	以质量为核心的部门间协调
3	1950—1960年	中、小批量生产自动化	柔性自动化生产	数控机床加工中心	成组技术的应用
4	1960—1980年	多品种小批量生产自动化	以计算机辅助为特征的制造技术的开发和应用	DNC、工业机器人、CAD、CAPP、CAM和CAE技术	按用户订单组织生产
5	1980—1990年	计算机集成制造系统	设计、制造和管理集成信息系统支持下的自动化生产	FMC/FMS、FA、CAD/CAPP/CAM集成设计与制造技术	准时化生产(JIT)、控制库存、设计制造信息一体化
6	1990年以后	速响应的智能化制造系统	智能制造、并行工程、精益生产、敏捷制造、与环保协调发展的制造	柔性制造设备和柔性自动线、计算机辅助产品开发(CADE)	将技术、管理和人员资源集成为一人协调的、相互联系的系统

5. 先进制造技术是动态发展,不断更新的技术

先进制造技术的特点之一就是要不断吸收各相关的技术突破性发展和创新性成就,并融合于自身之中。当然任何一种技术都有此特性。但这一点在先进制造技术的发展过程中更为鲜明、更为突出。

先进制造技术可以概括为先进制造技术的基础理论、现代设计理论和方法、成形加工、制造自动化和先进制造生产模式与管理五个方面。

(1) 先进制造技术的基础理论

先进制造技术的基础理论涉及到人工智能等诸多方面,专家的制造经验、技能和知识的获取、表示、存储和推理等是使制造技术上升为制造科学的关键。以计算机为工具,将各种先进的计算技术和计算机科学理论和方法应用于制造过程的各个环节,用于其数学模型的建立和优化处理。计算机几何是先进制造技术中不可缺少的新内容。制造系统是一个复杂的大系统,基于信息论、系统论和控制论的大系统建模形成制造系统优化的系统结构与制造企业科学管理方法。

(2) 现代设计理论和方法

产品设计是制造业的灵魂。现代设计是面向市场、面向用户的设计。企业制造出来的产品要面对激烈竞争的市场,因此,用户的满意程度就是竞争胜负的标志。改革开放以后,国内市场与国际市场正在加速向统一市场发展,全世界的制造业在一个统一的大市场中竞争。用户满意的标准常常受各种因素左右,说到底主要还是产品的性能(含质量)和价格(含与效益有关的其他诸因素)两个方面,面向用户的设计就是在这样一个环境下运行的。所谓"面向制造的设计"这种说法是不全面的。"制造"是设计中要考虑的一个重要因素,面向制造的设计是设计全过程中的一个不可缺少的组成部分,但绝不是全部。"全寿命周期设计"将设计看成一个时变系统。"成品设计"将产品当成一个时不变系统。"面向制造的设计"只强调加工质量,不考虑使用性能随时间的变化。

(3) 成形加工

许多有关先进制造技术的专著与论文将成形与加工视作两个独立的概念。这种现象是由于传统的制造技术有冷加工(切削加工)和热加工(铸、锻、焊)之分的缘故。先进制造技术领域应将其合为一个概念——"成形加工"。现代成形学认为将材料转变为具有特定形状和功能的工艺方法统称为成形加工方法。这里的形状和功能都是广义的:形状包含了尺度和精度的概念,功能包括了力学、物理、生物、化学等功能。现代成形学认为成形加工方法有以下四种。

1) 去除成形

去除裕量材料而成形,即主要指目前所谓的各种车、铣、刨、电火花等加工。

2) 受迫成形

在型腔的约束下材料的成形,如铸造、粉末成形、板料冲压、精密模锻等等。

3) 离散/堆积成形

先将材料离散成单元,然后将单元按 CAD 离散模型所规定的路径堆积成为一个零

件,如快速成形就是基于离散/堆积成形的成形加工方法。表面熔敷是一种准离散/堆积成形。

4)生长成形

这也是一种单元堆积成形,但材料成形的信息寓于材料之中。如细胞根据细胞核中的基因的控制而分裂生长。成形过程的信息过程与物理过程是融合在一起的。"生长成形方法"早于人类千万年就已存在着,处于自然状态。随着先进制造技术的发展,可以预见,它将成为新的成形方法之一。生物材料的成形是 21 世纪成形学面临的重要课题。它包括生物相容材料成形和生物降解材料成形两个层次。生物制造技术是以生物降解材料成形为基础的与细胞培养和组织工程相结合的成形技术以及采用生物相容材料完成假体的成形的技术。

(4)制造自动化

制造自动化的任务就是研究制造过程的规划、管理、组织、控制与操作等的自动化。制造自动化代表着先进制造技术的水平,推动制造业由劳动密集型产业转变为技术密集型乃至知识密集型产业,是制造业发展的趋势。制造自动化经历了不同的发展阶段,如图 7-1 所示。

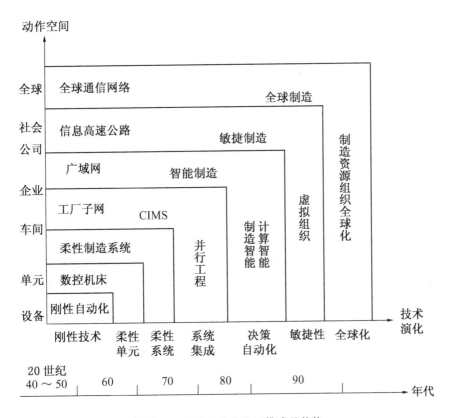

图 7-1　制造自动化发展模式及趋势

然而,我们不应强调全盘自动化,事实上,人的智能和技术能力是无法被全部替代的。

展望未来,21世纪制造自动化的研究将集中在以下几方面。

1) 分布式、协同处理的制造自动化体系结构研究,柔性制造环境下制造系统自组织技术基础研究,通信协议各异的异构设备集成的研究,由智能设计机器、智能加工工作站及智能控制器等构成的分布式、协同处理结构的研究。

2) 以人为中心的制造自动化系统,研究人机的适度集成,制造自动化系统和技术同个体和组织创新、体制革新的关系,研究如何把人的知识和智能活动有效集成人整个系统乃至各个方面。

3) 基于因特网的制造自动化系统,在信息技术的支持下,建立起制造自动化组织结构的动态联盟和制造系统中人机智能的柔性交互与协议,研究通过数据库管理模块对工艺知识、数据的更新和修改。

4) 智能4M(Modeling——建模、Manufacturing——加工、Measurement——测量和Manipulation——机器人操作)系统中的信息共享和集成,传感器信息的处理和融合,4M统一建模理论和编程技术的研究,几何信息提取、特征映射方法和4M系统信息集成的研究。

5) 制造自动化系统的优化理论与调度方法。

6) 面向并行工程的CAD/CAM一体化技术,研究并行工程环境下的面向特征信息模型的CAD/CAM方法,几何/制造信息集成和统一表示的研究,并行设计与制造集成的理论与方法的研究,面向并行工程的智能化CAPP系统研究(包括工艺评价、综合工艺设计和人机关系等)。

7) 虚拟制造,它是实现敏捷制造的关键技术,包括虚拟制造系统的组织、调度与控制策略的研究,制造系统物理组成元素的建模及建立虚拟构件库的基础技术的研究,虚拟制造环境下的产品/过程模型与制造活动模型建模的研究,虚拟环境下系统全局最优决策理论与技术的研究。

8) 机器人化制造单元的研究,建立起多任务、多机器人协调规划控制,装配顺序的自动生成,碰撞和干涉的检验和避碰的理论基础的研究。

9) 先进制造中智能传感与检测的研究,包括智能传感器、智能传感和检测技术以及光纤传感技术等方面的研究。

(5) 先进制造生产模式与管理

先进制造生产模式是应用与推广先进制造的组织方式,在制造资源迅速有效集成的基础原则下获取最高生产效率,其工作重点在于组织的创新和人的因素的发挥。因此,网络组织结构、虚拟企业、新的制造投资评价观、基于作业的管理、基于作业的成本计算、新的质量保障体系、重组工程、人的因素等管理思想和管理方法的全面贯彻就成为必然。

7.2　计算机辅助和综合自动化技术

7.2.1　CAD/CAPP/CAM

1. CAD 技术

CAD 是计算机辅助设计（Computer Aided Design）的缩写，是近 30 年来迅速发展起来的一门集计算机学科与工程学科为一体的综合性学科。它的定义也是随之不断发展的。CAD 技术可从两个角度给予定义。

（1）CAD 是一个过程

CAD 是指工程技术人员以计算机为工具，运用各自的专业知识，完成产品设计的创造、分析和修改，以达到预期的设计目标。

（2）CAD 是一项产品建模技术

CAD 技术把产品的物理模型转化为产品的数据模型，并将之存储在计算机内供后续的计算机辅助技术所共享，驱动产品生命周期的全过程。

CAD 的功能一般可归纳为几何建模、工程分析、动态模拟、自动绘图四类。一个完整的 CAD 系统由科学计算、图形系统和工程数据库等组成。科学计算包括有限元分析、可靠性分析、动态分析、产品的常规设计和优化设计等。图形系统包括几何造型、自动绘图（二维工程图、三维实体图）和动态仿真等。工程数据库对设计过程中需要使用和产生的数据、图形、文档等进行存储和管理。

要很好地应用 CAD 技术，除了要掌握一定的计算机知识，还必须具备相应的丰富的工程背景。这些背景知识是长期工作经验的积累，大多数人不具备这样的经验，于是有人就考虑如何使这些经验得到更广泛的传播和应用。专家系统是一个比较好的解决办法。CAD 的开发人员研究将人工智能和专家系统加入 CAD 中，以大大提高设计的自动化水平，降低对设计人员背景知识的要求。

2. CAPP 技术

CAPP 是计算机辅助工艺设计（Computer Aided Process Planning）的简称。工艺设计是生产准备工作的第一步，也是连接产品设计和产品制造之间的桥梁。工艺规程是进行工装设计制造和决定零件加工方法和加工路线的主要依据，它对组织生产、保证产品质量、提高劳动生产率、降低成本、缩短生产周期及改善劳动条件都有直接的影响，因此是生产中的关键工作。

工艺设计必须分析和处理大量的信息。既要考虑产品设计图上有关结构形状、尺寸公差、材料及热处理以及批量等方面的信息，又要了解加工制造中有关加工方法、加工设备、生产条件、加工成本及工时定额，甚至传统习惯等方面的信息。工艺设计包括查阅资料和手册，确定零件的加工方法，安排加工路线，选择设备、工装、切削参数，计算工序尺寸,绘制工序图,填写工艺卡片和表格文件等工作。

高速发展的计算机技术为工艺设计的自动化奠定了基础。计算机能有效地管理大量数据,并进行快速准确的计算,进行各种形式的比较和选择,自动绘图,编制表格文件和提供便利的编辑手段等。这些优势正是工艺设计所需要的,于是计算机辅助工艺设计(CAPP)便应运而生。

CAPP 是利用计算机技术,在工艺人员较少的参与下,完成过去完全由人工进行的工艺规程设计工作的一项技术。CAPP 系统不但能利用工艺人员的经验知识和各种工艺数据进行科学的决策,自动生成工艺规程,还能自动计算工艺尺寸,绘制工序图,选择切削参数,对工艺设计结果进行优化,从而设计出一致性良好、高质量的工艺规程。另外,由于计算机中存储的信息可以反复利用,从而可以大大提高工艺设计的效率。

CAPP 系统按其工作原理可分为以下三种。

(1) 派生式 CAPP 系统

根据成组技术相似性原理,如果零件的结构形状相似,则它们的工艺规程也有相似性。对于每一个相似零件组,可采用一个公共的制造方法来加工。这种公共的制造方法以标准工艺的形式出现,它可以集中专家、工艺人员的集体智慧和经验及生产实践的总结制订出来,然后存储在计算机中。当为一个新零件设计工艺规程时,从计算机中检索标准工艺文件,然后经过一定的编辑和修改就可以得到该零件的工艺规程。

当一个企业生产的大多数零件相似程度较高,划分成的零件族数较少,而每族中包括的零件种数很多时,该方式有明显的优点。该方式存在的问题是不能摆脱对有经验的工艺编制人员的依赖,不易适应生产技术和生产条件的发展。

(2) 创成式 CAPP 系统

由计算机软件系统根据加工能力知识库和工艺数据库中加工工艺信息和各种工艺决策逻辑,自动设计出零件的工艺规程。该系统的原理是让计算机模拟工艺人员的逻辑思维能力,自动进行各种决策,选择零件的加工方法,安排工艺路线,选择机床、刀具、夹具,计算切削参数和加工时间、加工成本,以及对工艺过程进行优化。人的任务仅在于监督计算机的工作,并在计算机决策过程中作一些简单问题的处理,对中间结果逆行判断和评估等。

要实现完全创成式的 CAPP 系统,必须解决几个关键问题。零件信息要以计算机能识别的形式完全准确的描述,要收集大量的工艺设计知识和工艺规程决策逻辑等。目前,要解决这些问题在技术上还有一定的困难。因此,现在还没有一种真正意义上的创成式的 CAPP 系统。

(3) 混合式 CAPP 系统

混合式 CAPP 系统是将派生式和创成式互相结合,综合采用两种方法的优点,它沿用派生式为主的检索和编辑原理;当零件不能归入系统已存在的零件族时,则转向创成式工艺设计,或在工艺编辑时引入创成式的决策逻辑原理。目前世界各国研制出的号称创成式的 CAPP 系统,实际都属于这一类型,它们仅具有有限的创成功能。

评价一个 CAPP 系统水平的高低,不在于创成的决策数目多少,而在于能否不依赖于工艺编制人员的知识与经验,自动可靠地编制出高质量的工艺规程。企业开发 CAPP 系统时,应针对自己的产品和生产条件,从实际需求与效果出发,处理好"创成"、"检索"、"选择"、"规定"的关系。

3. CAM 技术

CAM 是计算机辅助制造(Computer Aided Manufacturing)技术的简称。CAM 是指任何在计算机控制下的自动化控制过程。它源于 20 世纪 40 年代末到 50 年代数控机器的发展。1952 年研制成功数控机床,1955 年在通用计算机上研制成功自动编程系统,实现了数控编程的自动化,这标志着柔性制造时代的开始,成为 CAM 硬软件的开端。

目前认为 CAM 技术主要集中在数字化控制、生产计划、机器人和工厂管理四个方面。典型的 CAM 技术包括计算机数控制造和编程、计算机控制的机器人制造和装配、柔性制造系统。

CAM 的应用可分为 CAM 直接应用和 CAM 的间接应用。

(1) CAM 直接应用

CAM 直接应用指计算机直接与制造过程连接并对它进行监视和控制。这类应用计算机过程监视系统和计算机过程控制系统分为两种系统。

在计算机监视系统中,计算机通过一个与制造系统的直接接口来监视系统的制造过程及其辅助装备工作情况,并采集过程中的数据。但计算机并不直接对制造系统中的各个工序实行控制,这些控制工作,将由系统的操作者根据计算机给出的信息去手工完成,如加工尺寸的计算机数字显示系统就属于此类。

计算机过程控制系统不仅对制造系统进行监视,而且对制造系统的制造过程及其辅助设备实行控制,如数控机床上的计算机数字控制就属于此类。

(2) CAM 间接应用

CAM 间接应用指计算机并不直接与制造过程连接,只是用计算机对制造过程进行支持。此时,计算机是"离线"的,它只是用来提供生产计划、作业调度计划、发出指令及有关信息,以便使生产资源的管理更有效。CAM 间接应用的一些例子有计算机辅助 NC 编程——为 NC 机床准备加工零件用的控制程序;计算机辅助编制物料需求计划——计算机用于确定原材料和外购件的采购和订货时间以及确定完成生产计划所需订购的数量;计算机辅助车间控制——计算机用于收集和整理工厂数据,并确定各不同车间进度计划。

4. CAD/CAPP/CAM 集成技术

CAD/CAPP/CAM 集成是指将计算机辅助产品设计(CAD)、计算机辅助工艺过程设计(CAPP)、计算机辅助制造(CAM)以及零件加工等有关信息实现自动传递和转换的技术。CAD,CAPP 和 CAM 分别在产品设计自动化、工艺过程设计自动化和数控编程自动化方面起到了重要作用。但是,这些各自独立的系统不能实现系统之间信息的自动传递和交换。用 CAD 系统进行产品设计的结果,只能输出图纸和有关的技术文档,这些信息不能直接为 CAPP 系统所接受。进行工艺过程设计时,还需由人工将这些图样、文档等纸面上的文件转换成 CAPP 系统所需的输入数据,并通过人机交互的方式输入给 CAPP 系统进行处理,输出零件加工的工艺规程。利用独立的 CAM 系统进行计算机辅助数控编程时,同样需要用人工将 CAD 或 CAM 输出的纸面文件转换成CAM 系统所需的输入文件和数据,然后再输入 CAM 系统。

由于各独立系统所产生的信息需经人工转换,不但影响工程设计效率的进一步提高,而且在人工转换过程中,难免发生错误,这将给生产带来极大的危害。为此,人们自20 世纪 70 年代起就开始研究 CAD,CAPP 和 CAM 之间的数据和信息的自动化传递与转换的问题,即 CAD/CAPP/CAM 集成技术。目前,这一技术在国内外均已取得了很大的进展,达到了实用的水平。

CAD/CAPP/CAM 系统之间信息交换的方式(集成方式)主要有以下三种。

(1) 通过专用数据格式的文件交换产品信息的集成方式

如图 7 − 2 所示,在这种方式下,各应用系统所建立的产品及产品模型各不相同,相互间的数据交换需要存在于两个系统之间。其特点是原理简单,转换接口程序易于实现,运行效率较高。但当子系统较多时,接口程序较多,编写接口时需要了解的数据结构也较多;当一个系统的数据结构发生变化时,引起的修改量也较大。这是CAD/CAPP/CAM系统初期所采用的集成方式。

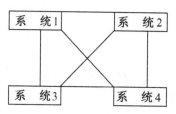

图 7 − 2　通过专用数据格式的
文件交换产品信息

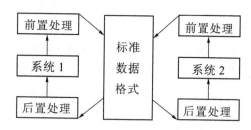

图 7 − 3　通过标准数据格式的
文件交换产品信息

(2) 通过标准数据格式的文件交换产品信息的集成方式

如图 7 − 3 所示,系统中存在一个与各子系统无关的标准格式,各子系统的数据通过前置处理转换为标准格式的文件。各子系统也可通过后置处理,将标准格式文件转换为本系统所需要的数据。这种集成方式,每个子系统只与标准格式文件打交道,无需知道别的系统细节,为系统的开发者和使用者提供较大的方便,并可以减少集成系统的接口数和降低接口的维护难度。但这种集成方式需要解决各子系统间模型统一问题,且运行效率较低,也不能算是一种十分理想的集成方式。

(3) 通过统一的产品模型交换信息的集成方式

这是一种将 CAD,CAPP,CAM 作为一个整体来规划和开发,从而实现信息高度集成和共享的方案,如图7−4所示。这种方式采用统一的产品数据模型,并采用统一的数据管理

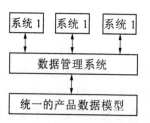

图 7 − 4　通过统一的产品
模型交换信息

软件来管理产品数据。各子系统间可直接进行信息交换,而不是将信息转换成数据,再通过文件来交换,这就大大提高了系统的集成性。

CAD/CAPP/CAM 系统是 CIMS 的核心技术,它主要支持和实现 CIMS 产品的设计、分析、工艺规划、数控加工及质量检验等工程活动的自动化处理。CAD/CAPP/CAM 的集成使产品设计与制造紧密结合,其目标是产品设计、工程分析、工程模拟直至产品制造过程中的数据一致性,且数据直接在计算机间传递,从而跨越由图纸、语言、编码造成的信息传递的"鸿沟",减少信息传递误差和编辑出错的可能性。

由于 CAD,CAPP,CAM 系统是各自独立发展起来的,它们的数据模型彼此不相容。CAD 系统采用面向数学和几何学的数学模型,虽然可以完整地描述零件的几何信息,但对于非几何信息,如精度、公差、表面粗糙度和热处理等只能附加在零件图纸上,无法在计算机内部逻辑结构中得到充分表达。CAD/CAM 的集成除要求几何信息外,更重要的是需要面向加工过程的非几何信息。因此,CAD,CAPP,CAM 之间出现了信息中断。

实现 CAD/CAPP/CAM 的集成,CAD,CAPP,CAM 之间的数据交换和共享是需要解决的关键问题,需要以下几项关键技术。

(1) 特征建模技术

从产品整个生命周期各阶段的不同需求来描述产品,完整、全面地描述产品的信息,使得各应用系统可以直接从零件模型中抽取所需的信息。这样的模型称之为特征模型。这样的建模称之为产品建模或特征建模,是目前被公认的最适合于 CAD/CAPP/CAM 集成系统的产品表达方式。

(2) 集成数据管理

CAD/CAPP/CAM 集成系统所要处理的数据具有如下特点:数据结构复杂,既有结构化数据,还有图形、文字等非结构化数据;数据联系复杂,数据元素间普遍存在一对一、一对多、多对多的联系;数据必须具有一致性,工程数据中存放从产品的初始模型中导出的二次数据,初始模型被修改,导出数据也要动态地更新;数据使用和管理复杂,要能方便地存储、查找、处理图形数据和非图形数据。因此,需要适应工程需要的数据库管理系统。

(3) 产品数据交换标准

为满足 CAD/CAPP/CAM 集成的需要,提高数据交换速度,保证数据传输的完整、可靠和有效,必须使用通用的数据标准。目前世界上通用的有 IGES 标准,STEP 标准等。

7.3　柔性制造系统(FMS)

7.3.1　柔性制造系统概述

20 世纪 60 年代以来,随着生活水平的提高,用户对产品的需求向着多样化、新颖化的方向发展。传统的适用于大批量生产的自动线生产方式已不能满足企业的要求。企业必须寻找新的生产技术以适应多品种、中小批量的市场需求,减少生产成本,缩小产品的开发周期。同时,计算机技术的产生和发展,CAD/CAM、计算机数控、计算机网络等新技术新概念的出现以及自动控制理论、生产管理科学的发展也为新生产技术的产生奠定了技术基础。柔性制造系统正是适应多品种、中小批量生产而产生的一种自动化技术。图 7-5 显示了柔性制造技术和传统制造技术的应用范围。

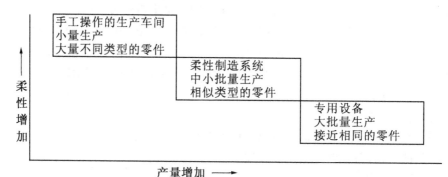

图 7-5 柔性制造技术的应用范围

柔性制造系统作为一种新的制造技术,在零件加工业以及与加工和装配相关的领域都得到了广泛的应用。也正由于应用范围广泛,目前它还没有统一的定义。美国国家标准局(United States Bureau of Standard)把 FMS 定义为"由一个传输系统联系起来的一些设备、传输装置把工件放在其他联结装置上送到各加工设备,使工件加工准确、迅速和自动化。中央计算机控制机床和传输系统,柔性制造系统有时可同时加工几种不同的零件。"

《中华人民共和国国家军用标准》中有关武器装备柔性制造系统术语中的定义为"柔性制造系统是由数控加工设备、物料运输装置和计算机控制系统组成的自动化制造系统,它包括多个柔性制造单元,能根据制造任务和生产环境的变化迅速进行调整,适用于多品种、中小批量生产。"

虽然各种定义的描述方法不同,但都反映了 FMS 应该具备的一些共同特点。

(1) 硬件组成部分

1) 两台以上的数控机床和加工中心以及其他的加工设备,包括测量机、清洗机和各种特种加工设备等;

2) 一套可以自动装卸的运输系统,包括刀具的运输和工件原材料的运输,具体结构可以采用传送带、有轨小车、无轨小车、下料托盘、交换工作站等;

3) 一套计算机控制系统。

(2) 软件组成部分

1) FMS 的运行控制;

2) FMS 的质量保证;

3) FMS 的数据管理和通信网络。

（3）FMS 的功能

1）自动进行零件的批量生产；

2）简单改变软件便可以制造某一零件族中的任何零件；

3）可以解决多机条件下零件的混合比，无须额外增加费用；

4）自动进行物料的运输和存储。

柔性制造系统的"柔性"，从某种意义上来说，是 FMS 的灵魂，是区别于传统生产方式的关键所在。FMS 的柔性主要有如下几种。

（1）设备柔性

设备柔性指系统中的设备易于实现加工不同类型零件所具备的转换能力。设备柔性的大小由系统中设备实现加工不同零件所需的调整时间来决定，包括更换磨损刀具的时间；加工同类而不同组的零件所需的换刀时间；组装新夹具所需的时间；加工不同类型零件所需的调整时间，含刀具准备时间、零件安装定位和拆卸时间以及更换数控程序的时间。

（2）工艺柔性

工艺柔性又称加工柔性，指系统能够以多种方法加工某一零件组的能力，即系统能加工的零件品种数。

（3）流程柔性

流程柔性指系统处理其故障并维持其生产持续进行的能力。它通过系统发生故障时生产率下降程度或零件能否继续加工的能力来衡量。

（4）产品柔性

产品柔性指系统能经济而迅速地转向生产新产品的能力，即转产能力，也称为"适应柔性"，表明为适应新环境而采取新行动的能力。它以系统从生产一种零件转向另外一种零件所需的时间为衡量指标。

（5）批量柔性

批量柔性指系统在不同批量下运行都有经济效益的能力。其通过系统保证有经济效益的最小运行批量来衡量。

（6）扩展柔性

扩展柔性指系统能根据需要通过模块进行组建和扩展的能力。它通过系统能扩展的规模大小来衡量。

（7）工序柔性

工序柔性指系统变换零件加工工序、顺序的能力。

上述各种柔性是相互影响、密切相关的，一个理想的系统应该具备所有的柔性。

7.3.2 柔性制造系统的组成与类型

虽然 FMS 的规模差别较大，功能不一，但都包含加工系统、运输及管理系统和计算机控制系统三个基本部分。在此基础上，可以根据具体需求选择不同的辅助工具，如监控工作站、测量工作站等(详见表7-2)。

表 7 - 2 FMS 的组成

组成名称		作 用	组 成 内 容
基本部分	加工系统	FMS 的主体部分,用于加工零件	加工单位元指有自动换刀及换工件功能的数控机床
	运储及管理系统	向加工单元及辅助工作站运送工件、夹具、刀具等工具	工件运送及管理系统组成: 毛坯、半成品、夹具组建的存储仓库 工件托盘运输小车 工件、夹具装卸站 缓冲存储站 刀具运送及管理系统组成: 刀具存储库 交换刀具的携带装置 交换刀具的运送装置 刀具刃磨、组装及预调工作站
	计算机控制系统	控制并管理 FMS 的运行	由计算机及其通信网络组成
辅助工作站		选件功能	根据不同的需求,配置不同的辅助工作站,如清洗工作站、监控工作站、在线测量工作站等

(1)加工系统

加工系统指把原材料转变为最后产品的那部分,它主要包括各种 CNC 机床、冲孔设备、装配站、锻造设备等加工设备。加工系统中所需设备的类型、数量、尺寸等均由被加工零件的类型、尺寸范围和批量大小来决定。由于柔性制造系统加工的零件多种多样,且其自动化水平相差甚大,因此构成柔性制造系统的机床是多种多样的,可以是单一机床类型的,即仅由数控机床、车削加工中心(TC)或适合系统的单一类型机床构成的 FMS,称之为基本系统;也可以是以数控机床、数控加工中心(MC)为结构要素的FMS;还可以是用普通数控车床、数控加工中心以及其他专用设备构成的多类型的FMS。根据系统规模的不同,系统中的机床数量也相差较大,多数的 FMS 系统一般在2~20台。

(2)运储及管理系统

运储及管理系统实施对毛坯、夹具、工件、刀具等出入库的搬运、装卸工作。这部分的任务主要有三方面:① 材料、半成品、成品的运输和存储;② 刀具、夹具的运输和存储;③ 托盘、辅助材料、废品和备件的运输和存储。

在大多数 FMS 中,进入系统的毛坯在工件装卸站装夹到托盘夹具上,然后由工件传递系统进行传输和搬运。该系统包括工件在机床之间、加工单元之间、自动仓库与机床或加工单元之间以及托板存放站与机床之间的运送和搬运。托板存放站与机床之间的工作托板装卸设备有托板交换器（APC）、多托板库运载交换器（APM）和机器人。装卸工件的机器人还分为内装式机器人、安装式机器人和单置万能式机器人。

自动搬运设备包括滚柱式传送带、无人线导小车、自动导向小车、有轨小车、桥式行车机械手（或悬挂式机械手）等。

加工所需刀具经过刀具预调仪预调，将有关参数传到计算机后，由人工把刀具放置到刀具进出站的刀位上（或刀盒中），由换刀机器人（或 AGV）将它们送到机床刀库或中央刀库。

（3）计算机控制系统

计算机控制系统实施对整个柔性制造系统的监控。

FMS 控制系统是一个多级递阶控制系统。它的第一级是设备级控制器，主要对各种设备如机器人、机床、坐标测量机、小车、传送装置以及储存/检索系统等进行控制。其功能是把工作站控制命令转换成可操作的、有次序的简单任务，并通过各种传感器监控这些任务的执行。该级控制系统向上与工作站控制系统通过接口连接，向下与设备连接。

第二级是工作站控制器。它包括对整个系统运转的管理、零件流动的控制、零件程序的分配以及第一级生产数据的收集。

控制系统的第三级是单元控制器，通常也称为 FMS 控制器。单元控制器作为制造单元最高一级控制器，是柔性制造系统全部生产活动的总体控制系统，全面管理、协调和控制单元内的制造活动。同时它还承上启下，是制造单元与上级（车间）控制器信息联系的桥梁。因此，单元控制器对实现第三层有效集成控制，提高集成制造系统的经济效益，特别是生产能力，具有十分重要的意义。

单元控制器的主要任务是实现给定生产任务的优化分批，实施单元内工作站和设备资源的合理分配和使用，控制并调度单元内所有资源的活动，按规定的生产控制和管理目标高效益的完成给定的全部生产任务。

为了高效地运行 FMS，必须根据零件的类型、批量大小、交货期要求制订作业计划。生产计划分为月、周、日三类。在日作业计划里，详细地排定了零件进入 FMS 的先后顺序、零件的加工数量及不同零件之间的数量比例（称为零件混合比），以及每种零件加工的工艺流程。这些确定之后，零件就可以按作业计划引进到 FMS 中进行加工。在图 7-6 中，M_1 和 M_2 是两台性能和功能一样的机床，在工艺流程上可以互换。假设有 A、B 两种零件按照零件混合比 2∶1 的比例加工，即同一批次中，A 零件加工 2 件，B 零件加工 1 件。机床 M_1 和 M_2 能够完成所有的加工，因此，零件的工艺流程是统一的，即先到 M_1 或 M_2 加工，然后到清洗站清洗，最后离开系统。

假设当前系统中 M_1 和 M_2 正在加工 A 零件各一个。装卸工人在装卸站将 B 零件装入夹具中，夹具固定在托盘上。与此同时，由计算机控制室通知刀具管理员为 B 零件准备刀具，即准备加工 B 零件所需的、但系统中尚不具备的那些刀具，并通过预调仪测出相应刀具的参数。然后刀具管理员将刀放入系统的刀具进出（缓冲）站，随后由控制系统指挥机器人将刀取下送至中央刀库的适当位置。

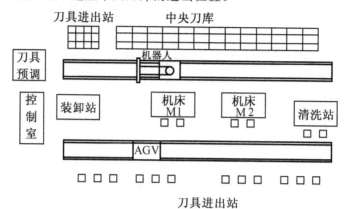

图 7 - 6　FMS 实验系统布局

当 B 零件在装卸站装好之后,由装卸工通过装卸站的终端计算机通知控制系统,由控制系统指挥 AGV 小车去装卸站将毛坯运进系统。如果小车的任务队列空闲时,它就会立刻去装卸站完成运进毛坯的任务;如果小车的任务队列驻还有其他一些任务(比如去机床送工件到清洗站等),就需要由调度控制策略决定先完成队列里的哪一项任务。

假设当前小车空闲,它就将 B 零件的毛坯送入系统并送到 M$_1$ 或 M$_2$ 的托盘交换台上等待加工,至于究竟是送到 M$_1$ 还是 M$_2$,则由控制系统根据机床 M$_1$ 和 M$_2$ 的负荷情况和加工零件的时间决定。当 M$_1$ 加工好 A 零件时,机床 M$_1$ 的控制器通知控制系统,控制系统命令小车去 M$_1$ 处将 A 零件取下送清洗站清洗,与此同时通过托盘交换装置将 B 零件毛坯送进 M$_1$ 的工作台,而机器人则将 M$_1$ 局部刀库上为加工 A 零件所用的刀具换下,并换上加工 B 零件所需刀具。换刀完毕后,由控制系统将加工 B 零件所需的 NC 程序传给 M$_1$ 的控制器。NC 程序传送完毕后,M$_1$ 就可开始加工 B 零件。

清洗站将 A 零件清洗完毕后,由控制系统命令小车将 A 零件送至装卸站,由装卸工将零件卸下送到成品库。当 B 零件在 M$_1$ 加工完成后也送至清洗站,清洗完毕后送到装卸站,存入成品库。

在 FMS 的加工过程中,加工系统、物料系统、运储系统以及控制系统紧密配合,彼此协调,共同完成整个加工任务。

柔性制造系统主要有以下四种类型:

(1) 柔性制造模块(FMM)

FMM 由单台 CNC 机床配以工件自动装卸装置组成,可以进一步组成柔性制造单元和柔性制造系统。它可以有不同的组合。如加工中心配以工件托板存放站,中间通过机器人传递、装卸工件。柔性制造模块本身可以独立运行,但不具备工件、刀具的供应管理功能,没有生产调度功能。

(2) 柔性制造单元(FMC)

FMC 由 2~3 个柔性制造模块组成。它们中间由工件自动输送设备进行连接,整个单元由计算机控制,能完成整套工艺操作,并在毛坯和工具储量保证的情况下独立工作,具有一定的生产调度能力。当工艺设备按照采用的工艺操作顺序布置时,就形成柔性自动线,又称为柔性制造线(FML),它是 FMC 的变种,适用于少品种,中大批量加工任务。线中的主要机床为多轴主轴箱式和转塔式加工中心。与传统的刚性自动线类似之处是加工过程中有一定的生产节拍,工件沿一定的方向顺序输送。不同之处是在工件变换后。各机床的主轴箱可自动进行相应的更换,同时调入相应的数控程序,此时生产节拍也可能作相应调整。

(3) 柔性制造系统(FMS)

将柔性制造单元进行扩展,增加必要的加工中心台数(4 台以上),配备完善的物料和刀具运送管理系统,通过一整套计算机控制系统管理全部生产计划进度,并对物料搬运和机床群的加工过程实现综合控制。这样就可以形成一个标准的 FMS,且具有良好的生产调度和实时控制能力。

(4) 柔性制造工厂(FMF)

以 FMS 为主题将其扩大,达到全厂范围内的生产管理过程、机械加工过程和物料储运过程全盘自动化,并由计算机系统进行有机的联系。它的主要特点有:

① 分布式多级计算机系统必须包括指定生产计划和日生产进度计划的生产管理级主计算机,以它作为最高一级计算机,它往往与 CAD/CAM 系统相联,以取得自动编制零件加工用的数控程序数据。

② FMF 全部的日程计划进度和作业可以由主计算机和各级计算机通过在线控制系统进行调整,并可以在中、夜班进行无人化加工,只要一个人在中央控制室监视全厂各制造单元的运转状况即可。

③ CNC 机床数量一般在十几台乃至几十台,可以是各种形式的加工中心、车削中心、CNC 车床、CNC 磨床等。

④ 系统可以自动地加工各种形状、尺寸和材料的工件,全部刀具可以自动交换,自动更新废旧刀具。

⑤ 物料储运系统必须包括自动仓库,以满足大量存取为数众多的工件和工具的需要。系统可以从自动仓库提取所需的坯料,并以最有效的途径进行物流与加工。

7.3.3 柔性制造系统的效益

柔性制造系统是一种适用于多品种、中小批量生产的自动化技术,应用柔性制造系统可以获得明显的效益,这主要是因为柔性制造系统有如下优点。

(1) 设备利用率高

由于采用计算机对生产进行调度,一旦有机床空闲,计算机便分配给该机床加工任务。在典型情况下,采用柔性制造系统中的一组机床所获得的生产量是单机作业环境下同等数量机床生产量的 3 倍。

(2) 减少生产周期

由于零件集中在加工中心内加工,可减少机床数和零件的装夹次数。采用计算机进行有效的调度也减少了周转的时间。

（3）具有维持生产的能力

当柔性制造系统中的一台或多台机床出现故障时。计算机可以绕过出现故障的机床，使生产得以继续。

（4）生产具有柔性

可以响应生产变化的需求，当市场需求或设计发生变化时，在 FMS 的设计能力内，不需要系统硬件结构的变化，系统具有制造不同产品的柔性，并且对于临时需要的备用零件可以随时混合生产，而不影响 FMS 的正常生产。

（5）产品质量高

FMS 减少了夹具和机床的数量，并且夹具与机床匹配得当，从而保证了零件的一致性和产品的质量。同时自动校测设备和自动补偿装置可以及时发现质量问题，并采取相应的有效措施，保证产品的质量。

（6）加工成本低

FMS 的生产批量在相当大的范围内变化，其生产成本是最低的。它除了一次性投资费用较高外，其他各项指标均优于常规的生产方案。

7.3.4 柔性制造系统的发展趋势

1. FMS 仍将迅速发展

FMS 在 20 世纪 80 年代末就已进入了实用阶段，技术已比较成熟。由于它在解决多品种、中小批量生产上比传统的加工技术有明显的经济效益，因此随着国际竞争的加剧，无论发达国家还是发展中国家都越来越重视柔性制造技术。

FMS 初期只是用于非回转体类零件的箱体类零件机械加工。通常用来完成钻、镗、铣及攻丝等工序。后来随着 FMS 技术的发展，FMS 不仅能完成其他非回转体类零件的加工，还可完成回转体零件的车削、磨削、齿轮加工，甚至于拉削等工序。

从机械制造行业来看，现在 FMS 不仅能完成机械加工，而且还能完成钣金加工、锻造、焊接、装配、铸造和激光、电火花等特种加工以及喷漆、热处理、注塑和橡胶模制等工作。从整个制造业所生产的产品看，现在 FMS 已不再局限于汽车、车床、飞机、坦克、火炮、舰船，还可用于计算机、半导体、木制产品、服装、食品以及医药和化工等产品的生产。从生产批量来看，FMS 已从中小批量应用向单件和大批量生产方向发展。有关研究表明，凡是采用数控和计算机控制的工序均可由 FMS 完成。

随着计算机集成制造技术和系统（CIMS）逐渐成为制造业的热点，很多专家学者纷纷预言 CIMS 是制造业发展的必然趋势。柔性制造系统作为 CIMS 的重要组成部分，必然会随着ÇIMS 的发展而发展。

2. FMS 系统配置小型化，朝 FMC 的方向发展

柔性制造单元 FMC 和 FMS 一样，都能够满足多品种、小批量的柔性制造需要，但FMC 具有自己的优点。首先是 FMC 的规模小，投资少，技术综合性和复杂性低，规划、设计、论证和运行相对简单,易于实现,风险小,而且易于扩展,是向高级大型 FMS 发展的重要阶梯。采用由 FMC 到 FMS 的规划,既可以减少一次投入的资金,使企业易于承受,又可以减小风险。因为单元规模小、问题少、易于成功,一旦成功就可以获得效益,为下一步扩展提供资金,同时也能培养人才、积累经验,便于掌握 FMS 的复杂技术,使 FMS 的实施更加稳妥。其次,现在的 FMC 已不再是简单或初级 FMS 的代名词,FMC 不仅可以具有 FMS 所具有的加工、制造、运储、控制、协调功能,还可以具有监控、通讯、仿真、生产调度管理以至人工智能等功能,在某一具体类型的加工中可以获得更大的柔性,提高生产率,增加产量,改进产品质量。

3. FMS 系统性能不断提高

构成 FMS 的各项技术,如加工技术、运储技术、刀具管理技术、控制技术以及网络通信技术的迅速发展,毫无疑问会大大提高 FMS 系统的性能。在加工中采用喷水切削加工技术和激光加工技术,并将许多加工能力很强的加工设备如立式、卧式镗铣加工中心,高效万能车削中心等用于 FMS 系统,大大提高了 FMS 的加工能力和柔性,提高了 FMS 的系统性能。AVG 小车以及自动存储/提取系统的发展和应用,为 FMS 提供了更加可靠的物流运储方法,同时也能缩短生产周期,提高生产率。刀具管理技术的迅速发展,为及时而准确地为机床提供适用刀具提供了保证。同时可以提高系统柔性、生产率、设备利用率,降低刀具费用,消除人为错误,提高产品质量,延长无人操作时间。

4. 从 CIMS 的高度考虑 FMS 规划设计

尽管 FMS 本身是把加工、运储、控制、检测等硬件集成在一起,构成一个完整的系统。但从一个工厂的角度来讲,它还只是一部分,不能设计出新的产品或设计速度慢,再强的加工能力也无用武之地。总之,只有站在工厂全面现代化的高度、站在 CIMS 的高度分析,考虑 FMS 的各种问题,并根据 CIMS 的总体考虑进行 FMS 的规划设计,才能充分发挥 FMS 的作用,使整个工厂获得最大效益,提高它在市场中的竞争能力。

随着全球知识经济的兴起和快速变化,竞争日益激烈的市场对制造业提出了更为苛刻的要求。面对这些严峻的挑战和前所未有的机遇,将信息技术应用于传统制造领域并且对之进行改造,是现代制造业发展的必由之路。

7.4　计算机集成制造系统

7.4.1　CIMS 的产生背景

20 世纪 50 年代,随着控制论、电子技术、计算机技术的发展,工厂中开始出现各种自动化设备和计算机辅助系统。如 20 世纪 40 年代中期开始出现的数控机床(NC),60 年代开始有了计算机辅助设计(CAD)和计算机辅助制造(CAM)等。60~70 年代开始,计算机技术快速发展,工作站、小型计算机等开始大量进入到工程设计中,开始了 CAD/CAM,计算机仿真等工程应用系统;从 60 年代开始,计算机涉及文字信息处理领域,于是进入到了上层管理领域,开始出现了管理信息系统(MIS)、物料需求计划(MRP)、制造资源计划(MRP-Ⅱ)等概念和管理系统,计算机的处理能力不断提高,处理的信息量也大大增加,各种应用系统变得越来越复杂,规模也越来越大。

但是,各个自动化分系统由于逻辑上的不一致性,系统软、硬件的异构性,信息的多样化、复杂性和控制管理的非实时性等一系列问题,各个自动化分系统各自为政,难以互通信息,无法统一调度,限制了系统的进一步发展和效率、效益的进一步提高。

与此同时,"经济竞争"已成为当今世界各国竞争的主要内容。

其中,占各国生产总值50%以上的制造业的竞争尤为激烈,其竞争核心是以知识为基础的新产品的上市时间(T)、质量(Q)、成本(C)、服务(S)及环境(E),以满足各类顾客对产品日益增长的需求。作为国家国民经济的主要支柱的制造业已进入到一个巨大的变革时期,主要有以下几个特点:

(1) 生产能力在世界范围内的提高和扩散形成了全球性的竞争格局;

(2) 先进生产技术的出现正急剧地改变着现代制造业的产品结构和生产过程;

(3) 传统的管理、劳动方式、组织结构和决策方法受到社会和市场的挑战。

激烈的市场竞争向制造业提出新的挑战,要求根据用户的需求更加缩短产品的设计开发周期和制造周期,要求进一步提高产品质量,减少在制品、库存造成的资金占有;要求及时将市场信息、管理信息引入企业的经营管理部门。现代化的企业要求综合发挥自动化的优势,优化管理,要求集成各个自动化分系统,发挥企业的潜力,因此逐步发展了计算机集成制造(CIM)的技术思想。

7.4.2　什么是CIMS

CIMS(Computer Integrated Manufacturing System,计算机集成制造系统)是生产自动化领域的前沿学科,是集多种高技术为一体的现代化制造技术。它最早来源于1974年由英国约瑟夫·哈林顿(Joseph Harrington)博士提出的CIM(Computer Integrated Manufacturing)理念,它的内涵是借助计算机,将企业中各种与制造有关的技术系统集成起来,进而提高企业适应市场竞争的能力。

CIM是一种组织、管理与运行企业的理念。它将传统的制造技术与现代信息技术、管理技术、自动化技术、系统工程技术等有机结合,借助计算机使企业产品全生命周期——市场需求分析、产品定义、研究开发、设计、制造、支持(包括质量、销售、采购、发送、服务)以及产品最后报废、环境处理等各阶段活动中有关的人/组织、经营管理和技术三要素及其信息流、物流和价值流有机集成并优化运行,实现企业制造活动的计算机化、信息化、智能化、集成优化,以达到产品上市快、高质、低耗、服务好、环境清洁,进而提高企业的柔性、健壮性、敏捷性,使企业赢得市场竞争。

CIMS是一种基于CIM理念构成的计算机化、信息化、智能化、集成优化的制造系统。根据企业具体情况的不同,CIM的哲理有各种实现方法,这些实现方法就是CIMS。CIMS综合并发展了企业生产各环节有关的技术,包括总体技术、支撑技术、设计自动化技术、制造自动化技术、集成化管理与决策信息系统技术及流程工业中 CIMS 技术。其中特别强调两个观点。

① 系统的观点　企业各个生产环节是不可分割的,需要统一安排与组织。从功能上,CIMS 包含了企业的全部生产经营活动,即从市场预测、产品设计、加工制造、质量管理到售后服务的全部活动。

② 信息化的观点　产品制造过程实质上是信息采集、传递、加工处理的过程,CIMS 涉及的自动化不是企业各个环节的自动化(即"自动化孤岛")的简单相加,而是有机的集成,主要是以信息集成为本质的技术集成,当然也包括人的集成。

7.4.3　CIMS 的构成

CIMS 是 CIM 哲理的具体实现。虽然各种企业类型不同,规模大小不一,生产经营方式不同,CIMS 的具体实现不同,但 CIMS 的基本构造是相同的。这里引用美国制造工程师协会(SME)1993 年提出的新版 CIMS 轮图来说明 CIMS 的基本结构(图 7-7)。

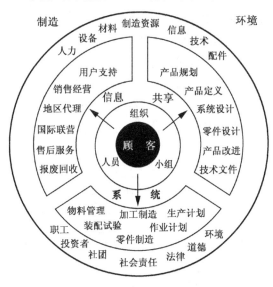

图 7-7　CIMS 组成轮图

第一层是驱动轮子的轴心——顾客。潜在的顾客就是市场。企业任何活动的最终目的应该是为顾客服务,迅速圆满地满足顾客的愿望和要求。市场是企业获得利润和求得发展的基点,也是从计划经济体制转向市场经济体制的核心。

第二层是企业组织中的人员和群体工作方法。传统的管理概念认为仅有供销人员是面向用户和市场的,但是,在多变而激烈的市场竞争中,企业中的每个人都必须具有市场意识,每个职工都要了解市场的变化以及企业在市场中的地位、本职工作和市场竞争能力的关系。企业的成败关键不是技术,而是人和组织。

第三层是信息(知识)共享系统。信息是企业的主要资源。现代企业的生产活动是依靠信息和知识来组织的。在传统的生产方式中,各个部门都有自己的信息处理方式,所采用的知识各不相关。

因此,信息冗余量大,传递速度慢,共享程度很低。现代制造企业一定要建立一个信息和知识共享系统,它是以计算机网络为基础的,并且有参与的、使用操作方便和可靠的系统,使信息流动起来,形成一个连续的,不间断的信息流,才有可能大大提高企业的生产和工作效率。

第四层是企业的活动层,可划分为三大部门和 18 个功能区。

这 18 种功能都是企业在市场竞争中必不可少的。

第五层是企业管理层,它的功能是合理配置资源,承担企业经营的责任。这一层应该是很薄的但卓有成效的一层,是企业内部活动和企业所在环境的接口。企业管理层是把原料、半成品、资金、设备技术信息和人力资源作为投入,去组织和管理生产,并将产品推出到市场销售。

第六层是企业的外部环境,企业是社会中的经济实体,受到用户、竞争者、合作者和其他市场因素的影响。企业管理人员不能孤立地只看到企业内部,必须置身于市场环境中去运筹帷幄,高瞻远瞩地做出企业发展的决策。

CIMS 是现代化的生产系统,根据生产系统的基本组成可以推得 CIMS 的基本组成。一般认为,CIMS 是在两个支撑分系统(网络系统和数据库系统)基础上,由 4 个分系统组成:管理信息系统(MIS)、产品设计/制造工程设计自动化系统(CAD/CAPP/CAM)、制造自动化系统(MAS)和质量保证系统(QAS)。图 7-8 给出了从以前和目前的 CIM 实施中提取出的通用的 CIM 功能性体系结构。

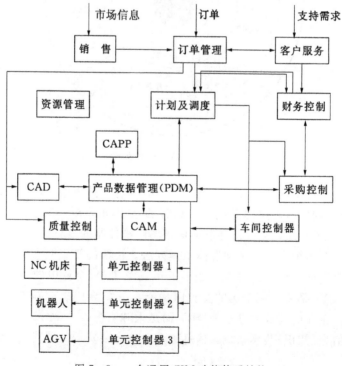

图 7-8 一个通用 CIM 功能体系结构

　　管理信息分系统具有预测、经营决策、生产计划、生产技术准备、销售、供应、财务、成本、设备、工具和人力资源等管理信息功能，通过信息集成，达到缩短产品生产周期，降低流动资金占用，提高企业应变能力的目的。

　　设计自动化分系统用计算机辅助产品设计、工艺设计、制造准备及产品性能测试等工作，即 CAD/CAPP/CAM 系统，目的是使产品开发活动更高效，更优质地进行。

　　制造自动化分系统是 CIMS 中信息流和物流的结合点。对于离散型制造业，可以由数控机床、加工中心、清洗机、测量机、运输小车、立体仓库、多级分布式控制（管理）计算机等设备及相应的支持软件组成。对于连续型生产过程，可以由 DCS 控制下的制造装备组成，通过管理与控制，达到提高生产率、优化生产过程、降低成本和能耗的目的。

　　质量保证分系统包括质量决策、质量检测与数据采集、质量评价、控制与跟踪等功能。该系统保证从产品设计、制造、检测到后勤服务的整个过程的质量，以实现产品高质量、低成本，提高企业竞争力的目的。

　　计算机网络分系统采用国际标准和工业规定的网络协议，实现异种机互联、异构局域网络及多种网络互联。它以分布为手段，满足各应用分系统对网络支持的不同需求，支持资源共享、分布处理、分布数据库、分层递阶和实时控制。

　　数据库分系统是逻辑上统一、物理上分布的全局数据管理系统，通过该系统可以实现企业数据共享和信息集成。

　　需要指出，上述 CIMS 构成是最一般的最基本的构成。实际应用中应注意以下几点：

　　不同的行业，由于其产品、工艺过程、生产方式不同，其各个分系统的作用、具体内容也是各不相同，也有一定的区别。

　　由于企业规模不同，分散程度不同，也会影响 CIMS 的构成结构和内容。

　　对于每个具体的企业，CIMS 的组成不必求全。应该按照企业的经营、发展目标及企业在经营、生产中的瓶颈选择相应的功能分系统。对多数企业而言，CIMS 应用是一个逐步实施的过程。

　　随着市场竞争的加剧和信息技术的飞速发展，企业的 C1MS 已从内部的 CIMS 发展到更开放、范围更大的企业间的集成。如设计自动化分系统，可以在因特网或其他广域网上的异地联合设计；企业的经营、销售及服务也可以是基于因特网的电子商务（EC），供需链管理（Supply Chain Management）；产品的加工、制造也可实现基于因特网的异地制造。这样，企业内、外部资源得到更充分的利用，有利于以更大的竞争优势响应市场。

7.5　其他先进制造技术简介

7.5.1　工业机器人（Industrial Robot）

　　关于工业机器人，目前世界各国尚无统一定义，分类方法也不相同。

日本对工业机器人提出了各种定义,由于所强调的重点不同,所以差别较大。1971年日本通产省"工业机器人制造业高度化计划"中的定义说"工业机器人是整机能够回转,有抓取(或吸住)物件的手爪和能够进行伸缩、弯曲、升降(俯仰)、回转及其复合动作的臂部,带有记忆部件,可部分地代替人进行自动操作的具有通用性的机械"。1984年ISO(国际标准化组织)采纳了美国机器人协会(RIA)的建议,给机器人下了定义,即"机器人是一种可反复编程和多功能的用来搬运材料、零件、工具的操作机或为了执行不同任务而具有可改变和可编程的动作的专门系统"。我国国家标准 GB/T 12643-90 将工业机器人定义为"一种能自动定位控制,可重复编程的,多功能的、多自由度的操作机。能搬运材料、零件或操持工具,用以完成各种作业。"操作机定义为"一种机器,其机构通常由一系列互相铰接或相对滑动的构件所组成。它通常有几个自由度,用以抓取或移动物体(工具或工件)"。所以对工业机器人可以理解为:拟人手臂、手腕和手功能的机械电子装置;它可把任一物件或工具按空间位(置)姿(态)的时变要求进行移动,从而完成某一工业生产的作业要求,如夹持焊钳或焊枪,对汽车或摩托车车体进行点焊或弧焊;搬运压铸或冲压成型的零件或构件;进行激光切割;喷涂;装配机械零、部件等。

有人把机器人分为"类人型"和"非人型"两种,目前所说的工业机器人属于"非人型",因为无论从它的外形或结构来说,都和人有很大差异。但是,它虽然不完全具备人体的许多机能(如四肢多自由度灵活运动机能、五官的感觉机能等),但在做某些动作时,它具有和人相同甚至超过人的能力。

工业机器人以刚性高的机械手臂为主体,与人相比,可以有更快的运动速度,可以搬运更重的东西,而且定位精度相当高。它可以根据外部来的指令信号,自动进行各种操作。

现代科学技术的发展提供了工业机器人向智能化发展的可能性。目前,依靠先进技术(如电子计算机、各种传感器和伺服控制系统等)能使工业机器人具有一定的感觉、识别、判断功能,并且这种具有一定智能的机器人,已经开始在生产中运用。

工业机器人最早应用在汽车制造工业,常用于焊接、喷漆、上下料和搬运。工业机器人延伸了人的手足和大脑功能,它可代替人从事危险、有害、有毒、低温和高热等恶劣环境中的工作;代替人完成繁重、单调重复劳动,提高劳动生产率,保证产品质量。工业机器人与数控加工中心、自动搬运小车以及自动检测系统可组成柔性制造系统(FMS)和计算机集成制造系统(CIMS),实现生产自动化。

随着工业机器人技术的发展,其应用已扩展到宇宙探索、深海开发、核科学研究和医疗福利领域。火星探测器就是一种遥控的太空作业机器人。工业机器人也可用于海底采矿,深海打捞和大陆架开发等。在核科学研究中,机器人常用于核工厂设备的检验和维修,如前苏联切尔诺贝利核电站发生事故后,就利用机器人进入放射性现场检修管道。在军事上则可用来排雷和装填炮弹。医疗福利和生活服务领域中,机器人应用更为广泛,如护理、导盲、擦窗户等。

工业机器人是精密机械技术和微电子技术相结合的机电一体化产品,它在工厂自动化和柔性生产系统中起着关键作用。工业机器人技术的发展趋势是:

① 提高运动速度和动作精度,减少重量和占用空间,加速机器人功能部件的标准化和模块组合化;将机器人的回转、伸缩、俯仰和摆动等各种功能的机械模块和控制模块、检测模块组合成结构和用途不同的机器人。

② 开发新型结构,如开发微动机构保证动作精度;开发多关节、多自由度的手臂和手指;研制新型的行走机构,以适应各种作业需要。

③ 研制各种传感检测装置,如视觉、触觉、听觉和测距传感器等,用传感器获取有关工作对象和外部环境信息,来完成模式识别,并采用专家系统进行问题求解,动作规则,采用微机控制。

机器人与生产技术是相辅相成、相互促进发展的关系。目前机器人技术的发展过于缓慢,已远远跟不上未来生产技术发展的速度,而机器人在未来生产技术中将担任更加重要的角色,因此,我们有理由相信,机器人技术及其应用工程在不远的将来,必将产生另一次飞跃。

7.5.2　虚拟制造(Virtual Manufacturing,VM)技术

它是在 20 世纪 90 年代以后虚拟现实(VirtualReality,VR)技术发展成熟以后出现的一种全新的先进制造技术。这里的"虚拟"不是虚幻或者虚无,是指物质世界的数字化,也就是对真实世界的动态模拟,即虚拟现实;而"制造"则是指的虚拟现实技术在制造中的应用或者实现。

虚拟制造是实际制造过程在计算机上的一种虚拟。从 20 世纪 90 年代产生以来,一直没有统一的定义,它是一个发展的概念。通俗的说,虚拟制造技术是采用计算机仿真与虚拟现实技术,在高性能计算机及高速网络的支持下,在计算机上创造一个虚拟的制造环境,操作者身处其中,可以虚拟实现产品的设计、工艺规则、加工制造、性能分析、质量检验,包括企业各级过程的管理与控制等产品制造。通过这个过程,可以增强人们对制造过程各级的决策与控制能力。

虚拟制造既涉及到与产品开发制造有关的工程活动的虚拟,且包含与企业组织经营有关的管理活动的虚拟。因此,虚拟设计、生产和控制机制是虚拟制造的有机组成部分,按照这种思想可以将虚拟制造分成三类,即以设计为核心的虚拟制造、以生产为核心的虚拟制造和以控制为中心的虚拟制造。

以设计为中心的虚拟制造是把制造信息引入到设计的全过程,利用仿真技术来优化产品设计,从而在设计阶段就可以对所设计的零件甚至整机进行可制造性分析,包括加工过程的工艺分析、铸造过程的热力学分析、运动部件的运动学分析和动力学分析等,甚至包括加工时间、加工费用、加工精度分析等。它主要解决的问题是"设计出来的产品是怎样的"。

以生产为中心的虚拟制造是在生产过程模型中融入仿真技术,以此来评价和优化生产过程,以便低费用、快速地评价不同的工艺方案、资源需求规划、生产计划等,其主要目标是评价可生产性。它主要是解决"这样组织生产是否合理"的问题。

以控制为中心的虚拟制造是将仿真加到控制模型和实际处理中,实现基于仿真的最优控制,其中虚拟仪器是当前研究的热点之一,它利用计算机软硬件的强大功能,将传统的各种控制仪表和检测仪器的功能数字化,并可灵活地进行各种功能的组合。它主要是解决"应如何去控制"的问题。

虚拟制造在计算机上全面仿真产品从设计到制造和装配的全过程,它不仅可以仿真现有企业的全部生产活动,而且可以仿真未来企业的物流系统,因而可以对新产品设计、制造乃至生产设备引进及车间布局等各个方面进行模拟和仿真。

虚拟现实技术是计算机技术、传感技术、人机接口技术和人工智能技术等多种高新技术的结晶。随着计算机技术、微电子技术和信息技术的发展,虚拟现实和制造技术必将成为探索新的制造技术和新的生产模式的重要支撑技术,而发挥其愈来愈重要的作用。

7.5.3　敏捷制造(AM)

敏捷制造的英文名为 Agile Manufacturing,简称 AM。敏捷的英文解释为 quick, agile,nimble,fleet,prompt 等,即反应迅速快捷的含义。

敏捷制造目前尚无统一、公认的定义,一般可以这样认为:敏捷制造是在"竞争-合作/协同"机制作用下,企业通过与市场/用户、合作伙伴在更大范围、更高程度上的集成,提高企业竞争能力,最大限度地满足市场/用户的需求,实现对市场需求作出灵活快速反应的一种制造生产新模式。也可以指企业采用现代通信技术,以敏捷动态优化的形式组织新产品开发,通过动态联盟(又称虚拟企业)、先进柔性生产技术和高素质人员的全面集成,迅速响应客户需求,及时交付新产品并投放市场,从而赢得竞争优势,获取长期的经济效益。

敏捷制造的目标是企业能够快速响应市场的变化,根据市场需求,能够在最短的时间内开发制造出满足市场需求的高质量的产品。因此,具备敏捷制造能力的企业需要满足以下要求:

一是企业从上到下都明确认识快速响应市场/用户需求的重要性,并能通过信息网络对变化的环境快速响应;

二是企业拥有先进的制造技术,能够迅速设计、制造新产品,缩短产品上市时间,降低成本;

三是企业的每个部门、每个员工都具有一定的敏捷性,都愿意并善于与别人合作;

四是企业能够最大限度地调动员工使员工创新能力不断提高。

敏捷制造模式是 20 世纪 80 年代末在美国提出的。进入 90 年代美国在航空航天、机床和电子制造业分别建立厂敏捷制造研究中心,敏捷制造在世界范围内引起了强烈的反响,受到各国政府及工业界的广泛重视。1992 年,由美国国防部高级研究计划局(ARPA,Advanced Research Projects Agency)和美国国家自然科学基金会(NSF)投资 500 万美元,组建了敏捷制造企业协会(Agile Manufacturing Enterprise Forum),简称

AMEF,现为敏捷制造协会(Agility Forum)。敏捷制造协会主要负责组织进行有关敏捷制造理论和实践的探讨,每年召开一次有关敏捷制造的国际会议。目前大约有 250个公司和组织参加了该协会的有关工作。

1992 年,美国还开展了敏捷制造技术项目(Technologies En-abling Agile Manufacturing,简称 TEAM)的研究活动。参加该项目的有包括国防部、劳伦斯·利弗莫尔国家实验室、国家自然科学基金会等政府机构在内的 75 家以上的研究所、公司和工业集团(包括先进敏捷制造技术的提供者和最终用户),其目的在于集中工业资源、政府实验室和国防产品生产厂的力量,研究先进敏捷制造技术。到目前为止,有 25 家以上企业在进行 TEAM 项目的技术研究活动。

1993 年,美国国防部高级研究计划局和国家自然科学基金会又投资 1500 万美元支持敏捷制造实验项目,有选择性地资助了 3 个学校的先进制造技术研究所(AMRI — Advanced Manufacturing Research lnstitute),即纽约州的 Rensselacr Polytechnic lnstitute 的电子 AMRI、依利诺大学的机床 AMRI 和德克萨斯大学的自动化机器人 AMRI,支持它们进行敏捷制造方面的活动,分别研究电子工业、机床工业、航天和国防工业中的敏捷制造问题。此外,ARPA 还配套支持了工业界进行的 7 项敏捷化商务实践、4 项敏捷企业决策支持研究、8 项敏捷化智能设计与制造系统和 10 项敏捷供应链管理系统。

从 1994 年开始,由 AMEF 牵头开展了"最佳敏捷实践参考基础"研究,有近百家公司和大学研究机构分别就敏捷制造的六个领域,其中包括集成产品与过程开发/并行工程、人员问题、动态联盟、信息与控制、过程与设备、法律问题等进行了研究与实践相结合的深入工作。

目前,美国已有上百家公司和企业在进行敏捷制造的实践活动。随着对敏捷制造哲理研究的日趋深入,美国一些大公司应用敏捷制造哲理取得了显著成绩。例如,德克萨斯设备防御系统和电子集团(DSEG)在对其捕鲸叉(Harpoon)导弹工厂的管理中,参照敏捷制造的一些哲理,采用于灵活多变的动态组织结构。它改变了传统的按装配、测试、质量控制等功能布置工厂的方式,按照多任务、自导向工作组的原则组成工作单元,使每个工作单元拥有它所需要的资源,缩短产品流动的距离,从而将装配的线性传递距离减少 70%,并简化了运储设备的复杂性。

又如 IBM 公司也将快速响应市场、满足市场/用户需求作为企业的根本出发点,用户只需通过电话或电子邮件订货就可获得满意的商品。IBM 公司在一条有 40 多名工人的生产线上,可同时生产 27 种产品,而且每种产品因用户特殊要求而异。用户的订货数据输入电脑数据库,机器人或专职工人根据电脑数据挑选部件,然后通过传送带送往组装站。组装工人按电脑屏幕指示的步骤组装,然后由包装工人包装启运,第二天产品就出现在用户面前。

目前,敏捷制造已具备了一定的实践基础和雏形,典型行业敏捷制造的应用示范正在进行中。20 世纪 90 年代,日本提出一个名为"智能制造系统(IMS,intelligent Manufacturing Sys-tenl)"的国际性研究计划,在完成了可行性分析并确定组织结构后,于 1995 年正式启动。IMS 计划中有两个项目与敏捷制造有关,一个是自治和分布制造系统,另一个是较为长期的自治和分布制造系统,其副标题为生物制造系统。

德国、法国和英国也都参加了一项主题为"未来的工厂"的尤里卡项目,为实施敏捷制造进行基础性研究工作。德国对未来制造业开展了一些工作,如 21 世纪制造业战略等。

敏捷制造的基本思想和方法可以应用于绝大多数类型的行业和企业,并以制造加工业最为典型。敏捷制造的应用将在世界范围内,尤其是发达国家逐步实施。从敏捷制造的发展与应用情况来看,它不是凭空产生的,是工业企业适应经济全球化和先进制造技术及其相关技术发展的必然产物,已有非常深厚的实践基础和基本雏形,世界主要国家的航空航天企业都已在不同的阶段或层次上按照敏捷制造的哲理和思路开展应用。由于敏捷制造中的诸多支柱(如 CIMS、并行工程等)和保障条件(如 CAD/CAM 等)随着大多数企业自身发展和改造将逐步得以推进和实施,可以说,敏捷制造的实施从硬件上并非另起一套,而是从理念上和企业系统集成上更上一层,其实施和推进将与已有的 CAD/CAM 改造、并行工程甚至 CIMS 逐步融为一体,因而,其可行性是显而易见的。综上所述,可以预见,随着敏捷制造的研究和实践不断深入,其应用前景十分广阔。

习　题

1. 先进制造技术的概念是什么?

2. 什么是 CAD,CAPP,CAM?

3. 什么是 CAD/CAPP/CAM 集成技术?

4. CAD/CAPP/CAM 系统之间的信息交换方式有哪几种?

5. 什么是 FMS?

6. 简述 FMS 的组成和类型。

7. 图 7-6 是一个典形的 FMS,请分析:

1) FMS 的组成及其分类。

2) 从图中说出各组成元素的活动。

8. 什么是 CIMS? CIMS 由哪些系统组成?

9. 为什么说 CIMS 的关键技术在于集成?

10. 什么是工业机器人? 工业机器人的发展趋势?

11. 什么是虚拟制造? 简述虚拟制造或虚拟企业的实质与内涵。

12. 虚拟企业与敏捷制造之间的内在联系是什么?

13. 为什么有人认为敏捷制造模式是 21 世纪占主导地位的一种制造模式?

参 考 文 献

1. 龚庆寿主编.机械加工工艺基础.北京：机械工业出版社,1995
2. 许音主编.机械制造基础.北京：机械工业出版社,2000
3. 朱正心主编.机械制造基础.北京：机械工业出版社,1999
4. 刘守勇主编.机械制造基础.北京：机械工业出版社,1997
5. 李云主编.机械制造基础.北京：机械工业出版社,1995
6. 黄鹤汀等主编.机械制造基础.北京：机械工业出版社,1997
7. 李华主编.机械制造技术.北京：机械工业出版社,2000
8. 唐守军主编.机械制造基础.北京：机械工业出版社,1997
9. 宋昭祥主编.机械制造基础.北京：机械工业出版社,1998
10. 刘晋春等主编.特种材料.北京：机械工业出版社,1994
11. 李华主编.机械制造技术.北京：高等教育出版社,2000
12. 袁国定,朱洪海主编.机械制造技术基础.南京：东南大学出版社,2000
13. 机械科学研究院.先进制造技术发展前沿.1999
14. 中国机械工程学会会讯.2001
15. 肖田元.计算机集成制造系统——CIMS.1999
16. 张志辉.国内外 ERP 技术的应用和发展趋势.2000
17. 詹姆斯.P.沃麦克,丹尼尔.T.琼斯著.改变世界的机器.北京：商务印书馆,
1999
18. 敏,邓朝辉主编.先进制造技术.北京：机械工业出版社,2000
19. 孙大涌主编.先进制造技术.北京：机械工业出版社,2000
20. 武良臣编著.先进制造技术.江苏：中国矿业大学出版社,2001
21. 李伟光,王卫平.现代制造技术.北京：机械工业出版社,2001
22. 张福学编著.机器人技术及其应用.北京：电子工业出版社,2000
23. 陈日曜主编.金属切削原理.北京：机械工业出版社,1993
24. 吴善元主编.金属切削原理与刀具.北京：机械工业出版社,1995
25. 鞠鲁粤主编.机械制造基础.上海：上海交通大学出版社,2001
26. 陈立德主编.机械制造技术.上海：上海交通大学出版社,2000
27. 徐嘉元主编.机械制造工艺学.北京：机械工业出版社,1999
28. 肖继德主编.机床夹具设计.北京：机械工业出版社,1997
29. 陈立德主编.工装设计.上海：上海交通大学出版社,1999